国家科技部基础性工作专项（2013FY112500）
陕西地建 - 西安交大土地工程与人居环境技术创新中心开放基金资助项

应对城市热岛效应的城市空间规划
——以西安市为例

Urban Spatial Planning to Cope with Urban Heat Island Effect

许　多　周　典　著

中国建筑工业出版社

图书在版编目（CIP）数据

应对城市热岛效应的城市空间规划 = Urban Spatial Planning to Cope with Urban Heat Island Effect：以西安市为例 / 许多，周典著 . — 北京：中国建筑工业出版社，2022.9（2024.4重印）

ISBN 978-7-112-27810-7

Ⅰ . ①应… Ⅱ . ①许… ②周… Ⅲ . ①城市热岛效应—影响—城市规划—研究—西安 Ⅳ . ① TU984.241.1

中国版本图书馆 CIP 数据核字（2022）第 157163 号

本书选择我国西北大城市——西安作为研究对象，基于多年热湿环境实测数据、气象站观测数据、多源城市空间规划数据，通过遥感、ArcGIS 空间分析、统计建模等方法的综合运用，研究城市热环境的时空分布特征及城市多元要素对热环境的影响机制，构建基于城市空间规划可控指标的热环境评价体系，系统地从城市规划学视角对城市热环境进行综合研究。

本书可供广大城乡规划师、城乡规划管理工作者、高等院校城乡规划专业师生等学习参考。

责任编辑：吴宇江　陈夕涛
责任校对：张惠雯

应对城市热岛效应的城市空间规划
——以西安市为例
Urban Spatial Planning to Cope with Urban Heat Island Effect
许　多　周　典　著
*
中国建筑工业出版社出版、发行（北京海淀三里河路 9 号）
各地新华书店、建筑书店经销
北京雅盈中佳图文设计公司制版
建工社（河北）印刷有限公司印刷
*
开本：787 毫米 ×1092 毫米　1/16　印张：$14^{3}/_{4}$　字数：310 千字
2022 年 9 月第一版　2024 年 4 月第二次印刷
定价：**58.00** 元
ISBN 978-7-112-27810-7
（39752）

序

随着中国城市建设和经济的飞速发展、人口增长和城市下垫面性质的改变，一系列城市气候环境问题接踵而至，例如城市热岛效应、近地逆温层以及空气污染等，直接导致能源消耗、热量排放的加剧，从而降低居民热舒适性，损害公共健康安全。

为了改善不断恶化的城市环境，当前亟须系统地评估城市气候现状并将其应用于规划过程。传统的城市控规系统主要关注对城市功能发展以及建设强度方面的管控，对于城市热岛效应的疏导和控制的具体要求没有直接反映和说明，涉及城市气候方面的调节措施与控制指标较少，难以对未来城市气候应对的风险与窘境进行预估和干预。《应对城市热岛效应的城市空间规划——以西安市为例》一书在城市尺度上，建立城市空间规划可控指标与城市热环境的定量关系，解析其内在耦合机制；在战略层面上，为城市空间规划可控指标与热环境建立直接联系，将城市气候融入空间规划，达到改善人居环境的目的。

该书通过对热环境的实地测量，识别了不同情景下的城市热环境特征以及不同局地气候分区下的热岛变化特征和相应影响参数，依托卫星数据和地理信息系统建立了寒冷地区典型城市——西安的城市信息数据库和城市气候数据库；揭示了行人层高度处主城区热环境时空分布规律，形成对城市气候环境的总体评估；解析了城市空间规划可控指标对城市热环境的影响机制，制定了改善城市热环境的规划指标管控策略。该书深化了城市空间要素对热环境影响机制的定量化认知，实现了提升人居环境质量与城市规划管理工作的有机结合。

该书作者从事城市气候与空间大数据研究，构建了基于热环境视角下的城市空间规划评价体系。书中详细介绍了大数据背景下，获取多源城市空间信息的技术手段和空间规划可控指标的计算方法，创建了城市空间基础信息数据库，对未来的气候规划管控体系提供指标选择依据。因此，该书的相关成果不仅对城市规划与设计实践、热岛调控以及城市气候的理论研究有重要意义，同时将多源空间大数据融合技术引入到城市热环境的量化研究中，具有重要的理论借鉴和实践参考价值，值得从事相关研究的工作者参考。

中国工程院院士：

2020 年 10 月

前言

快速的城市化建设促使原有的自然生态下垫面被建筑物和硬质地面所替代，打破了城市生态系统的动态平衡结构，与城市人类其他活动共同作用使得城市局部热环境不断改变，加剧了城市热岛效应，降低了人体热舒适性。如何利用城市规划来破解城市热环境恶化、不断缓解热岛效应已成为当前城市人居环境研究的重要方向，“应对城市热岛效应的城市设计与规划”也被2019年12月中国工程院战略咨询中心等机构联合发布的《全球工程前沿2019》报告列为土木、水利与建筑工程领域十大工程研究前沿之一。既往研究在城市热岛效应、城市热环境方面虽然取得了众多研究成果，但在城市空间规划与城市热环境开展的关联性研究方面存在不足，且对城市热环境质量的时空分布规律把握不准确，从城市规划视角研究城市热环境的管控技术仍处于起步阶段。

本书选择我国西北大城市——西安作为研究对象，基于多年热湿环境实测数据、气象站观测数据、多源城市空间规划数据，通过遥感、ArcGIS空间分析、统计建模等方法的综合运用，研究城市热环境的时空分布特征及城市多元要素对热环境的影响机制，构建基于城市空间规划可控指标的热环境评价体系，系统地从城市规划学视角对城市热环境进行综合研究。本书的研究内容及成果包括：

首先，通过挖掘多源城市空间数据，计算68个影响城市热环境的潜在城市空间规划可控关联指标，归纳出7类城市规划控制方向。

其次，针对西安城市空间发展特点，改进目前局地气候分区（LCZ）分类标准，增加4个亚类，利用创建的城市空间规划数据库中的众多指标，辅以人为监督分类，将研究区划分成17

类 LCZ 分区，并提出了针对不同城市空间特征的气象站点布置标准和观测要求，选取 55 个典型地块进行长时间大规模的实地测量，创建了从采样选点、数据采集，到采样后处理的热环境参数的完整调查方法体系。

研究通过利用泰森多边形的赋值方式和建立标准气象日的插值技术，将热环境观测数据与城市规划数据进行空间整合，推导出城市热环境的时空分布现状，并从聚集程度、重心位置、圈层格局、剖面格局 4 个视角解析热环境时空格局特征，结果表明城市夜间热环境空间格局与西安单中心团块状布局形式更加吻合。同时量化了不同 LCZ 分区类型的热环境差异特征，如 LCZ–7（轻质低层）类型的日间温度最高，LCZ–G（水域）日间温度最低，LCZ–2（高密中层）夜间温度最高，LCZ–D Ⅱ（低矮农田）夜间温度最低。总体上，研究区夏季夜间热岛强度普遍高于日间、冬季热岛强度高于夏季。

通过解析城市空间规划指标与热环境参数的量化关系发现：与夏季日间平均温度相关性最高的指标是天空可视度，夜间是建筑密度；几乎没有指标与冬季日间温度具有明显的相关性，与冬季雾霾天气夜间温度相关性最高的指标是铺地比热容。总体来说，夜间城市热环境更易受城市空间规划布局以及周边环境的影响。在多重因素对城市热环境的共同作用机制方面：本书构建了夏季 8 个热环境参数的主成分回归模型，定量获取了综合影响因素中多因子对城市热环境参数的影响权重，构建了基于城市空间规划可控指标的热环境评价体系，并筛选出核心管控类别及多个核心规划调控指标。

最后，将局地气候分区理论融入城市气候图系统，按照城市空间形态类型将相似的城市气候分区归并，绘制专门面向城市规划管控的城市气候环境规划建议图，并结合核心规划调控指标，在城市规划设计层面落实指标调控的要求，有针对性地为制定城市总体气候环境规划提供直观的操作指南。

本书的写作得到西安交通大学人居环境与建筑工程学院的诸多老师及同学的大力支持与帮助，在此表示衷心的感谢。书中介绍的部分研究成果已经在国际刊物和国际会议上发表。在本书撰写的过程中参考了诸多学者的著作和论文，虽在书中都已经明确标注，但难免有疏漏之处，恳请各位专家谅解。

由于本研究领域日新月异，涉及面广，加之作者水平有限，书中不足之处在所难免，敬请各位读者批评指正。

目录

第1章　导论 …… 001

1.1　城市发展与城市热环境 …… 002

1.1.1　城市热岛效应是造成一系列城市生态环境问题的原因之一 …… 002

1.1.2　城市热环境改善是城市人居环境建设的重要内容 …… 003

1.1.3　如何从城市规划视角实现对城市热环境的改善 …… 003

1.2　研究目的及意义 …… 004

1.2.1　研究目的 …… 004

1.2.2　研究意义 …… 005

1.3　相关概念界定 …… 006

1.3.1　城市热环境研究对象 …… 006

1.3.2　城市热环境研究尺度 …… 007

1.3.3　城市热岛效应及干岛效应 …… 008

1.3.4　城市下垫面 …… 008

1.3.5　城市控制性详细规划与城市空间规划可控指标 …… 009

1.3.6　城市空间形态 …… 009

1.4　国内外城市热环境相关研究的发展动态 …… 010

1.4.1　影响城市热环境的城市空间要素 …… 010

1.4.2　城市热环境参数测度方法 …… 013

1.4.3　城市规划视角下的城市气候研究 …… 016

1.4.4　相关研究评述及小结 …… 019

1.5 研究内容、方法及研究框架 …… 022
1.5.1 研究内容 …… 022
1.5.2 研究方法 …… 023
1.5.3 研究框架 …… 024

第 2 章 研究区概况与城市空间规划指标基础数据源 …… 027

2.1 研究对象城市选取的依据 …… 028
2.2 西安城市化发展与气候环境问题 …… 028
2.2.1 地理位置与行政区划 …… 028
2.2.2 西安市城市化发展 …… 028
2.2.3 气候环境与气候问题 …… 029
2.2.4 研究范围界定 …… 030
2.3 西安市城市空间规划指标基础数据源 …… 031
2.3.1 土地利用规划及空间路网数据资料 …… 031
2.3.2 城市空间建模数据 …… 033
2.3.3 城市卫星遥感及辅助数据 …… 034
2.3.4 网络空间大数据 …… 035

第 3 章 影响热环境的城市空间规划可控指标的确立 …… 037

3.1 城市空间规划可控指标的筛选与计算 …… 038
3.1.1 总体形态特征类指标 …… 039
3.1.2 下垫面结构与性能类指标 …… 043
3.1.3 街区内部形态类指标 …… 050
3.1.4 景观格局类指标 …… 054
3.1.5 与冷热源的距离类指标 …… 055
3.1.6 周围缓冲区特征类指标 …… 057
3.1.7 人为排热类指标 …… 057
3.2 基于空间指标及监督分类的西安市局地气候分区分级方法 …… 067
3.2.1 西安市局地气候分区分类 …… 069
3.2.2 西安市局地气候分区的空间分布特征 …… 073

3.2.3 改进后的西安市局地气候分区系统的性能评估 …… 074
3.3 本章小结 …… 075

第 4 章 西安市城市热环境参数实测调查与数据分析 …… 077

4.1 实验方案设计 …… 078
4.1.1 实测样本点选择 …… 078
4.1.2 热环境观测点布置 …… 080
4.1.3 实验仪器 …… 081
4.2 城市热环境参数实测调查 …… 083
4.2.1 测量仪器一致性修正 …… 083
4.2.2 实地测量过程 …… 084
4.3 夏季城市热环境实测结果分析 …… 091
4.3.1 固定观测的背景天气条件筛选 …… 091
4.3.2 时间曲线分析 …… 093
4.3.3 空间变化分析 …… 093
4.3.4 测量点昼夜热岛强度及干岛强度分析 …… 095
4.3.5 测量点昼夜热岛及干岛强度极值分析 …… 096
4.4 冬季城市热环境实测结果分析 …… 099
4.4.1 冬季不同时间观测数据的归一化处理方法 …… 099
4.4.2 冬季不同天气条件下热环境参数的空间变化分析 …… 100
4.4.3 冬季不同天气条件下昼夜间热岛及干岛强度分析 …… 103
4.5 本章小结 …… 105

第 5 章 城市热环境的时空分布特征分析与表达 …… 107

5.1 气象单因子空间表达方法研究 …… 108
5.1.1 城市特征数据空间分级 …… 109
5.1.2 气象数据赋值技术及单项气象因子空间面插值方法 …… 110
5.1.3 西安市气象单因子空间分布图 …… 114
5.1.4 西安市气象单因子空间分布图的验证 …… 117

5.2 西安市城市热环境时空分布特征分析 …… 119
5.2.1 西安市夏季昼夜热环境空间结构分析 …… 119
5.2.2 西安市冬季夜间热环境空间结构分析 …… 120
5.2.3 西安市夏季昼夜热环境空间结构解析 …… 121
5.2.4 基于局地气候分区系统的热环境特征分析 …… 125
5.2.5 基于城市用地性质的热环境特征分析 …… 128
5.2.6 城市热岛空间等级划分方法 …… 130
5.3 西安市城市热环境现状可视化表达 …… 132
5.3.1 城市热环境因子空间分类叠加方法 …… 132
5.3.2 城市气候分析图 …… 135
5.4 本章小结 …… 136

第6章 城市空间规划可控指标对热环境的影响机制分析 …… 139

6.1 城市空间指标与热环境参数的相关性分析 …… 140
6.1.1 夏季热环境参数与城市空间指标的相关性分析 …… 140
6.1.2 冬季热环境参数与城市空间指标的相关性分析 …… 145
6.2 城市空间指标与热环境参数的一元回归分析 …… 150
6.2.1 夏季热环境参数与城市空间指标的一元回归分析 …… 150
6.2.2 冬季热环境参数与城市空间指标的一元回归分析 …… 154
6.3 城市空间指标与热环境参数的多元回归分析 …… 156
6.3.1 夏季热环境参数与城市空间指标的多元回归分析 …… 156
6.3.2 冬季热环境参数与城市空间指标的多元回归分析 …… 158
6.4 基于主成分回归的城市空间指标对热环境参数的影响分析 …… 160
6.4.1 基于城市空间指标的夏季热环境主成分回归模型 …… 160
6.4.2 基于主成分回归的城市空间指标重要性排序及权重分配 …… 171
6.4.3 基于主成分回归模型的误差分析 …… 180
6.5 本章小结 …… 180

第7章 基于热环境改善的城市空间规划指标调控策略 …… 183

7.1 城市空间规划可控指标对热环境的影响机制解释框架 …… 184

7.2 不同热环境单因子的核心规划调控指标确立 …… 188
7.3 西安市热环境特征因子评价值分析 …… 188
7.4 西安市主城区热环境综合分析成果的规划应用和引导策略 …… 193
7.4.1 局地气候分区系统纳入城市气候分区规划的信息支持技术 …… 193
7.4.2 基于西安市城市气候规划建议图的规划引导策略 …… 197
7.5 本章小结 …… 204

第 8 章 结论与展望 …… 205

8.1 主要工作及结论 …… 206
8.2 研究不足与展望 …… 208

附 录 …… 211

附录 A 不同类型建筑内人体显热散热冷负荷系数参数值 …… 212
附录 B 各局地气候分区的昼夜平均湿度及干岛强度情况 …… 213

参考文献 …… 215

第1章

导　论

1.1 城市发展与城市热环境

全球气候变化是21世纪人类面临最严峻的健康威胁之一，据研究统计，气候变化将使全球每年因疟疾、腹泻、热应力和营养缺乏而死亡的人数大大增加；随着全球变暖，气候对健康、民生、农作物生长、供水、人类安全和经济增长的风险将会提高。联合国政府间气候变化专门委员会（IPCC）于2021年8月9日在第六次评估第一工作组报告《气候变化2021：自然科学基础》中指出：气候系统的诸多变化与全球变暖的加剧直接相关，例如极端高温、强降水的频率和强度增加等。若不采取二氧化碳和其他温室气体的大幅减排行动，全球升温将在21世纪内超过1.5℃和2℃。如何应对气候变化、缓解对人类社会的影响是我们面临的重要挑战。

据联合国报告预测，从2000年到2030年世界城市人口将从24亿增至50亿，世界城市化水平将由47%提升至61%以上，到2050年全球城市化水平将会超过80%（顾朝林，2013）。我国城市化起步较晚，始于1980年代，目前随着社会经济的持续快速发展，中国正经历着人类历史上前所未有的最大规模和最快速率的城市化进程（马廷，2019）。然而，随着城市化、工业化进程的快速推进，能源消耗、热量排放的不断加剧使自然系统的压力与日俱增，城市基础设施大规模增加，温室气体排放量不断增多，原来由水、土壤、植被、农田组成的自然地被逐渐被混凝土、沥青等不透水材质取代，进一步促使全球气候变暖和生态环境恶化。

1.1.1 城市热岛效应是造成一系列城市生态环境问题的原因之一

伴随着快速的城市化、人口增长和其他人类活动，一系列环境问题接踵而至，例如全球变暖、气候变化、空气污染和交通拥挤等。其中一个最严重的问题是城市热环境的恶化（Li et al.，2018），它直接导致了城市热岛效应。热岛效应是指城市内空气或地表温度高于周边农村的现象（Oke，1982），如图1-1所示，它会降低居民的热舒适性，损害公共健康安全。人们长期暴露在高温天气下，容易诱发心脑血管疾病，影响呼吸道健康。

城市热岛效应已经被证明其受多种因素共同影响，从城市规划的角度来看，城市中增加的建筑物和不透水面（Chun et al.，2014），减少的植被绿地和水面（Steeneveld et al.，2014）共同改变了城市局部的热环境，改变了温度、湿度、风向和辐射等，大大降低了室外人体热舒适度，增强了热岛效应。如何打破城市热环境恶化的循环格局，基于改善热岛效应的城市规划创新也就成为近期学者关注的科学问题之一。因此，目前的城市规划需要正视热岛效应的影响作用，在提高城市气候舒适度的前提下，满足城市发展与空间扩展的需求（侯路瑶 等，2019）。

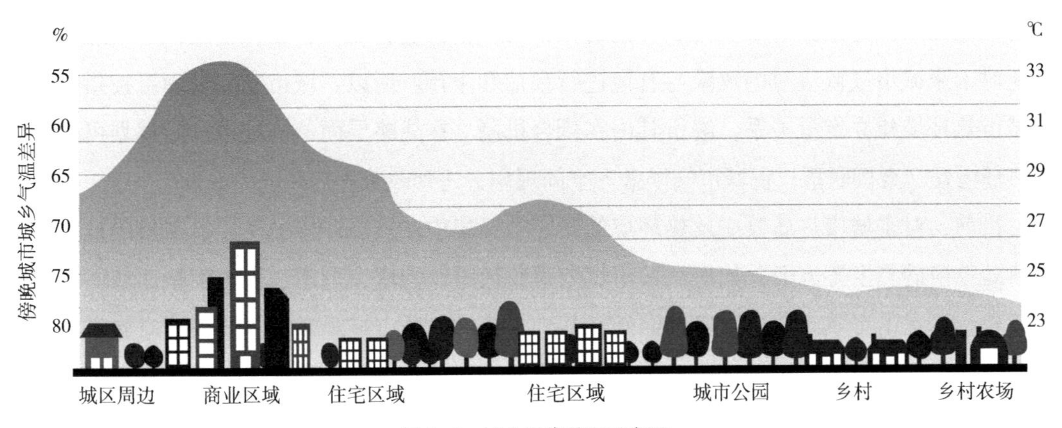

图 1–1　城乡温度差异示意图

1.1.2　城市热环境改善是城市人居环境建设的重要内容

针对目前无法减缓的城市化进程，在大力推进城市人居环境建设的同时，要重视城市气候对人居环境的影响，改善城市热环境，降低城市热岛效应，从而提高城市居住环境的舒适性、保障居民的身心健康。

城市热环境质量由空气温度、湿度、辐射等多个环境要素共同决定，并受到人群主观感受和人居环境客观因素的综合影响，热环境质量的高低直接作用于城市居民的体感和健康，并影响基于提高生活空间热舒适度的能耗水平。由于城市内不同区域的物质空间和生活环境具有差异，其外在表征出来的环境温度、湿度以及人体的热感受不同，所以研究城市内不同区域热环境的空间分布和空间差异性是量化城市空间元素对热环境质量影响的前提（刘琳，2018），有助于探究造成同一局地气候下城市热环境差异的原因。只有正确把握城市热环境质量的空间分布现状，才能快速分辨城市内气候舒适或敏感区域的空间位置，对解析城市空间规划与热环境之间的耦合关系至关重要。

1.1.3　如何从城市规划视角实现对城市热环境的改善

传统的城市规划，主要关注城市用地布局、空间结构、道路交通、历史文化遗产保护等方面的内容，缺乏对城市热环境方面的协调及统筹规划。虽然在规划体系中存在少量对建设用地进行开发控制的规定性指标，如容积率、建筑密度、绿地率、建筑限高等，但这些指标与城市热环境的关系尚未厘清，其对热环境参数的影响程度不明，只能根据以往经验，定性判断哪些指标与城市热岛效应具有正向或负向相关关系，在对城市特定区域的热环境进行改善时，也无法优先选择对哪些控制方向的哪个具体指标进行调控，在开始城市建设之前，也不能对未来城市气候应对的风险与窘境进行预估和干预。所以，城市空间规划可控指标亟待与城市热环境建立定量关系，解析其内在耦合机制。在战略层面，为城市空间规划可控指标与热环境建立直接联系，将城市气候融入空间规划，达到改善人居环境的目的。

目前，对于城市热岛效应及热环境的研究主要集中在热岛产生的诱因、造成的危害、城市热岛效应的测度等方面，如何从城市规划视角通过调控城市形态、城市下垫面从而改善热环境现状、提出有效的解决策略方面研究甚少。传统的城市控规系统主要关注对城市功能发展以及建设强度方面的管控，对于热岛的疏导和控制的具体要求没有直接反映和说明，涉及城市气候方面的调节措施与控制指标较少。从适应气候变化与改善热环境的目标来说，常规的城市规划编制办法具有不足之处。若能在传统的控制性详细规划中纳入更多影响城市热环境的可控指标，则能够使宏观的管控指标通过规划管理体制得到具体的落实，未来还可以通过设定可控指标的规范标准，达到控制热岛强度的阈值要求。

1.2 研究目的及意义

1.2.1 研究目的

1. 创建表征城市下垫面真实热环境状况的调查方法体系

目前，对于城市热岛量级的研究多以由城乡地表温度差形成的地表热岛为主，对于空气温度差产生的热岛效应方面研究较少。本书研究的首要目的是针对空气温度、湿度等气象参数，制定从采样选点、数据采集到采样后处理的热环境参数调查方法体系，并为不同城市空间类型的观测站点制定出不同的观测标准，以期采集的结果能够代表城市真实气象状况。

2. 把握城市热环境的时空分布格局及快速辨别城市气候敏感区域

通过卫星遥感影像可快速反演城市的地表温度，基于此，目前对于城市热环境空间分布特征的研究大多针对地表温度。地表温度通过辐射、传导等方式间接促使空气温度升高，与人体热舒适性并无直接关联，且地温反演技术依赖于卫星过境周期，难以获取地表温度在时间序列上的变化情况。本书通过整合城市规划要素与热环境数据，依托地理信息系统，推导热环境的时空分布情况，探讨热环境空间格局特征，将城市从气候学角度划分成等级分区，快速辨别气候敏感区，对城市热环境进行总体评估。

3. 探究城市空间规划可控指标对热环境的综合作用机制

从对大量文献的梳理和归纳等理论分析入手，首先构建影响城市热环境的潜在城市空间规划可控指标体系，再结合指标与热环境参数之间的定量关联规律予以验证，最后探索多重因素对城市热环境的共同作用机制。

4. 从城市规划层面提出基于气候舒适度优化的指标管控策略

按照不同区域的城市空间特征，参照城市空间规划可控指标对热环境参数的影响程度，筛选出核心指标，在城市规划设计层面落实指标调控的要求，有针对性为制定城市总体气候环境规划提供直观的操作指南。

1.2.2　研究意义

在全球气候变暖与我国城市化进程加剧的大背景下，本书针对当前城市发展面临的热环境问题，从城市规划视角对其进行一次深入解析与实践探索，其研究意义主要表现在以下三方面：

（1）在现实工作方面，本书以北方大城市西安为研究对象，其虽地处我国寒冷热工分区地带，但夏季气候干燥炎热，高温频发；同时，西安位于关中平原腹地，冬季副热带高压加之全年静风天气频发等不利气象条件，使得冬季雾霾现象严重，有研究表明冬季热岛效应会增强城市逆温情况（Lee et al.，2018），间接加剧空气污染。所以，针对西安市冬夏两季的热环境研究均具有现实意义，可以为气候特征类似的中国大城市提供基于气候舒适度优化的城市规划调控策略。

（2）在数据库建设方面，本书创建了西安市城市空间规划可控指标数据库，之后利用众多城市空间指标，将西安市划分成17类局地气候分区，对城市空间从气候角度进行合理地重新分类，充实了中国内陆盆地和高密度情景下城市形态的全球数据库。此外，本研究在国家科技基础性工作专项项目“典型城市人居环境质量综合调查与城市气候环境图集编制”的支持下，对冬夏两季全城热环境参数进行了野外调研和数据采集，获取了大量城市气象观测数据，构建了西安市温湿度调查数据集，为开展城市气候环境研究提供了一手资料。

（3）在理论研究方面，本书构建了基于城市空间规划可控指标的热环境评价体系，归纳了与城市气候相关的几乎所有城市形态指标与参数，厘清了城市要素与热环境参数之间定量关联规律，从科学视角定量研究了城市物质空间形态和性能对城市气候的影响，充实了热环境与城市空间研究的理论体系，可有效指导宜居城市规划建设，具有理论学术价值。

1.3 相关概念界定

1.3.1 城市热环境研究对象

城市热环境是城市生态环境的重要组成部分，囊括了与热量有关的影响人类生活的各种外部因素组成的物理条件总和（柳孝图 等，1997），即由太阳辐射、空气温度、相对湿度、城市表面温度及气流速度等物理因素共同构成的物理系统。其物理含义如下：

1. 太阳辐射

是指太阳以电磁波的形式向外传递能量，相对于大气的长波辐射，它属于一种短波辐射。太阳辐射穿透大气，一部分到达地面，称为直接太阳辐射；另一部分被大气中散落的尘埃、水蒸气等小分子吸收、散射和反射后抵达地表，其被称为散射太阳辐射。抵达地表的散射太阳辐射和直接太阳辐射总和被称为总辐射（高亚锋，2011）。太阳辐射强度除了受到地理位置、海拔高度、云量、大气能见度、日照时长等因素的影响外，还受到城市下垫面结构与材质的影响。白天城市下垫面吸收太阳辐射加热城市冠层中的空气，夜晚地表向周围散射的长波辐射受到建筑物的阻隔，热量难以扩散，使周围环境温度持续升高。

2. 空气温度

简称气温，一般采集于行人层高度（1.5~2m）处，是天气预报播报的气象参数之一。它是表征空气冷热程度的物理量，其热量主要来源于太阳辐射，即太阳辐射到达地面后，一部分被地面吸收，使地表增热，地表再通过辐射、传导和对流把热量输送给空气。

3. 城市表面温度

即地表温度，是表征城市地表冷热程度的物理量，与空气温度不同，地表通过吸收太阳辐射直接获取热量，所以一般情况下，地表温度值高于同时期的空气温度。对于同纬度地区来说，地表温度受地表湿度、气温、光照强度、地表材质等自然和下垫面因素影响，也受到人口密度和工业发展程度等社会因素影响（张瑜，2016）。

4. 空气相对湿度

指水在空气中的蒸汽压与同温度同压强下水的饱和蒸汽压的百分比，是表征空气中的水汽含量的物理量。与空气温度类似，它一般采集于行人层高度（1.5~2m）处，是天气预报播报的气象参数之一。湿度受大气压力、空气温度、降水等自然因素的影响，而植被蒸腾作用、土壤蓄水能力等下垫面因素均可以使局部区域的空气湿度增大。湿度在人体感受热舒适程度方面起着重要作用，高温高湿天气会加强闷热感，但是湿度过低亦会导致人体脱水，促进流感等空气传播疾病的扩散（Lowen et al.，2007）。因此，在对城市热环境进行评价时，很多研究通常采用双变量参数，即使用湿度及温度同时表征热量，例如温湿指数（Thom，1959）、气候舒适度指数（《人居环境气候舒适度评价》GB/T 27963—2011）等，相对湿度的高低在人体对高温的热调节机制中发挥着至关重要的作用（屈芳 等，2019）。

5. 空气气流速度

简称风速，属于矢量参数，既有大小，又有方向。太阳辐射、气压的季节性变化以及地形地貌等因素共同决定了城市主导风的朝向及量级大小，而城市下垫面中的建筑群体的布局形式和街道走向、绿化方式等因素会改变近地层的局地环流，使城市近地层风速及风向发生变化。

表征热环境的物理参数众多，为了研究的可操作性，本书所提及的城市热环境是通过不同时间、空间位置的空气温度、空气相对湿度以及通过二者计算得到热岛强度、气候舒适度等气象指标进行表征说明。

1.3.2　城市热环境研究尺度

作为城市气候环境不可或缺的构成部分之一，热环境同气候环境、城市物质空间类似，也具有尺度效应，即不同尺度下热环境的影响因素和影响指标不同，其研究内容与研究方法也不同，如表 1–1 所示。既往研究表明：城市热环境可按照其影响范围大体上分为宏观尺度、中观尺度以及微观尺度（孙欣，2015）。

城市热环境的研究尺度（孙欣，2015；梁颢严，2018）　表 1–1

	宏观尺度	中观尺度	微观尺度
水平距离	＞100km	0.5~100km	500~1000m
规划尺度	区域尺度	城市尺度	街区尺度
研究方法	遥感反演、空间插值	空间插值、实测、模拟	实测、模拟
研究内容	热岛效应、区域风廊、土地利用	热环境时空分布、通风廊道、土地利用	人体热舒适性、街峡热环境模拟、植被绿化
规划类型	城镇体系规划、区域总体规划	城市总体规划、控制性详细规划、城市设计	修建性详细规划、建筑设计、开放空间设计
规划内容	城镇群布局、区域功能及生态协调	城市空间结构、交通规划、建设用地、绿地统筹	建筑群体、单体的布局，绿化方式、树种分类

本研究对西安市主城区开展了全城的热环境参数调研，推导整个研究区的热环境时空分布特征，属于中观尺度（城市尺度）热环境研究。

1.3.3 城市热岛效应及干岛效应

英国科学家在1958年首次发现由于城区人口膨胀、建筑物密集、能源消耗过量导致城区温度高于周围农村的现象，基于此现象提出了热岛效应的概念（张瑜，2016）。城市热岛效应作为城市化进程对城市局地气候引起的最明显的气候现象，受到了广泛关注。众多研究在城市热岛方面已达成了几点共识，如所有城市均具有不同程度的热岛效应，夜间热岛强度明显高于日间，冬季热岛效应一般强于夏季（Oke，1995）等。城市热岛按照其发生的位置一般可分为地表热岛和空气热岛，热岛强度可通过计算城乡温度差获得。由于热岛是通过温度来表征其高低程度，所以本书的研究对象是空气热岛。

干岛效应与热岛效应类似，由于城区地表不透水面积比例过大，导致降水被迅速排走，蒸发到空中的水汽显著减少，城市的相对湿度小于附近郊区及农村，造成了干岛效应（何萍 等，2014）。干岛强度大小也是通过城乡湿度差异来进行表征。

此外，城市热岛与干岛之间相互联系、相互制约，城市热岛强，则促使城市的相对湿度降低，夜间凝露量减小，进一步促成干岛效应的形成（周淑贞，1988）。

1.3.4 城市下垫面

广义上下垫面是指与大气层下边界直接接触的地球表面。原始的自然下垫面主要包括土壤、植被、水体等。随着城市的发展，原有的自然下垫面被建筑物和不透水材质地表替代，绿地和水体面积减少，下垫面结构以及物理性能发生了巨大的改变，正是这些变化共同促使城市气候环境的恶化。本书所提及的城市下垫面在狭义层面上特指除建筑以外的城市地表（图1–2），包含硬化铺地、道路、铺装、城市绿地、荒地等。

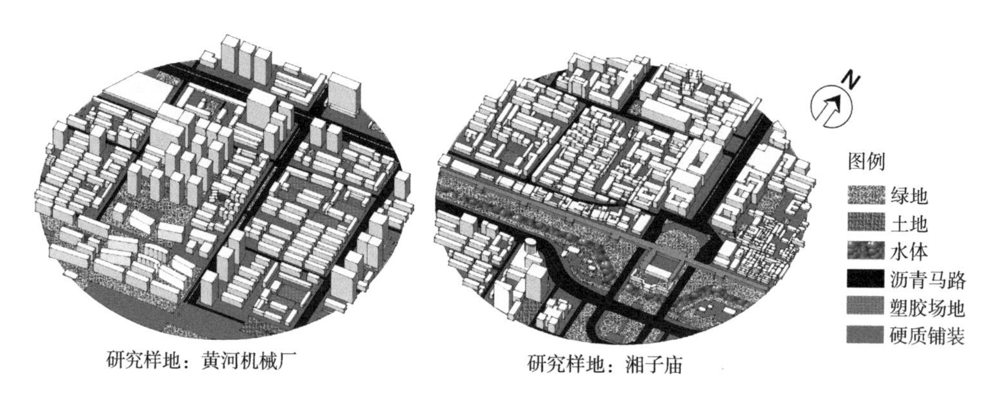

图1–2 城市下垫面构成示意图

1.3.5 城市控制性详细规划与城市空间规划可控指标

城市规划分为总体规划和详细规划两个阶段。城市详细规划又细分为控制性详细规划和修建性详细规划。本书立足于对城市尺度的热环境进行研究，所以后期基于研究结果对城市气候进行调控时，主要对城市控制性规划层面进行管控。

控制性详细规划（简称控规）是城乡规划主管部门根据城市总体规划的要求，用以控制开发用地性质、使用强度和空间环境的规划，它强调规划设计与管理及开发衔接，是城市规划管理的依据（王珺，2014）。

控制性详细规划通过对地块的指标控制，从土地利用、建筑建造、设施配套和行为活动4个方面管理城市建设活动，其中的规定性指标主要是对用地提出开发控制，包括容积率、建筑密度、绿地率、建筑限高等。除了对城市一些关键区域的控制规定外，一般区域的控规通常不包含对建筑物布局模式和街区形态的详细控制（梁颢严，2018）。

本书所提及的城市空间规划可控指标包含控规中的规定性指标，以及从总体形态特征、街区内部形态、下垫面结构与性能、城市人为排热、景观格局指数、与冷热源的距离、周围缓冲区特征7个城市气候控制方向挖掘的可进行量化的指标。这些指标对城市物质空间、城市功能结构等方面在控规层面上进行控制，不包含经济人文和社会方面指标。

1.3.6 城市空间形态

城市空间形态是城市物质空间在一定时期内形成的一种相对稳定的空间状态，它由城市各种空间要素构成，可描述各要素的空间分布和相互作用机制。城市空间结构包括点（建筑）、线（道路）、面（外部空间）等空间要素，通过建筑的集聚或分散、道路的疏密、空间的开合形成不同的特征区域，同时受环境、自然地理、城市规模的影响（陆小波 等，2018）。

本书中的城市空间形态主要针对其物质特性和土地使用功能，对空间的经济文化人文属性不予考虑，不同的城市空间形态类型代表不同建筑、道路、外部空间等要素的不同组合方式。本书中城市空间形态类型的最小描述单位是城市控规管理单元（地块），它是由城市道路围合的街区，遵循城市街道自然边界。

1.4 国内外城市热环境相关研究的发展动态

1.4.1 影响城市热环境的城市空间要素

改善城市热环境即控制城市局地气候，气象学者奥克（Oke，2006）从城市规划控制与城市空间设计方面定义了控制城市气候的 4 个方向，即城市空间结构，土地覆盖，下垫面性质以及城市新陈代谢。本节首先从这 4 个方面出发，总结近年来的相关研究：

1. 城市空间结构

城市空间结构即城市内部结构，是由一系列组织规则将城市形态、行为和相互作用组合起来的一个整体（周春山，2007），它强调城市要素的空间分布和相互作用的内在机制（黄建中 等，2019）。城市空间结构可从城市空间形态、类型和规模等方面进行定量化表征（颜文涛等，2012）。

城市空间形态是影响热岛效应的重要因素之一，其在城市尺度上可由建筑密度、建筑高度、容积率、绿化率、道路密度等城市控规指标进行量化。近年来，不少国外学者已证明这些指标对城市热环境具有潜在影响。van Hove 等人（2015）利用气象数据证明了城市局部气候对城市土地利用和城市几何形态的依赖性，在晴朗（无云）的天气条件下，建筑密集的高层建筑区域其热岛强度也大。Hart 等人（2009）利用城市不同地区的午间温度，使用树形结构回归模型来量化影响日间热岛强度的城市要素，发现导致城市内冷暖差异最大的因素是植被覆盖，即绿化率，道路密度也是决定热岛量级的重要因素。

城市空间形态在街区尺度上可由天空可视度、粗糙度、高宽比等表征街道内部形态及建筑布局的指标进行量化。例如，Eliasson 很早就从城市气候的视角提出理想的城市街道高宽比是 0.4~0.6（Eliasson，1996），街道高宽比、天空可视度（Krüger et al.，2011）等均是气温的重要预测指标。

近期国内不少学者也致力于研究城市空间要素与气候环境之间的联系，丁沃沃等（2012）认为“城市形态指标是沟通城市空间与气候的切入点”，证明了街区整合度、建筑群离散度、建筑朝向指标、形体系数等对气候影响作用显著。赵彩君等人（Zhao et al.，2011）选取了北京南北中轴线上 11 个城市样地代表北京不同的城市形态，探索常用的控规指标与气候要素之间的联系，结果表明绿化率和建筑密度可以解释每日最大表面温度变化的 94.47%~98.57%，且绿化覆盖率是造成中轴线上温度差异的关键城市要素。

2. 土地覆盖与下垫面性质

土地覆盖类型反映了城市下垫面的构成形式。下垫面地表覆盖类型的差异表现在不同的物理属性上，导致它们吸收的太阳辐射量不同。随着城市化进程的加快，不透水下垫面不断取代原有的自然下垫面，城市热岛效应与日俱增，土地覆盖类型与下垫面性质同城市热环境的关系密切。近年来，由于遥感技术的发展，使得土地使用情况与城市地温方面的研究大量涌现（Coseo et al.，2014）。例如，Dugord 等人（Dugord et al.，2014）通过对柏林昼夜间地表温度与土地覆盖类型指标的耦合分析，发现耕地土壤及水体对城市有明显的降温作用，在夜间住宅用地是城市地表温度最高的土地类型。Klok（Klok et al.，2012）发现鹿特丹主城区内绿地率，不透水面面积比和反照率是对热岛强度影响最显著的物理因素，绿地率解释了温度变化的 69%，即绿地面积每增加 10%，表面温度会降低 1.3℃；不透水面面积每增加 10%，表面温度就会升高 0.7℃。

国内学者在城市地表温度监测与土地利用方面的研究也取得了不少成果。李军翔等人通过对上海市春季和夏季地表温度同地物覆盖格局的耦合分析，发现日间工业用地对地温的贡献率最大，其次是商业、机场、住宅和公园；夜间商业用地的贡献率最大，其次是住宅、公园、工业和机场。这些发现有助于理解城市生态学以及土地使用规划对热环境的影响作用，以求最大限度减少城市化对环境的潜在影响（Li et al.，2011）。冯焱等人（冯焱 等，2012）研究下垫面属性（地表反照率）对城市地表温度的影响，结果表明建筑物的表面颜色、材料是影响反照率的重要因素；反照率与地表温度呈现负相关关系，与植被归一化指数成正相关。

3. 城市新陈代谢

城市新陈代谢主要针对人类活动产生的排热对于城市气候的影响。

随着城市化进程的加快，人口数量急剧增加，人类生活生产释放的热量加剧了城市的热岛效应（王业宁 等，2016b）。热岛效应作为一种气候问题严重影响了城市环境，降低了居民的生活质量和热舒适性。而人为热排放作为诱导城市热环境恶化的重要人为因素，其对城市热岛的“贡献”不容小觑。近年来，许多学者致力于探究城市的人为热排放，估算区域的人为热排放量并通过模拟技术来量化其对城市热环境的影响程度等（王业宁 等，2016b）。城市人为排热按照其来源，可分为交通排热、工业生产排热、建筑物（冬季供暖和夏季空调制冷）（王频 等，2013）和人体新陈代谢排热四方面，其中建筑排热与交通排热起主导作用。计算方法被分成 3 类：能源清单法、能量平衡方程法和建筑模拟法。

具体来说，能量平衡方程法是基于实测或通过遥感影像反演的方式来估算净辐射量（Kato et al.，2005）、水平传导量等再逆推人为热通量，即利用能量守恒原理间接推导人为排热量；建筑模拟法是依托软件模拟计算出不同种类建筑的排热量，研究建筑排热的时空变化特征（Kato et al.，2005）。前者在研究中较少使用，其精度取决于遥感或测量数据的精度与算法；而后者限于模拟方法，大多集中于对中小尺度的人为排热的研究。对于城市层面或是区域层面，尤其是基础资料严重缺乏的地区，能耗数据难以获取、实测调研耗时耗力，所以一般采用自上而下的单源清单法同时结合一定的分配原则对其进行估算（王业宁 等，2016a）。

例如，Sailor 等人（2004）基于人口密度分配原则，利用电力、天然气和燃料消耗等基础数据推导美国 6 个大城市的时空人为热排放特征，证明利用有限的统计资料来分配单个人口普查单元的人为热排放情况的可能性。Quah 等人（2012）通过自上而下结合自下而上的能源消耗建模方法推算了 3 种不同用地类型的人为热通量的时空变化特征，结果表明商业区热通量最高，低密居民区最低。

我国城市尺度的人为排热研究起步较晚，主要集中于对一线城市人为排热的探讨，例如：佟华等人（2004）利用调查数据，估算了北京冬季的采暖排放废热、汽车排放废热和工业生产排放废热量情况。穆康（2016）利用开发的建筑空调系统大气排热动态预测模型，对深圳主城区建筑空调系统产生的大气排热、室外大气温湿度的时空分布规律进行模拟。王业宁等人（2016a）利用能源清单法结合人口密度、GDP 等分配原则以街道为统计单元对北京市的人为排热量时空分布特征进行推导，并证明地表温度与人为热有正相关关系。

综上所述，城市空间结构、下垫面属性、土地覆盖以及人为热排放已被众多研究证明是影响城市热岛的重要因素（Mirzaei et al.，2010）。随着研究的逐步推进和深入，越来越多与热环境相关的城市元素被纳入气候研究的范畴，且被证明对城市热岛等参数具有显著相关关系，如城市景观格局、周围冷热源对局部热环境的影响。

4. 城市景观格局

景观格局通常是指景观的空间结构特征（刘艳红 等，2007），包括景观组成单元的多样性和空间配置（邬建国，2000）。景观格局特征可通过景观格局指数来进行表征，通过空间统计学方法来进行量化。传统的城市景观格局学派大多关注于景观的生态学效应，忽略了景观格局在伴随城市化进程中对城市生态环境的影响，直到 1990 年代，美国景观学会逐渐开始研究城市景观对城市生态循环系统的调节作用，对城市的景观格局的探索才渐渐崭露头角（王琳 等，2017）。近年来，随着遥感技术和大数据挖掘技术的发展，不少学者开始对城市景观格局和城市热岛效应之间的耦合联系进行探索。

Feng 等人（2020）使用时空 Landsat 影像数据研究城市景观格局对热舒适度的影响，研究表明：在宏观尺度上，景观格局对夏季热舒适性的影响作用最明显；在微观尺度上，拼块所占景观面积比例对热舒适度的方差贡献率大于 70%，景观分割度和聚集指数的方差贡献率从 10%波动至 38.1%，这表明景观构成类指数是影响城市热舒适度的主要因素。Peng 等人（2016）利用相关分析和分段线性回归研究了景观组成和空间配置对热环境的影响，结果表明：建成区和贫瘠土地等景观类型对热环境的影响最大，而生态用地在缓解热岛方面起着重要作用，当生态用地覆盖率超过总面积的 70%时，温度与景观形状指数和破碎指数都具有显著的正相关性（相关系数为 0.594 和 0.510），而生态用地比例与平均地表温度之间的皮尔逊相关系数为 0.614（$P < 0.01$），该值高于空间配置的影响贡献率，表明景观组成对热环境的影响比景观的空间配置方式更大。Zhuang 等人（2020）认为景观格局的变化对地表温度的影响超过温室气体，研究基于对景观分布指数和 Mann–Kendall 突变分析方法探索地表温度的时空变化，量化景观格局、气候因子、地形因子和地表热环境之间的关系。结果表明：景观格局的组成方式比景观的分布特征在决定地表温度时作用更大（Peng et al.，2016）。

总体来说，景观格局与城市生态系统、热环境关系密切。目前景观生态格局研究已从定性向定量转变，从研究单一景观要素逐渐向综合分析景观格局对城市时空热岛的综合效应转变（苟睿坤 等，2019）。

5. 周围冷热源特征

城市局地热环境不仅受自身内部城市形态、排热情况以及下垫面物理性质的影响，周边冷热源产生的热岛效应或“冷岛效应”也会影响相邻片区，尤其是位于下风向的区域，当风从上风向输送空气时，相邻区域的热源和冷源可能会影响空气温度，所以上风热源在将人为废热贡献给附近的小气候中起着重要的作用（Britter et al.，2003）。不少研究也证明了周边冷热源对热环境的量化影响程度，如 Coseo 等人（2014）对芝加哥八个社区夏季气温进行调查，将计算得到的城市空间指标数据与热环境数据进行耦合分析，发现在日间发生极端高温天气的情况下，对空气温度唯一重要的解释变量是到上风向工厂的距离。这项研究证明周边废热会对附近居住区域的热环境产生影响。Oswald 等人（2012）为了了解居住环境温度结构差异的原因，在美国密歇根州数家居民后院中安装气象观测装置，分析每日高温和低温的空间格局及空间变异性，温度与到附近水体的距离以及到市中心的距离之间的关系。结果表明：美国底特律气温与到底特律河的距离远近关系密切，靠近城市主要河流的区域温度较低。

可见周围环境对地块自身热环境的影响不容小觑，近年来国内也有不少研究关注城市大型水面、热源对附近区域气候的调节作用。梁颢严等人（2018）发现夏季街区内的地表温度更易受周围环境的影响。卢有朋（2018）将到主要工业区的距离、到主要水体边界的距离、到城市主干路的距离等的外部环境因素指标加入热环境预测模型中，结果发现模型的拟合优度大大提高，说明集中工业区、主干路加剧了周边区域的热岛效应，而水体可以减缓周围缓冲区的热岛强度。

1.4.2 城市热环境参数测度方法

城市热岛的概念最早由英国学者 Manley 于 1958 年提出（贾琦，2015），经过 60 余年的发展，目前对热岛及热环境参数的测度研究已日趋成熟。本节基于文献综述和现有资料，将热环境参数的测度方法概括为以下 4 个方面：

1. 城市气象资料法

最早的城市气象资料法主要采用基于气象站资料的城郊温差法来监测城市热岛的量级，通常仅研究热环境的某一因素（温度），如 20 世纪瑞纳等人在对巴黎的城市气候研究中，利用气象站温度观测数据，计算巴黎城乡平均气温差在 1~2℃，且城市的风速低于郊区（李丽光等，2013）。随着城市规模的扩张，更多自动气象站被设置在城市内的不同区域，用以监测气象环境的时空变化情况，尤其对于气象站点数量较多、数据记录完整的城市，可以获取当地气象信息来进行研究。如 van Hove 等人（2015）对荷兰鹿特丹市内 15 个气象站 3 年热环境数据进行分析，结果发现：晴朗（无云）的天气条件下，建筑密集的区域，其热岛强度较大，夏季热岛极值最高，冬季较低，夜间热岛高于日间，城市内部的极值热岛强度差异很大，表明城市特征要素对热环境具有重要影响。Houet 等人（2011）通过获取法国图卢兹市内的 26 个温湿度监测站的数据，评估了城市区域的气候变化情况。

但是，中国地面气候观测网中除了基准气象站每天进行 24 次定时观测（卢军 等，2012），其余零散分布在城市中心区的地方气象站不仅数量较少，并且采样点设置在不同高度处（部分是地面点，部分是屋面点），因此利用现有气象站研究城市市域内热环境的空间分布情况较为困难,所以国内学者更倾向于利用气象站监测数据分析城市大区域的热岛情况。如朱家其等人（2006）利用上海城区 13 个自动气象监测站观测数据和郊区监测站数据，计算了上海市城乡温度差（王志浩，2012），结果表明：上海市区内站点间的温度日较差与年较差变化较小，但城郊温差显著，表现出明显的热岛效应。张健等学者通过获取到的北京市 20 个自动监测站 47 年（1960—2006 年）的日平均气温数据，利用统计分析方法解析了北京气温的时空分布特征及其热岛状况。研究表明：过去 47 年中，北京年平均气温一直在上升，城市热岛效应显著。冬季的热岛效应强于夏季，但夏季热岛效应在空间上呈现出多中心格局（张健 等，2010）。

2. 实地观测法

随着对城市空间的量化研究，收集到的零散气象站观测数据不能满足城市气候研究的精度，需要对城市气象状况进行更加严密的监测，而实地野外观测法可以弥补固定气象站点数量缺乏和设置位置不均衡等劣势，需要灵活地设置不同的测量点位，有利于对城市局地气候进行调查。例如：Coseo（2014）利用便携气象站对美国芝加哥 8 个城市社区的代表性街区进行了夏季温度固定观测实验，获取昼夜热环境数据，再与街区空间形态指标进行耦合分析，证明了不同时间气象参数与街区形态的关系。Yang 等人（2010）通过对上海市中心 3 个高层住宅小区夏季气温的实地观测，验证了城市设计变量对于热岛强度的重要性，研究发现空间布局模式、建筑密度和绿化覆盖特征对日间和夜间热岛的影响程度不同，拥有高密度树林的半封闭地块布局模式最能提高室外热舒适性。

以上基于灵活设置固定观测点的方式解决了进行气候研究时对于数据缺乏的困境，但是固定观测耗时耗力，往往只能在街区尺度开展，而移动观测方式可以弥补定点观测的局限性。如 Yadav 等人（2018）在 2014 年夏季和冬季晴朗天气下，将移动气象站安装在车辆上，沿着印度新德里纵横交错的路网收集到了城市尺度的气象数据，并使用 ArcGIS 的插值工具为城市绘制了城市水平移动路线的热岛空间分布图，研究证明了夜间热岛强度高于日间，冬季热岛强度最高达 6℃。这种利用移动交通工具对城市气象进行动态监测的方法，使得研究范围从街区扩大到城市区域。国内也有不少学者进行了热岛动态观测实验。如卢军等人（2012）将温湿度测量仪器安装于车辆顶部，确定了覆盖测量范围的路线，在夜间对重庆市进行流动观测，并探讨了将不同时的移动监测数据进行同时化修订的方法，在城市水平空间实现数据的可比较性。周雪帆等人（2018）利用车载气象站的方式，对武汉和郑州两个城市开展夏季热环境移动测量，探讨不同热工分区、不同用地属性的不同城市形态类型对城市热环境的影响机理。

3. 遥感监测法

移动观测法由于数据获取的时间差，在后期进行标准化处理时易产生误差，但是城市大尺度气象分布情况需要有大量观测站点提供数据支持，所以城市温度场的绘制在热岛效应研究初期进展缓慢。近年来随着卫星影像技术的普及，有学者开始利用遥感影像反演的方式推导城市地物热量的时空分布情况，从而破译出城市地表温度的时空变化规律。如 Keramitsoglou 等人（2011）利用卫星衍生出的地表温度图，计算热岛强度、热岛发生位置和空间范围，结果表明：希腊雅典夜间地表温度峰值出现于 7 月底，雅典的热岛平均空间范围为 55.2km^2，其平均热岛强度为 5.6℃。Zhou 等人（2014）基于 2003—2011 年的 MODIS 卫星数据，反演出中国 32 个大城市昼夜和不同季节的地表热岛强度，并分析了它们的空间变化。结果表明，日间热岛强度的年均阈值是 0.01~1.87℃，夜间是 0.35~1.95℃，并且存在明显的空间异质性。总的来说，通过遥感影像反演的地表温度其空间分辨率与精度较高，且数据同时满足一致性和连贯性要求，适宜进行科学研究（梁颢严，2018）。

此外，还可将热红外遥感数据与城市土地利用分布情况结合起来，探究它们之间的关系，例如 Li 等人（2011）将反演得到的上海市地表温度与归一化植被指数（*NDVI*）、植被覆盖率和不透水百分比的关系进行解析，探讨了景观成分和配置对中国上海热岛表面积的影响。结果表明：地表温度与 *NDVI* 之间存在很强的负线性关系，住宅用地面积对上海热岛贡献最大，其次是工业用地。

4. 气象数值模拟法

气象数值模拟是基于一系列静力学、动力学和热力学方程从而建立气候数学模型，在计算机上用数值方法求解、模拟出与实况较为一致的大气环流和温度、湿度等要素的空间分布及时间变化（杨展 等，1992）。按照研究的尺度范围，模拟模型有针对大尺度区域气象模拟系统（WRF），也有针对街区尺度微气候的模拟模式，如 CFD（Computational Fluid Dynamics）计算流体力学模型等。近年来不少学者利用数字模拟技术，开展对城市热环境的研究。如 Li 等人（2019）使用 WRF 模型以及城市冠层模块，模拟了柏林市高分辨率城市热岛强度，并采用了一种新的量化城市热岛的方法，该方法基于模拟 2m 高度处的空气温度的拟合线性函数。Ma 等人（2019）利用三维微气候建模工具 ENVI-met 4.0 模拟并评估了泰州老城步行街区的人体热舒适性，并提出改善整个区域热舒适性的重构方法。结果表明：对南北导向和东北—东南导向的街道来说，增加街道高宽比，降低天空可视度有助改善热舒适性。对于开放空间和东西方向的街道，植被是改善热岛效应的唯一方法。

尽管数字模拟可以在各种尺度上对城市气候特征进行预测，但是，任何精确的模拟和实验都不可能完全重现城市中的各种气候现象和过程，只能尽可能地与实时情况接近（卢军 等，2012）。

1.4.3 城市规划视角下的城市气候研究

1. 城市局地气候分区系统

在了解城市热环境的时空变化情况之后，有必要将城市气候应用于城市规划中。在这方面，局地气候分区（LCZ）作为城市气候分析中的重要分类方案被提了出来，它提供了有关气候特征和相关空间要素的综合信息（Lee et al.,2018）。它是 Stewart 和 Oke（2012）在 UCZ（Urban Climate Zone）分类的基础上提出的新分类方法，依据建筑密度、地表反射率、天空视域因子、下垫面粗糙度等 10 个对热岛有影响的参数将城市分为了 17 种局部气候分区，以标准化气候观测并促进全球气候研究交流为目的（郭华贵 等，2015）。局部气候分区为研究城市热岛带来诸多新思路与新视角。如 LCZ 分级系统可辅助城市气象站布局和室外舒适度监测（Lelovics et al.，2014），规范城市气象状况的标准化播报和比较不同城市的热岛效应（Alexander et al.，2014；Leconte et al.，2015），可制定客观标准来衡量任何城市的热岛强度，可引发对热岛起因和影响因素的探索研究（Leconte et al.，2015）。

目前，局地气候分区系统是气象学与城市规划学的热门研究话题，属于城市热岛研究范畴中一个相对较新的发展趋势。根据城市数据源与分析方法的不同，局地气候分区（LCZ）的分类方法主要有三种：人为监督分类，遥感影像识别和基于 ArcGIS 城市空间数据库（Zheng et al.，2018）。由于单纯的人为监督分类耗时且整个操作流程不能实现标准化，故近年来并未被推广使用；遥感影像识别分类方法依据城市卫星地图的光谱特性，通过遥感影像建立通用的决策树进行局部气候分区划分（何山，2018），采用机器学习的方法将像素分类，实现对城市地表的快速和标准化分级，其中基于像素的遥感监督方法已集成到世界城市数据库（WUDAPT）中，但这种方法更具有普适性，适合不同城市和区域之间的横向比较，虽已经在欧洲部分国家开展实践，但其划分效果在中国香港等高密度城市体现出精度低、斑点多的特点，其标准化的监督训练样本模式是否适合对中国高密度城市进行分类还有待考证。

基于 ArcGIS 城市空间数据库的分类方法与上述两种方法相比，需要更多的城市空间与规划数据支持，计算量较大且耗时较长。但该方法通过对城市空间信息进行量化，提高了数据的精度，能够准确和清晰地识别城市地表的不同类型，且可结合城市下垫面自身特点，对分类标准进行调整和优化，可专门面向城市气候规划决策而分类，有利于衔接城市建设的开发控制体系。

我国对于城市局地气候分区系统的应用还处于起步阶段，仅对少数大城市开展了城市局地分区分级的研究。如陈方丽等人（2018）利用世界城市数据库和门户网站工具（WUDAPT）数据库绘制了成都市中心城区 LCZ 地图，分析各分区的空间形态模式，并以成都主城区为例探讨 LCZ 在规划中的应用方式。Meng Cai 等人（2018）创建了城市表面温度与局地气候分区的量化联系，通过改进 WUDAPT 的方法来确定中国长三角巨型区域的 LCZ 地图，结果表明：长三角区域内不同城市的建筑类型 LCZ 分区，其对应的地表温度较高，而城市形态的多样性和植被覆盖情况可能是造成不同城市之间的同种 LCZ 分区阈值范围不一致的原因。Yang 等人（2018）通过对南京市的温度观测来评估不同局部气候区的热行为，研究采用定点测量的方法同时收集了南京 14 个不同局部气候分区的气温数据，对不同 LCZ 类型的热行为进行量化分析，结果表明：每种 LCZ 类型均表现出与其地表结构和土地覆盖特性相关的热行为，证明了局地气候分区方案可以在气候研究中用于对气候导向下的综合分类。

2. 城市气候图

一直以来，复杂的气候学原理对于城市规划者来说不易理解，而气候学家则更关心气象学和物理学，不了解城市规划的程序和机制。他们之间存在代沟，直到 1950 年代，德国学者制作了可以促进这两个科学领域互相交流的城市气候图。城市气候图（UC–Map）是用于分析和评估城市气候的媒介工具，它通过二维空间地图来表征城市气候现象和存在的问题（Ren et al.，2011），能够综合地将城市气候、环境及规划等相关信息与数据纳入其中，从而建立气候学与城市规划学的联系（郭琳琳 等，2018）。它主要由两部分组成：①城市气候分析图（UC–AnMap），如图 1–3 所示，其将城市划分成具有特定气候特征的气候分区；②城市气候规划建议图（UC–ReMap），其从规划视角将城市划分成不同规划建议分区，从而提出规划指导和改善策略（He et al.，2015）。主要研究内容是城市热环境、城市风环境和城市空气污染。迄今为止，全球已有超过 20 个国家 / 地区对其进行了相关研究。对气候图的推导与制作已经成为联系城

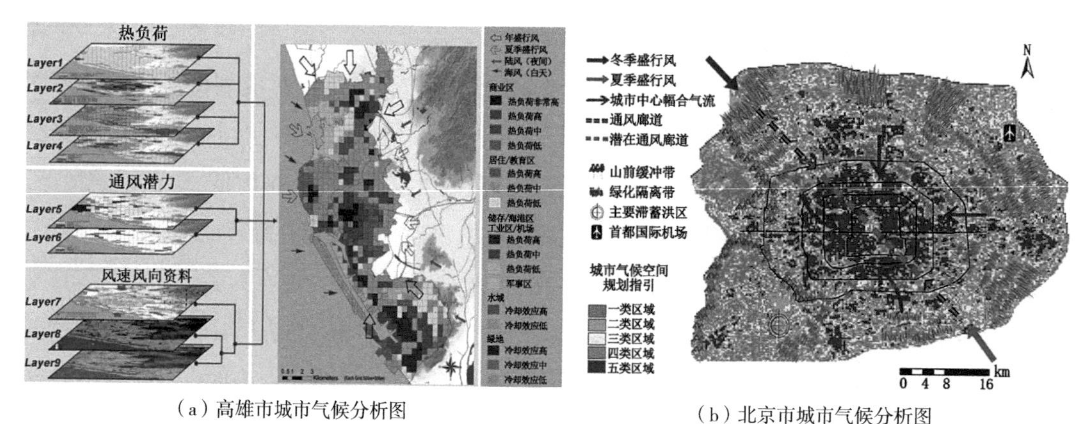

（a）高雄市城市气候分析图

（b）北京市城市气候分析图

图 1–3 城市气候分析图

（任超 等，2012；He et al.，2015）

市规划与气候学的基础研究。如德国斯图加特在 1970 年代尝试进行城市气候图的研究，以改善静风条件下的大气污染问题为目标，将气象模拟分析结果及获得的基础数据汇总，生成热环境图、风环境图、空气污染分布图等城市气候图集，并且研究在不断扩展与更新中（任超 等，2012）。受德国的影响，1980 年代起，瑞典、英国、奥地利等国家也基于地理信息系统平台，通过叠加模拟的气象参数和获取的高分辨率城市信息来绘制气候图；20 世纪开始，亚洲开启了气候图的研究，日本东京的学者利用卫星遥感数据与规划数据、气候模拟系统来预测城市气温的分布情况；新加坡研究团队也利用气温预测模型来模拟楼宇级别尺度的城市气候图（任超 等，2012）。

我国对于气候图（UC–Map）的探索起步较晚，近年来由于城市化进程加快导致热岛效应等气候问题被逐渐重视起来，城市气候图在中国也进入了快速发展阶段，目前开展城市气候图研究的城市主要集中于一线大城市，例如香港、北京、深圳等一些高密度城市。具体来说，2006 年香港大学吴恩融、任超研究团队首次将城市气候图引入中国，通过对土地利用信息、建筑物体积容量信息、地表人为覆盖率、城市密度、地形地貌信息、植被信息以及风环境信息的叠加，制作了城市气候分析图。同时，采用人体生理等效温度评估的结果来定义其气候空间单位，得到的面向城市规划视角的香港城市气候规划建议图，最后被应用在香港规划分区的大纲图当中（任超 等，2012）。贺晓光等人以北京为例，首先评估自然环境和典型城市形态特征对城市地区热负荷和通风潜力的综合影响，并绘制了城市气候分析图，随后结合数值模拟和通风路径，利用城市热岛环流和绿色楔形用地之间的协同作用，为北京开发了城市气候规划建议系统（He et al.，2015）。综上所述，城市气候图作为沟通气象学与城市规划学科的纽带，可为城市气候空间规划提供指南，有待于在中国各地开展研究。

1.4.4 相关研究评述及小结

国内外对于城市气候环境、城乡温度差异以及热舒适性等方向的研究体系已较为丰富充实，但是从城市规划视角对城市热环境的管控技术方面还处于起步阶段，还有研究空间和价值，主要表现在以下方面：

1. 缺乏对行人层高度处热环境因子的时空分布特征研究

由于卫星遥感技术的发展，既往对于城市尺度热岛空间分布的研究大多集中于地表温度，虽然经过反演后的地表温度具有空间分辨率、覆盖面积大等优势，但是卫星过境具有时效性，可获取的遥感数据时相有限，难以进行时间维度的变化研究，更重要的是地表温度是表征地表覆盖物质自身表面温度的物理量，无法直接反映出热环境对于人体的影响，只能间接通过辐射方式作用于空气温度，不能对行人层高度处的热环境进行精准研究。

相比之下，研究空气温度的时空变化具有以下优势：首先，空气温度的获取一般通过实测调查，而实测采集到的热环境数据不受时间维度的约束，连续的气象参数可深度揭示其昼夜、季节变化规律；其次，空气温度更易受城市人为活动的影响，研究其与土地利用、空间形态、人为排热等因素的关系更具有现实意义，且可以探究不同季节、不同时间空气热岛与城市因素的不同量化关系，揭示它们之间的变化规律。

2. 缺乏对城市尺度热环境参数的大规模实测调研

根据以往研究，在城市尺度上可通过获取固定气象站的观测数据来分析城内空气热岛的差异情况，但是利用城市气象站监测数据进行热环境相关方面的研究有以下两个限制：

（1）由于城市气象站的数量较少，观测样本量小，导致难以建立城市要素与热环境参数之间的量化联系。以本书的研究对象西安为例，作为中国二线大城市，近年来基于智慧城市的发展和民众对于气候环境的重视，已有将近20个新增城市固定气象站设置于市域内。根据气象统计，全面的监测数据尚未收集完成，尤其是相对湿度和风速，且部分气象站被安置于屋顶，由于屋顶的气象环境不属于行人层高度层面热环境范畴，也不完全遵循城市峡谷层空气环流的规律，它们需要被单独分析（Oke，2006；van Hove et al.，2015）。因此，实际我们可用的气象资源非常少，而根据既往对于城市尺度规模的热环境研究，可用观测点位的数量应至少为30个。

（2）除了数量少之外，城市固定气象站的设定通常基于其不同的地理位置，以便对城市不同行政区位的天气情况进行播报，且需要尽可能避免周围人为要素的干扰，所以设备通常放置于开阔的草坪之上，其下垫面更接近于乡村。更重要的是气象站周边城市环境是否具有典型性、是否能够代表不同城市空间形态、是否有利于揭示城市要素与热环境的量化关系方面都是未知的（卢有朋，2018），也不利于从规划角度监测城市气候的现有问题。

结合研究需求，我们认为可以根据具体的研究目标，合理设置气象观测点位，采用现场测量的方法在城市内进行移动或固定时间观测（Wong et al.，2011；Hart et al.，2009），但是，对于城市尺度的热环境参数测量需要配备大量人力物力，尤其是采集不同时间、不同季节的气象数据。我国开展的大规模实地测量研究几乎空白。

3. 缺乏反映城市热环境真实现状的城市气候分析图

迄今为止，对于城市气候图的研究已经形成了较为成熟的体系，尽管如此，我们还是发现了目前研究的一些限制。

（1）通常的城市气候分析图考虑两个方面：城市热负荷图和通风潜力图，它们的创建主要基于城市空间数据层的叠加，是以城市规划为目的，对城市气候状况预测的综合结果，并依赖于城市气候学家的定性评估。在这方面，整个过程和评估方法并没有真正标准化，因为它们涉及平衡许多无法量化的方面来预测城市气候环境。

（2）大多城市气候分析图是通过对众多城市空间信息图层进行叠加得到的，图中反映的热环境分布情况不会有昼夜差异，也不会根据季节特征对城市气候分区进行重新分类。但实际上，同一区域城市热岛或敏感区域分布的位置可能会随着季节更替发生改变，对于某些城市来说，若考虑将改善夏季居民的热舒适性作为主要目标，那么夏季的气候分析图可能对城市规划更有帮助。若主要目标是缓解由逆温效应引起的空气污染（Lee et al.，2018），那么冬季的气候分析图则更重要。对于西安而言，热岛现象在夏季和冬季均有发生，并伴随严重的空气污染问题（宁海文 等，2005）。因此，应分别分析不同季节的城市气候分析图，从而使城市规划人员能够区分哪些区域应优先进行管理或开发。

（3）通常的城市气候分析图采用栅格作为研究单元，相比矢量单元，栅格数据能够在地理空间上保持相同的尺度，利于数据统计与分析，但是矢量单元在捕获建筑物形状方面具有很大优势。它可以遵循土地覆盖要素的精确边界（Zheng et al.，2018），后期更利于与城市规划管控进行良好衔接。

4. 城市人为排热量对城市热环境的量化影响研究较少

目前的研究大多集中在城市空间结构、下垫面特征等指标与热环境参数的耦合关系方面，鲜有解析城市人为排热量对行人层高度处空气温度的影响。究其原因，一方面由于城市人为排热（建筑、交通及人体新陈代谢）在宏观尺度上难以估算，另一方面由于大多数研究通过数字模拟进行空气温度的推导计算，在理想状态下，城市人为排热的实时状况无法准确地纳入数字模型中进行量化，导致城市人为排热类指标对于城市热环境的影响方面进展缓慢，无法厘清人为排热强度对于气温的贡献程度，所以有必要将城市人为排热强度量化，并纳入预测城市热岛的城市规划指标之一。

5. 多种城市空间规划控制因素对城市热环境的综合影响研究较少

既往研究大多限于分析数个城市规划指标与气候参数之间的关系（Yan et al.，2014），且停留在单要素与气象数据的相关性或简单线性回归分析上，鲜有将影响城市气候的众多城市空间指标都筛选出来，研究多要素对城市热环境的共同作用机制、构建影响气候要素的城市空间规划可控指标评价体系。

综上所述，通过上文对影响城市热环境的众多城市因素的梳理，本研究对可以量化的指标进行筛选，从总体形态特征、街区内部形态、下垫面结构与性能、城市人为排热、景观格局指数、与冷热源的距离、周围缓冲区的特征 7 个城市气候控制方向出发，对指标进行综合整理和分类，去除在各文献中提及频次较低的指标，如图 1–4 所示，创建影响城市热环境的城市空间指标海选库，为后期构建基于城市空间规划可控指标的热环境评价体系提供依据。

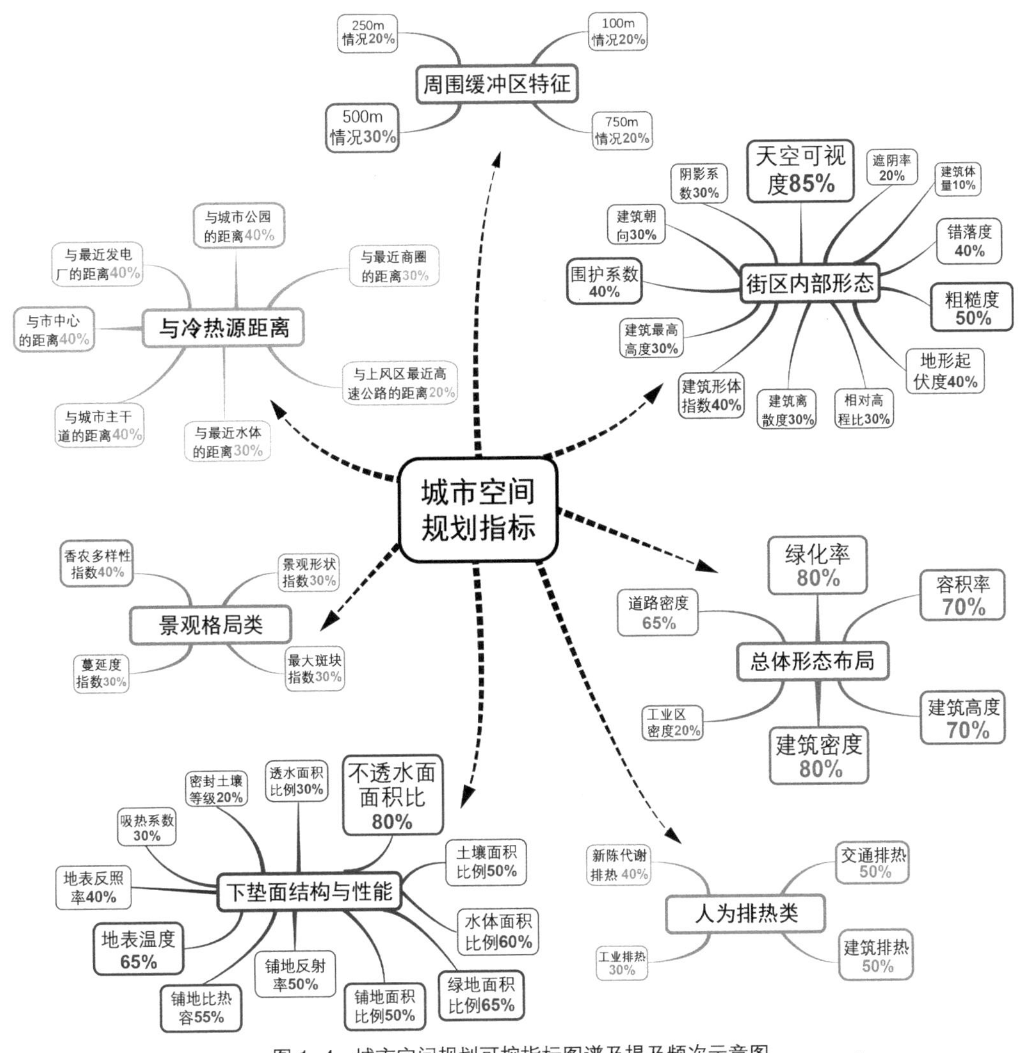

图 1–4 城市空间规划可控指标图谱及提及频次示意图

1.5 研究内容、方法及研究框架

1.5.1 研究内容

本书以西安市主城区（面积458km^2）为研究对象，基于多年气象观测数据、多源城市空间规划数据，通过遥感、ArcGIS、统计建模等方法的综合运用，研究城市多元要素对城市热环境的影响机制，并提取了基于热环境因子的城市空间规划控制关联指标，较为系统地从城市规划学视角对城市热环境进行综合研究，旨在为城市规划管理部门制定城市总体气候环境规划时提供直观的操作指南。本书的主要研究内容可分为4个部分7个章节。

1. 基础数据调研部分：构建了城市空间规划指标与热环境参数数据库（第2、3、4章）

本研究对多源城市空间数据进行挖掘，计算了68个影响城市热环境的潜在城市空间规划可控关联指标，并归纳出7类城市规划管控方向，创建了城市空间指标数据库。随后针对西安城市空间发展特点，改进目前局地气候分区分类标准，利用数据库中的众多指标，辅以人为监督分类，将研究区划分成17类局地气候分区，并制定出了针对不同城市空间特征的气象站点布置标准和观测要求。随后从17类局地气候分区及8类用地性质分类中选取55个典型地块，对其进行冬夏两季的气象观测，计算不同研究样本的昼夜间温度、湿度，热岛、干岛强度，探寻昼夜间极值热岛出现的时间等，创建气象参数调查数据集，为后续量化研究提供数据支持。

2. 空间分析部分：基于气象观测数据与城市空间规划数据，推导西安市主城区热环境的时空分布现状（第5章）

基于构建的泰森多边形提出一种空间赋值技术，将冬夏热环境参数与城市空间规划数据进行空间整合，利用插值方法对热环境单因子进行了空间可视化表达，并从聚集程度、重心位置、圈层格局、剖面格局4个视角探讨了热环境时空格局特征。同时，对不同局部气候分区类型的热环境特征进行量化分析，证明不同分区之间的热环境特征具有显著差异，验证改进后的局地气候分区系统在西安市的适用性。最后，引入气候舒适度评价指标，将温度与湿度两项单因素气象分布图叠加计算，绘制西安市城市气候分析图，将城市从气候学角度划分成等级分区，形成对城市气候环境的总体评估，为第7章划分城市气候敏感区与高价值区提供空间数据支持。

3. 耦合分析部分：解析城市空间规划可控指标对城市热环境的影响机制（第6章）

将68个城市空间规划可控指标与累年实测得到的不同季节、不同时期的热环境参数分别进行相关性分析、一元线性回归分析，筛选出部分重要城市规划指标；随后将这些指标通过统计模型进行多要素的综合研究，厘清了多重因素对城市气候的共同作用机制，推导了多指标与气象观测值之间的定量关联方程，比较不同城市空间规划指标对不同热环境参数的重要程度，确定了指标的影响权重，构建基于城市空间规划可控指标的热环境评价体系，并筛选出核心管控类别，以及核心规划调控指标，对未来的气候规划管控体系提供指标选择依据。

4. 规划应用部分：基于热环境改善的城市空间规划指标调控策略（第7章）

本书最后将城市局地气候分级理论融入城市气候图系统，按照城市空间形态类型（局地气候分区）将相似的城市气候分区归并，绘制专门面向城市规划管控的城市气候环境规划建议图，结合筛选出的核心调控规划指标，依据每类分区的城市空间特征，在城市规划设计层面落实指标调控的要求，有针对性地为城市规划管理部门制定城市总体气候环境规划，提供直观的操作指南，提出差异化的引导策略。

1.5.2 研究方法

1. 文献归纳法

对有关热岛测度、城市下垫面、城市热环境、城市空间形态、城市气候图等多领域的书籍与文献资料进行分类阅读，了解城市气候、城市规划学科的主要发展方向、研究进展以及现存问题。基于对目前研究成果的梳理，本书归纳了7类城市规划控制方向下的68个指标，构建了潜在影响热环境的空间规划指标体系。

2. ArcGIS 空间分析法

利用地理信息系统的地统计方法、空间计量算法等，在城市水平空间上对每个指标进行计算，对获取的网络大数据进行空间分析，并创建城市空间规划指标数据库、局地气候分区数据库和热环境参数数据库，利用空间插值法对气象因子的时空分布情况进行推导，绘制城市气候图等。

3. 遥感观测法

基于 Landsat 高分辨率卫星影像，利用 ENVI 5.3 软件，反演西安市地表温度；采用监督分类的方法将研究区域的地表覆盖特征提取出来，利用遥感影像解译出5类土地类型，一方面计算下垫面结构类指标，另一方面为划分地表覆盖类的城市空间形态类型（局地气候分区）提供依据。

4. 实测调研法

针对城市气象数据开展了长时间大规模实测工作，创建了“采样选点——数据采集——

采样后处理”的热环境参数的完整调查方法体系。

针对部分城市空间要素，开展了现场观测工作，例如对天空可视度、铺地反射率等指标的测量。在立体城市建模时，对部分地块的空间形态进行了现场考察。此外，在计算城市尺度车辆排热强度时，利用无人机采集了多时不同拥堵程度的交通密度。

5. 统计分析法

基于数理统计模式，对多方数据进行统计与分析，并构建科学的数学模型，最终推导定量结果。通过统计分析能够辨别和揭示变量间的量化规律和发展走势，以实现对变量的合理解释和预测（卢有朋, 2018）。本研究对选取的典型地块案例的热环境参数与城市空间指标分别进行统计，采用相关性分析、逐步多元回归、主成分回归等方法解析它们之间的量化关系。

1.5.3 研究框架

图 1–5 为本书整体结构框架和技术路线，其包含城市信息数据与气象数据的收集处理，对热环境时空分布特征的空间分析，空间规划可控指标对城市热环境的影响机制，城市热环境特征因子的评价分析及热环境综合分析成果的规划应用。

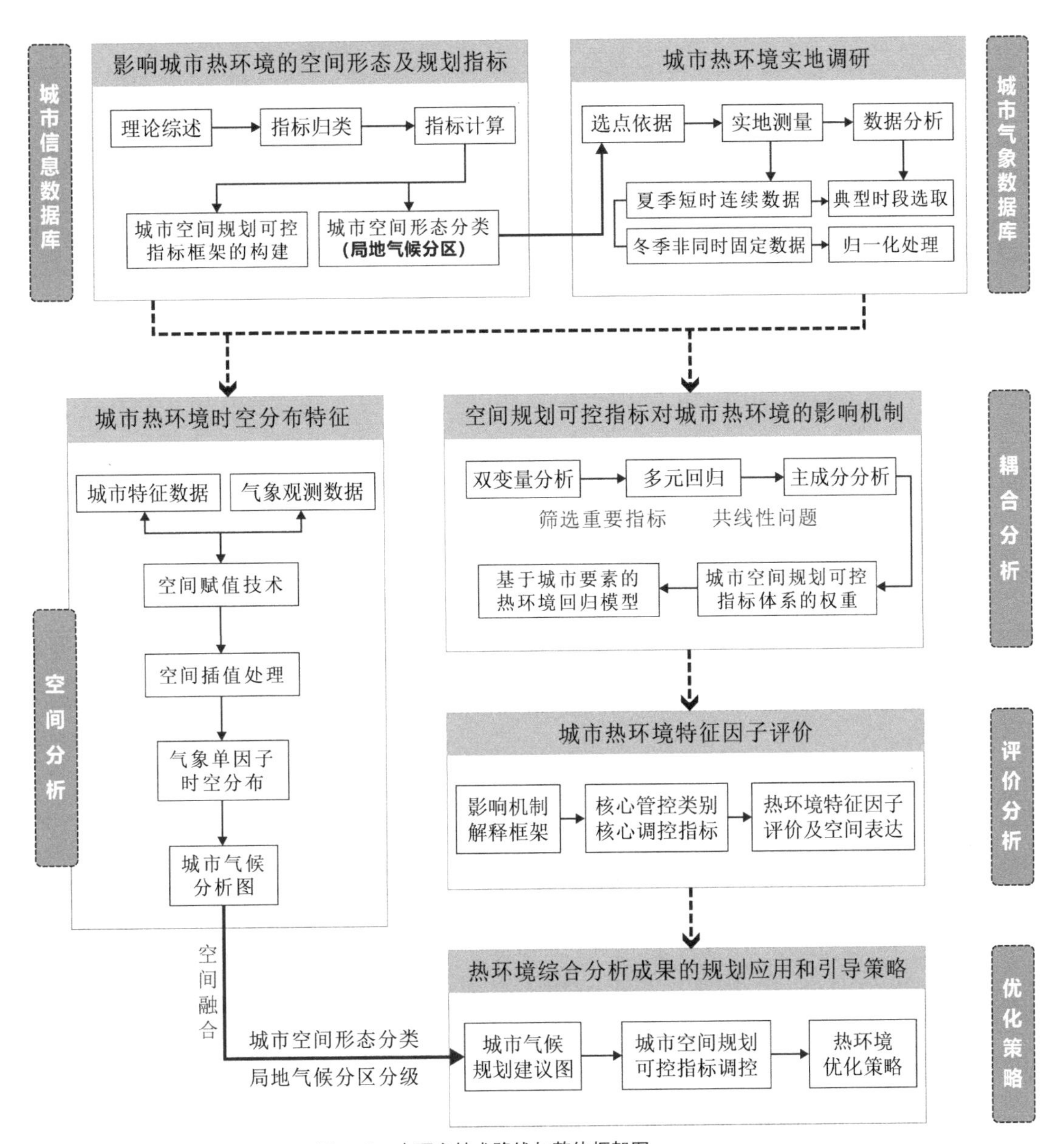

图 1-5　本研究技术路线与整体框架图

第2章

研究区概况与城市空间规划指标基础数据源

2.1 研究对象城市选取的依据

通过前文对现有文献的梳理可知，我国在城市规划与城市气候方面的研究起步较晚，且主要研究对象集中于北京、香港、上海等国际化大都市，以求解析高密度城市空间形态与城市气候方面的联系，对于普通城市的研究开展较少。本书选择中国二线城市（新一线）西安市作为研究对象，出于以下几点考虑：

首先，西安作为中国西北区域的特大省会城市，具有承东启西、连接南北的战略地位，也具有典型的城市化问题，如人口密集、资源紧缺、生态环境恶化等。

其次，在中国建筑热工分区中，西安市位于寒冷地区，紧邻夏热冬冷地区，地理位置特殊。在冬季，西安屡次成为我国西部省会城市中雾霾最严重的城市之一；在夏季，西安是十大“火炉城市”中唯一的北方城市，气候问题鲜明。所以，研究西安市夏季与冬季的热环境问题，寻找其与城市发展之间的矛盾，有助于解析导致热环境恶化的原因，具有研究价值。

2.2 西安城市化发展与气候环境问题

2.2.1 地理位置与行政区划

西安是中国四大古都之一，坐落于渭河流域中部的关中腹地，东经 107.40°~109.49° 和北纬 33.42°~34.4° 之间，市域面积为 10108km^2，常住人口 1295.29 万（截至 2020 年 11 月 1 日，陕西省第七次全国人口普查主要数据公告）。

西安位于陕西中部，南靠秦岭山脉，北面是黄土高原，西邻太白山脉，地势东南高西北低。地理上西安位于关中盆地腹地，市区海拔高度 400m 左右，具有典型的盆地城市特征。西安自古有“八水绕长安”的美誉，其中，渭河与泾河是目前西安境内规模最大的河流。目前西安市辖区共设 11 区 2 县和 1 个功能区，本书所研究的区域在西安市市辖区内。

2.2.2 西安市城市化发展

据统计，西安市 2016 年城镇化率高达 64.6%（中华人民共和国国家统计局，2017）。2007—2017 年，西安市的城市规模日益扩大，如表 2-1 所示，建成区面积增长了 155%，人口数量增加117%。随着城市化进程的加快，每年工业废气排放量不断增加，冬季供热面积也逐年上涨，给城市环境带来压力，虽然城区范围不断向外扩张，更多郊区的绿地及耕地被纳入城区内，但每年仍有大量耕地被建筑物取代，导致绿化率增长的速率不及城市建设用地扩张的速率，这种情况无疑会引发环境与城市发展之间的矛盾，造成热岛效应（表2–2）、交通拥挤、空气污染等环境问题。

可见，城市化进程对气候环境的影响是存在的，应正确认识当下城市气候问题，将气候信息合理地纳入城市规划中，以期减少城市化进程中对气候环境造成的危害。

西安市2007—2017年城市化因素及指标　表2–1

城市化因素	2007年	2009年	2011年	2013年	2014年	2015年	2016年	2017年
年平均气温（℃）	14.9	14.3	14.1	15.8	15.2	15.2	15.8	15.6
建成区面积（km^2）	268	283	415	505	522	549	566	683
园林绿地总面积（km^2）	87	96	137	178	190	206	225	307
建成区绿化覆盖率（%）	39.7	40.4	39.0	40.3	40.8	42.0	42.6	40.8
常住人口（市区）（万人）	641	647	654	660	662	703	714	751
工业废气排放总量（亿m^3）	1149	737	1018	844	901	1108	1035	1445
城市集中供热面积（万m^2）	2811	5178	6524	10980	13493	16691	19566	29119
汽车（民用）（万辆）	84	101	145	186	214	239	259	289
道路面积（万m^2）	4190	5057	6259	7932	8144	8457	8619	10064

数据来源：西安统计年鉴（2007—2017）。

西安市2015—2017年城市化因素及城市气象因素　表2–2

城市气象因素与城市化因子	2015年	2016年	2017年
年平均热岛强度（℃）	1.1	1.3	1.4
冬季平均热岛强度（℃）	3.6	5.5	5.1
夏季平均热岛强度（℃）	0.9	0.6	1.3

数据来源：西安统计年鉴（2015—2017）及中国气象数据网。

2.2.3　气候环境与气候问题

西安夏季气候炎热、多雨，平均气温约为27.7℃，相对湿度为59%，平均风速为1.6m/s，主导风向为东北（NE）；冬季少雨雪、风小多雾、寒冷且干燥，平均气温约为3.8℃，平均湿度为 51%，平均风速为 0.9m/s，主导风向为东北偏东（ENE）（中华人民共和国国家统计局，2018）。全年城区平均风速仅为 1.0m/s，静风出现频率为 28%，约 102 天，属于静风地区。

在全球气候变暖的大背景下，西安市年平均气温虽有波动，但仍呈现逐渐攀升趋势，如图 2–3 所示。持续的高温现象已经变成了夏季主要气象灾害之一,严重影响了居民的身心健康。2017 年，西安市出现了 45 个 35℃以上高温日，其中大于等于 40℃高温出现了 12 天，连续大于等于 40℃的高温日数、年 40℃以上高温日数等连创有气象记录以来的历史新高。同时，雾霾天气频发，年平均雾和霾天数 200 天左右（罗慧 等，2018）。2017 年西安被列为中国空气质量最差的城市之一。

西安属于资源性缺水城市，降水变率大，且降水资源时空分布不均。夏季炎热多雨，是降雨最集中的时段，通常占到年降水量的 60% 以上（罗慧 等，2018）。近年来，随着西安市城市建设速度加快，城市供水总量持续增加，城市水库蓄水不足，且城市年降水量缓慢下降（图 2–1），共同加剧了夏季高温伏旱现象，城市湿度降低。

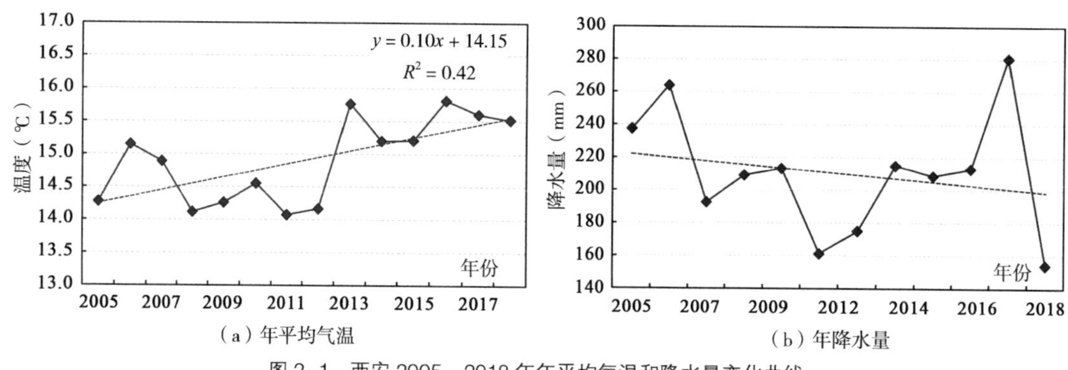

（a）年平均气温　　（b）年降水量

图 2–1　西安 2005—2018 年年平均气温和降水量变化曲线

2.2.4　研究范围界定

西安城市发展表现出明显的“单中心 + 圈层”蔓延特征（黄清明，2017），形成城墙圈层、二环圈层以及绕城圈层。在功能布局上沿袭古代“九宫格局”，棋盘路网、中轴线突出。西安以二环内区域为核心，发展成商贸旅游服务区；东部依托现状，发展成国防军工产业工业区；东南部结合曲江新城，发展成旅游生态度假区；南部为文教科研区；西南部拓展成高新技术产业区；西北部为汉长安城遗址保护区；北部由于西安市行政中心北迁，目前以综合服务功能为主；东北部结合浐灞河道整治建设成居住、旅游生态区（王惊雷，2015）。

西安中心城区（绕城高速公路以内区域）被选为研究对象，总面积为 458km²，尽管只占西安市域面积的 4.5%，但却是建成区面积比例最大、人口最密集的区域，如图 2–2 所示，主城区几乎涵盖了所有西安市的下垫面类型，具有丰富的城市空间形态。

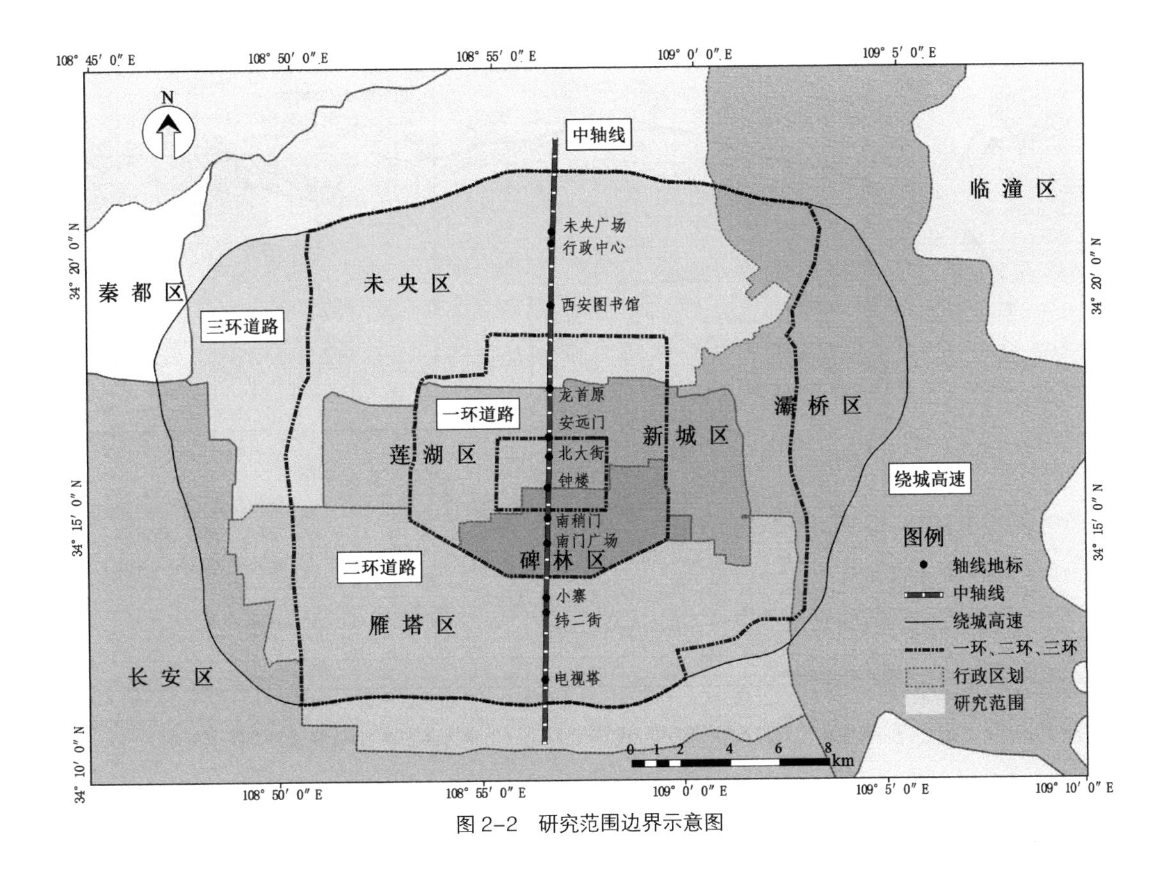

图 2-2 研究范围边界示意图

2.3 西安市城市空间规划指标基础数据源

2.3.1 土地利用规划及空间路网数据资料

选择合适的城市分析单元对于研究城市气候至关重要。我们参考从西安市规划局获取的西安市城区路网图（图 2-3 右上）及谷歌地球影像图，在 ArcGIS 10.5 软件的辅助下建立西安市空间基础数据模型。

首先，选取 dwg 格式城市底图中的路网（双向 4 车道）作为城市地块划分的依据，每个路网划分出的区域成为一个独立分析单元，称为地块管理单元（简称地块）。再将 dwg 格式的城市底图导入 ArcGIS 10.5 软件中，同时利用谷歌地球来辅助验证以校正图的精度，最后进行矢量图剪裁（过程为：ArcToolBox → Analysis Tools → Extract → Clip）。整个研究区被划分成 2732 个地块，如图 2-3 所示，相比传统栅格划分方式，矢量地块在捕获物体形状方面具有优势，可以遵循土地覆盖元素的精确边界，符合中国城市规划以街道边界为管理单元的习惯（Zheng

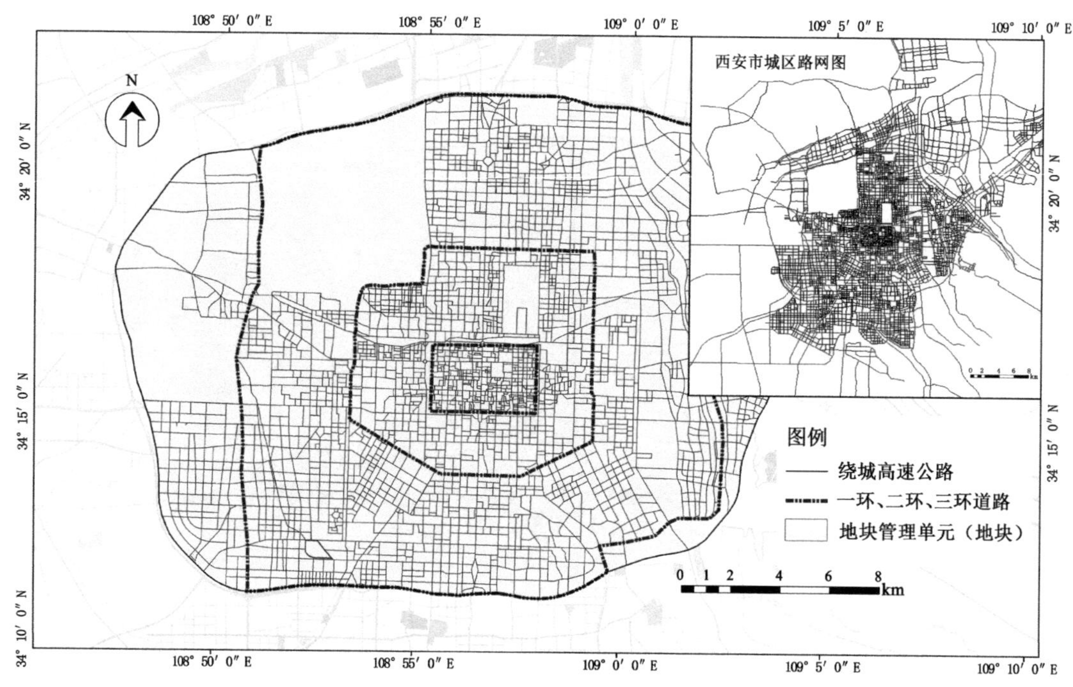

图 2-3 西安市主城区地块管理单元划分底图（右上角为西安市 dwg 格式路网图）

et al.，2018）。

然后为地块底图图层添加字段，如地块编号、地块用地性质以及下文中不同种类的城市空间规划指标等，并统一采用 GCS-WGS-1984 地理坐标系统和 WGS-1984-Web-Mecator-Auxiliary-Sphere 投影坐标系统，存储到 Geodatabase 数据库。

为了后续研究的可操作性，考虑不同用地性质对城市气候的影响，本书将用地性质种类进行归类简化，如图 2-4 所示，分成八类：工业（M）、居住（R）、商业办公（C）、城市绿化（G）、教育科研（E）、医疗（H）、城市水体（W）、广场等其他用地（O）。

从总体地块数量看来，研究区内居住用地所占比例最大（57%），其次是商业用地（14%），如图 2-5 所示，柱形图表示不同用地性质的地块数量，饼状图表示一环、二环、三环内不同用地性质的地块数量占比情况。可以看出：老城区一环内，居住及商业地块较多，绿地较少；三环内除居住用地外，绿地及工业用地所占比例较大。

从空间布局来说，城东和西北区域分布的工业用地较多，商业用地则分布在城市主要道路沿线附近。教育科研用地主要分布在南部区域。

此外，西安二环路以外有数个遗址保护区，包括汉长安遗址、阿房宫遗址等，这些遗址区域以大面积绿化为主。东北区域为浐灞生态区，水体和绿地用地所占比例较大，城市其余绿地基本以公园的形式分散布局在不同位置。

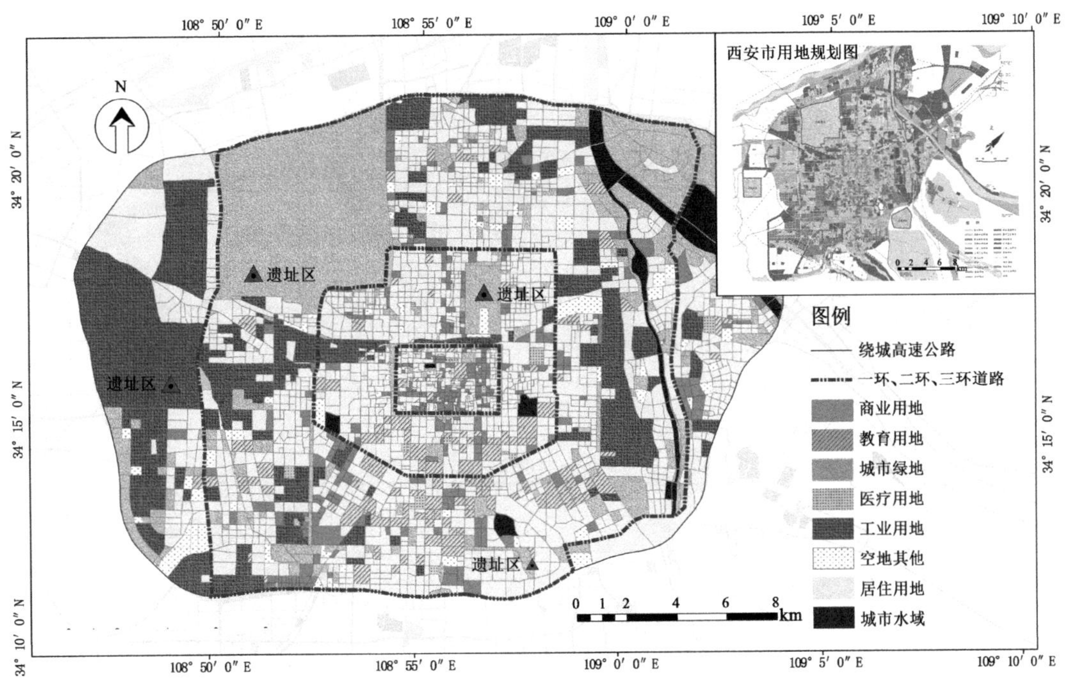

图 2-4　西安市中心城区用地性质分类图（右上角为西安市用地规划图）

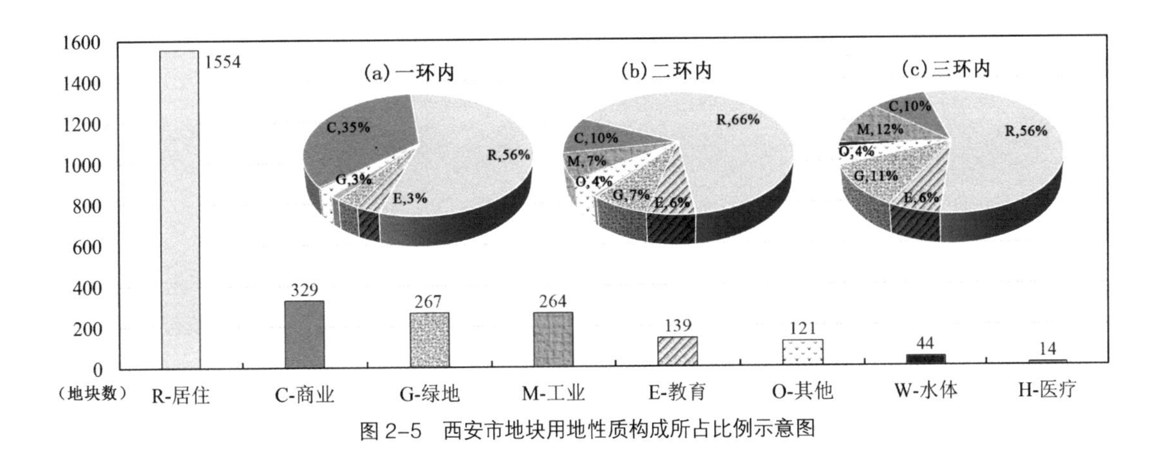

图 2-5　西安市地块用地性质构成所占比例示意图

2.3.2　城市空间建模数据

城市形态数据来源于对应气象数据观测时期的谷歌历史地图，在 AutoCAD 软件的 3D 建模模块中，创建了整个城市的高精度立体模型。建筑高度的确定方法是按照街景图中沿街建筑的层数，再乘以层高，街区内部的建筑高度按照阴影长度估算，并对一些地块进行现场检查。最后将模型导入 ArcGIS 中，存储为 shp 矢量文件（图 2-6）。

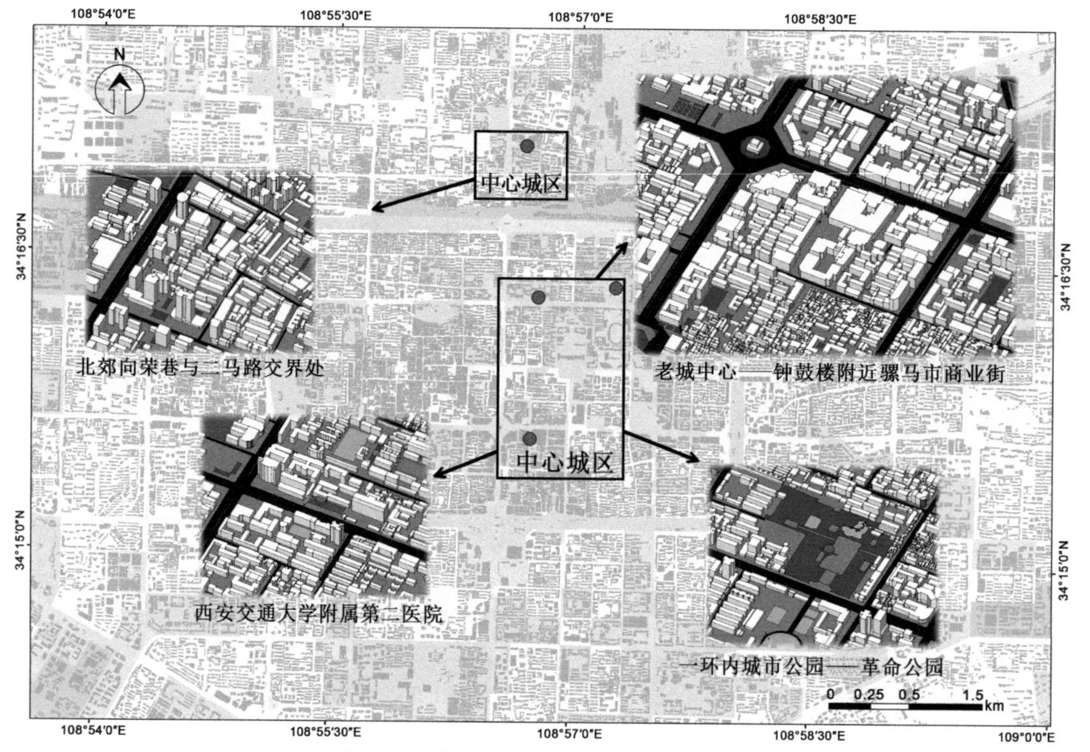

图 2-6 西安市中心城区空间矢量模型示意图

2.3.3 城市卫星遥感及辅助数据

本书利用卫星遥感影像数据及 DEM 高程数据计算下文中地表温度、归一化植被指数、地表反射率、城市用地识别类以及高程类指标。

在众多种类卫星提供的遥感影像中，Landsat 系列卫星数据具有开放共享性、较高空间分辨率、较多波段种类等优势，是目前土地覆盖监测中最广泛使用的系列卫星之一。最新的 Landsat 8 卫星上携带两个传感器，分别是 OLI 陆地成像仪（Operational Land Imager）和 TIRS 热红外传感器（Thermal Infrared Sensor），OLI 包括 9 个波段，空间分辨率为 30m，TIRS 包括 2 个单独的热红外波段，分辨率 100m，卫星每 16 天可以实现一次全球覆盖。

Landsat 8 卫星遥感影像数据来源于美国地质勘探局官网（USGS）平台，采用 Level 1T 影像，UTM-WGS84 投影坐标系，经过影像质量检查，排查研究区内有无大面积云雾覆盖、面积噪声、模糊、地物扭曲变形等状况，最终选择晴好天气 2019 年 7 月 28 日 03：19：35（格林尼治时间，北京时间上午 11：19：35）的一期 L8 卫星数据。

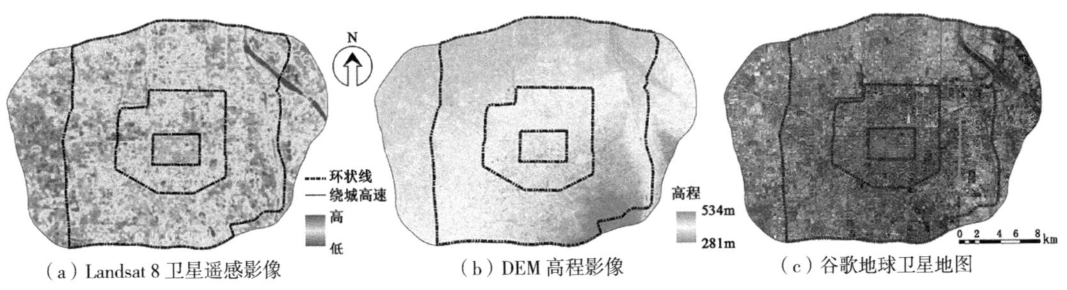

（a）Landsat 8 卫星遥感影像 （b）DEM 高程影像 （c）谷歌地球卫星地图

图 2-7 卫星遥感影像及辅助影像

辅助数据有高程 DEM 数据，空间分辨率为 30m。以及同时期的谷歌地球卫星历史图像数据，如图 2-7（c）所示，用于校对和修正土地利用规划数据、城市空间建模数据。最后，对下载的各类卫星遥感影像在 ArcGIS 中进行掩模提取，将研究区域范围裁切出来，获得的研究区域遥感影像如图 2-7 所示。

2.3.4 网络空间大数据

随着互联网和信息化技术的发展，大数据被广泛地应用到不同科学研究领域，其中地理空间信息与位置大数据，互联网实时动态大数据等为城市规划提供了新的研究视角。本研究借助百度热力图来估算城市人口动态分布情况，热力图是基于手机用户地理位置数据，通过叠加在网络地图上的不同色带对城市中人群的分布情况进行动态描述（吴志强 等，2016）（图 2-8）。

借助高德地图提供的交通实时拥堵大数据来提取城市交通动态分布情况（图 2-8），用以研究城市交通排热对于城市热环境的影响，具体处理和计算过程见本书 3.1.7 节。

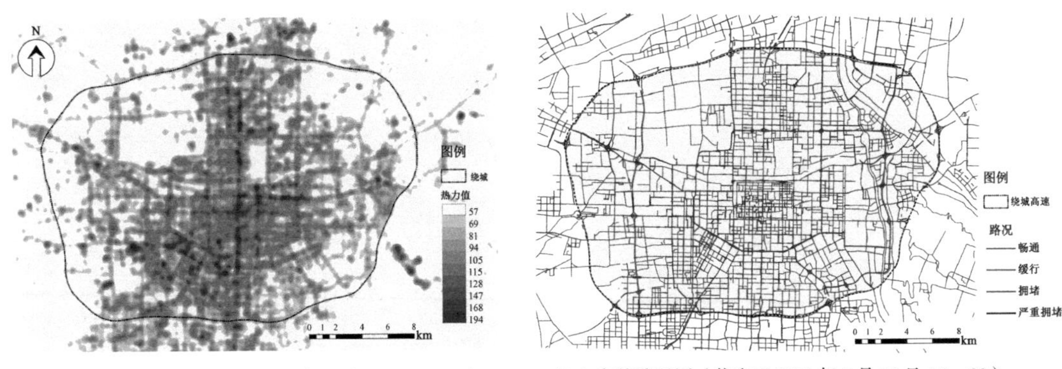

（a）百度热力图（截取于 2019 年 7 月 7 日 17：00） （b）高德路况图（截取于 2019 年 7 月 10 日 15：30）

图 2-8 网络空间实时动态大数据

第3章

影响热环境的城市空间规划可控指标的确立

3.1 城市空间规划可控指标的筛选与计算

城市热环境的影响因子众多，本书仅从城市空间规划的角度筛选人为相对可控、能够加以改善的因子，如表 3-1 所示。本节虽然计算了 68 个城市空间指标，但这些指标是否对热环境有实际影响意义，需要进一步通过与热环境参数的量化耦合分析进行检验，最终确定影响热环境的核心城市空间规划指标。

7组城市规划控制方向下的68个指标一览　　表3-1

一级指标	二级指标	三级指标
影响热环境的潜在城市空间规划可控指标体系	总体形态布局	建筑密度（*BD*）
		建筑高度（*BH*）
		容积率（*FAR*）
		绿化率（*GCR*）
		道路密度（*RD*）
	下垫面结构与性能	不透水面面积比（*ISF*）
		土壤面积比例（*LSF*）
		水体面积比例（*WSF*）
		绿地面积比例（*GSF*）
		铺地面积比例（*PSF*）
		工业面积比例（*FSF*）
		铺地反射率（P_R）
		铺地比热容（P_{SHC}）
		地表温度（*LST*）
		地表反射率（*SA*）
		地形起伏度（*TER*）
		相对高程比（*ELE*）
	景观格局类	最大斑块指数（*LPI*）
		景观形状指数（*LSI*）
		香农多样性指数（*SHDI*）
		蔓延度指数（*CONTAG*）

续表

一级指标	二级指标	三级指标
影响热环境的潜在城市空间规划可控指标体系	街区内部形态	天空可视度（*SVF*）
		错落度（*RFD*）
		粗糙度（*ROU*）
		建筑离散度（*DIS*）
		建筑形体指数（*SHAPE*）
		建筑最高高度（MAX_{BH}）
		围护系数（*EN*）
		高宽比（*H/W*）
	与冷热源的距离	与市中心的距离（*DTD*）
		与最近发电厂的距离（*DTI*）
		与最近商圈的距离（*DTC*）
		与城市公园的距离（*DTP*）
		与城市主干道的距离（*DTR*）
		与最近水体的距离（*DTW*）
	周围缓冲区特征	100m 建筑比例、不透水面比例、绿地比例等（BD_{100}）
		250m 建筑比例、不透水面比例、绿地比例等（BD_{250}）
		500m 建筑比例、不透水面比例、绿地比例等（BD_{500}）
		750m 建筑比例、不透水面比例、绿地比例等（BD_{750}）
	人为排热类	人体新陈代谢排热（*HAH*）
		交通排热（*TAH*）
		建筑排热（*BAH*）

3.1.1　总体形态特征类指标

总体形态特征类包含建筑密度、建筑高度、容积率、绿化率、道路密度 5 个指标。它们均属于城市控制性详细规划中用来把控城市及区域规模的常用指标，且被大量研究证明对城市热环境具有潜在影响，它们既充分描述了城市形态特征，并且易于被城市规划者理解，经常作为影响因素被用于粗略分析区域的城市气候。图 3-1 展示了计算西安市某地城市空间指标的过程。

1. 建筑高度与建筑密度

建筑密度是指建筑物覆盖的“水平密度”，反映了地块内建筑区域与户外空地在平面上的面积占比关系。城市街区的建筑密度越高意味着该地区蓄热能量越强、散热能力越差，多余的热量排放到了大气中从而影响城市热环境。建筑高度是指建筑屋面面层到室外地坪的高度，

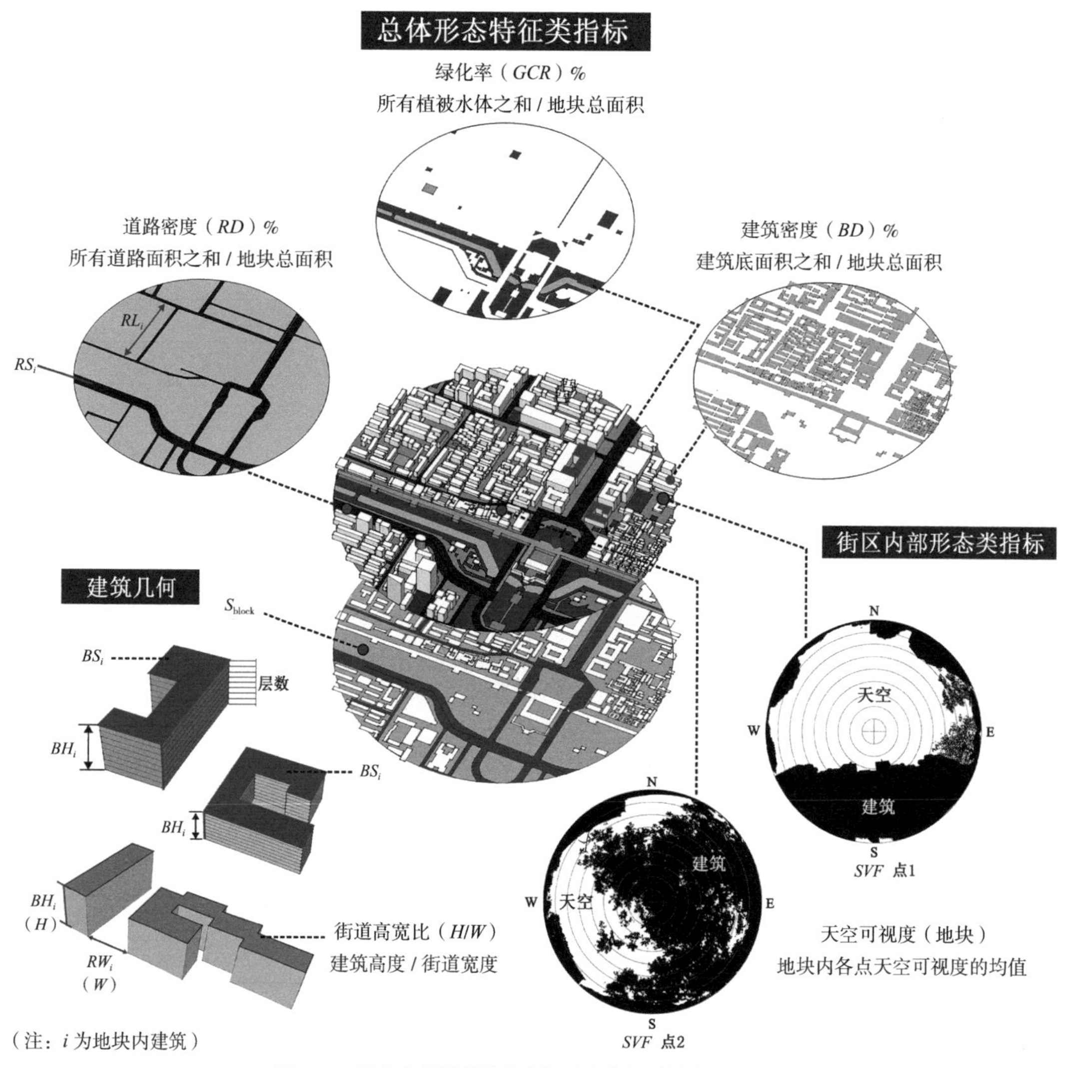

图 3-1　西安市某地的城市空间形态指标计算方法示意图

是衡量城市三维形态的指标。一般来说在日间街区的平均高度值会影响街区内部的阴影覆盖及通风程度，平均高度越高，使得地面及立面多处于阴影之中，间接降低了地表温度，进而影响空气温度。

2. 容积率

容积率是度量建设用地使用强度的重要指标，属于无量纲比值，研究表明容积率越大，地块的排热总量越大，空气温度越高，居民的热舒适性越差（宋晓程 等，2014）。

3. 绿化率

绿化空间对城市有降温和遮阳的双重效果。在本研究中，绿化率是指植被覆盖率，即地块内所有植物垂直投影面积的比率。通过计算归一化植被指数（*NDVI*）来获取绿化率，*NDVI* 是指近红外波段的反射值与红光波段的反射值之差比上两者之和，在 ArcGIS 10.5 软件中对下载的 2019 年 7 月 28 日遥感数据进行栅格运算，再标准化处理数据，使 *NDVI* 值在 0~1 区间分布。

4. 道路密度

道路密度是评价城市道路网是否合理的基本指标之一，一般来说城市发展规模越大，其所需要的道路网就越密集。但是城市主要干道表面通常采用沥青材料，其热工性能相对较差，日间太阳直射时，会不断向空气中辐射热量，导致空气温度增高。

以上指标的计算方法及计算公式见表 3–2 及表 3–3。

总体形态特征类指标的计算方法 **表3–2**

名称	指标描述及计算方法	数据来源
建筑密度（%）	建筑地面投影的面积总和 / 该地块总面积	城市空间模型
建筑高度（m）	地块范围内所有建筑的平均高度，所有建筑的总体积 / 建筑地面投影的面积总和	城市空间模型
容积率	所有建筑总面积 / 该地块总面积，即建筑地面投影的面积总和 × 平均层数（平均层高 /3）/ 该地块总面积	城市空间模型
绿化率（%）	地块内所有乔木、灌木、地被和草本植物垂直投影面积的比率	卫星遥感数据
道路密度（%）	地块范围内所有道路（双向 4 车道以上）面积之和 / 该地块总面积	路网规划数据

总体形态特征类指标的计算公式 **表3–3**

名称	计算公式	系数描述
建筑密度	$BD=\frac{\sum_{i=1}^{n} BS_i}{S_{\text{block}}}$	BS_i 是指地块内建筑 i 的地面投影面积；S_{block} 是指该地块的占地面积；n 为地块内建筑总数
建筑高度	$BH=\frac{\sum_{i=1}^{n} V_i}{\sum_{i=1}^{n} BS_i}$	V_i 是指地块内建筑 i 的体积；$\sum_{i=1}^{n} BS_i$ 是指地块内 n 个建筑的地面投影的面积总和
容积率	$FAR=\frac{\sum_{i=1}^{n} BS_i \times BH/3}{S_{\text{block}}}$	$\sum_{i=1}^{n} BS_i \times BH/3$ 是指地块内 n 个建筑地面投影的面积总和 × 建筑高度 /3；S_{block} 是指该地块的占地面积
绿化率	$NDVI=\frac{NIR-R}{NIR+R}$	NIR 为近红外波段的反射值；R 为红光波段的反射值
道路密度	$RD=\frac{\sum_{i=1}^{n} RL_i \times RW_i}{S_{\text{block}}}$	RL_i 是指地块内道路 i 的长度；RW_i 指道路 i 的宽度；$\sum_{i=1}^{n} RL_i \times RW_i$ 是指地块内 n 条道路的面积总和

这 5 个总体形态特征类指标计算后，将其统计到西安市 2732 个地块中，在 ArcGIS 平台中进行图示化表达，使用常见空间分级方法（自然间断法）为其分级，得到了各个指标的空间分布图（图 3–2）。

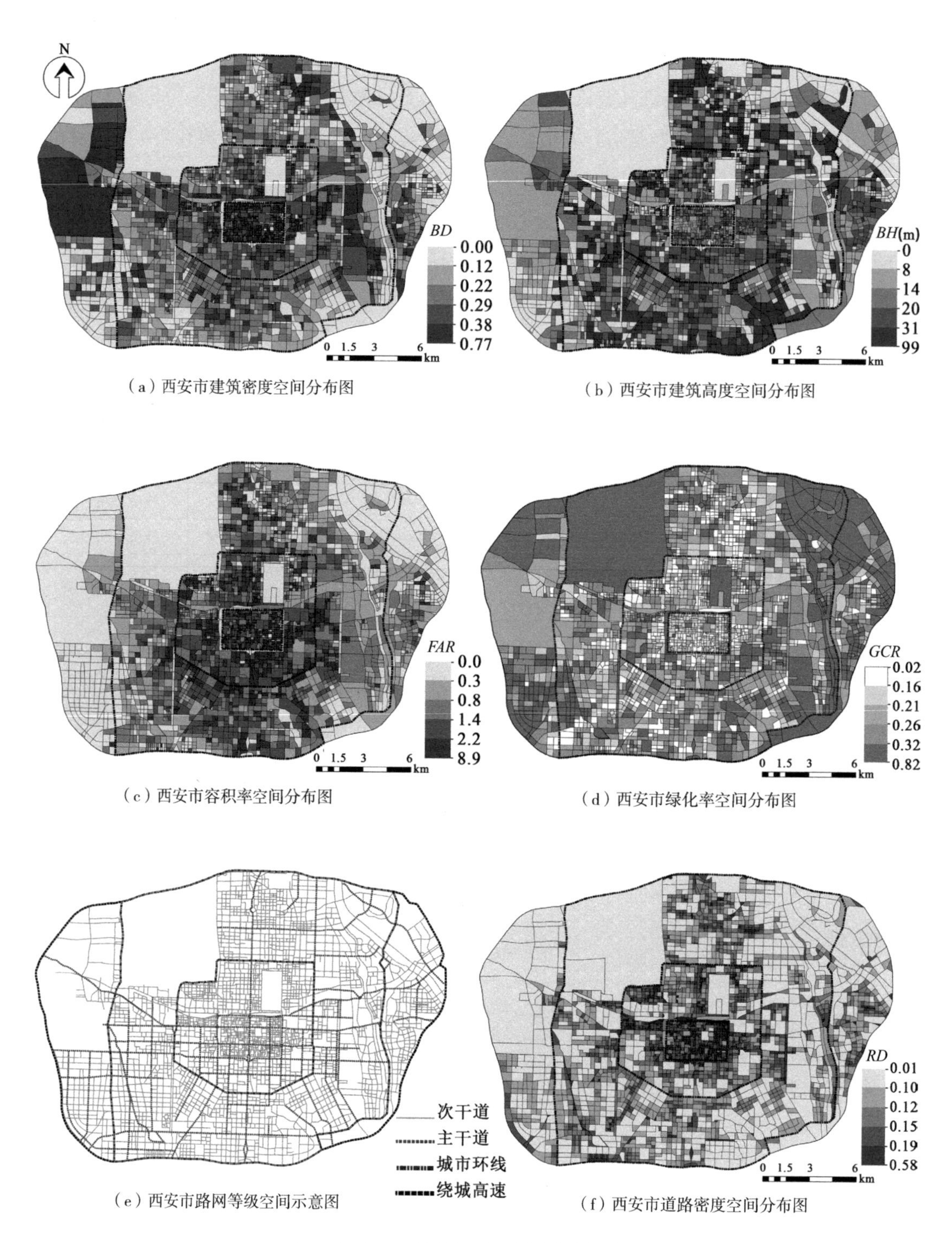

图 3-2　西安市总体形态特征类指标空间分布图

从建筑密度空间分布图可以看出老城区一环以内建筑密度最高，由城市中心向外围逐渐递减，西北区域由于工业厂房分布较密集，也属于高密度区域。从建筑高度空间分布图可以看出老城区一环以内平均高度较低，一环至二环区域以多层居住建筑为主，局部地区伴随有零星的高层建筑；二环以外西南区域为高新开发区，以高层建筑居多，东南区域主要由高层居住区及公园绿地构成，北部区域多由成片的高层居住小区构成；西北部及西部区域主要分布大量低层建筑。从绿化率空间分布图可以看出除了零星城市公园以外，老城区一环内、一环和二环间区域绿化率较低，西北和西南区域分布大量农田及绿地，东北区域有大面积开敞绿地和城市水域，东南地区建有大面积的人工水域和公园。从道路密度空间分布图可以看出一环老城区内，城市南北中轴线、二环沿线等主干道附近地块的道路密度较大。

总的来说，这5类总体形态类指标均呈现出了明显的空间分异性，也正是因为指标的空间分异性使得城市内不同区域的热环境具有明显差异，本研究试图寻找产生差异的原因，从而通过调控城市空间指标来改善热环境，提高热舒适性。

3.1.2　下垫面结构与性能类指标

下垫面结构与性能类包含不透水面面积比、土壤面积比例、水体面积比例、绿地面积比例、铺装面积比例、工业面积比例、地形起伏度、相对高程比（8个结构类）、铺地反射率、铺地比热容、地表温度、地表反射率（4个性能类）共12个指标。它们反映了城市土地覆盖情况，既有研究证明土地覆盖特征与微气候具有较强相关性（Yin et al.，2018；Lee et al.，2018）。

1. 下垫面结构类指标

下垫面结构即地表覆盖情况。本书通过监督分类的方法将研究区的地表覆盖按照遥感影像特征提取出5类（步骤见表3–4），分别是不透水面（被硬质地表覆盖的区域，包括普通建筑、硬质铺地、道路等）、土壤和裸地（未被征用以及裸露的土地）、水体（所有水面，包括河流、湖泊、护城河、喷水池等）、绿地（所有绿地、树木及能够提供遮阴的植被区域）、工业（具有轻质屋面材料的工业板房式建筑）。

地表覆盖的分类方法及操作步骤　　表3–4

主要步骤	描述	使用工具
1. 波段合成	将Landsat 8遥感影像数据的波段753合成一张栅格影像图	波段合成
2. 创建训练样本	分别建立不透水面、裸土、水体、绿地、工业5类地物的训练样本区，并保证各个样本区均匀分布于研究区范围内	影像分类
3. 监督分类	基于影像光谱信息的算法，按照分类训练区模板规定的分类规则，对栅格影像中的像元进行聚类	最大似然法

续表

主要步骤	描述	使用工具
4. 分类后处理	使用边界清理和众数滤波对影像中面积很小的斑块或区域边缘进行平滑处理	众数滤波
5. 分类精度评价	分类后的栅格影像的精度评价结果为：分类精度等于 88%，Kappa 指数为 0.85，可见分类合理	精度、Kappa 系数

利用遥感影像解译出这五类用地后，将获得的分类栅格影像转化成矢量示意图，对研究区区域进行提取，得到西安市地表覆盖分类图（图 3–3）。

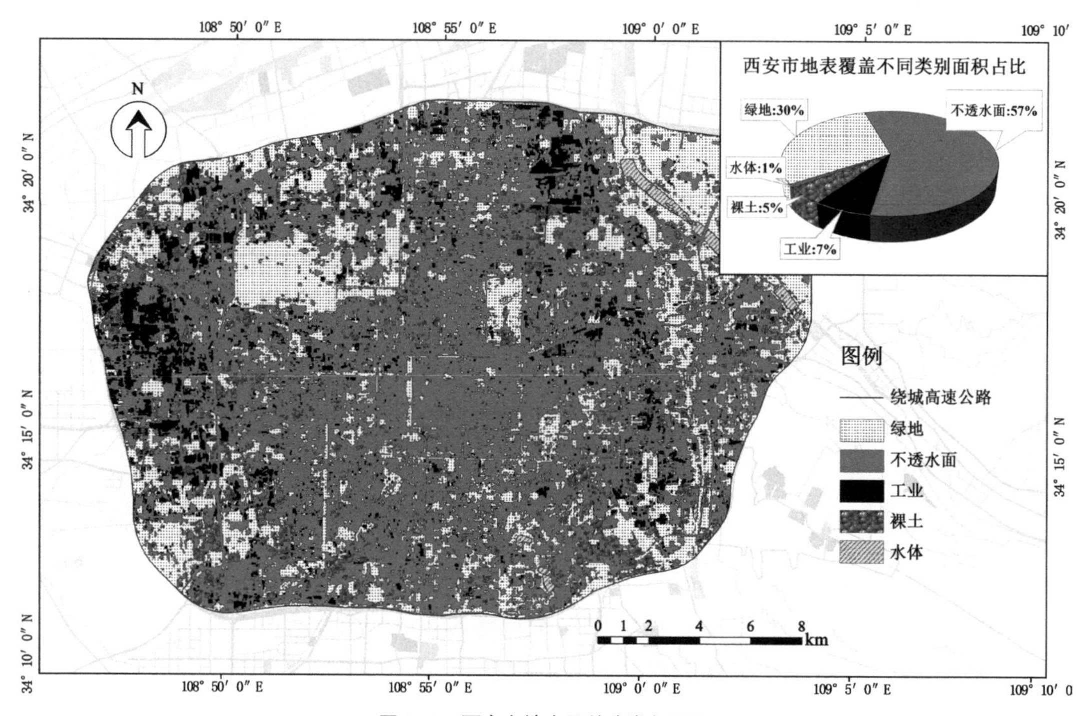

图 3–3 西安市地表覆盖分类矢量图

再计算 6 个下垫面结构指标，计算公式见表 3–5。

下垫面结构类指标的计算公式 表3–5

名称	计算公式	系数描述
不透水面面积比	$ISF=\frac{S_{ISF}}{S_{\text{block}}}$	ISF 是指地块的不透水面面积比，S_{block} 是指该地块的占地面积
工业率	$FSF=\frac{S_{FSF}}{S_{\text{block}}}$	FSF 是指地块的工业率，S_{block} 是指该地块的占地面积

续表

名称	计算公式	系数描述
铺装率	$PSF = ISF - BD - RD$	BD 是指地块内建筑密度，RD 是指地块内道路密度
绿地率	$GSF = \frac{S_{GSF}}{S_{block}}$	GSF 是指地块的绿地率，S_{block} 是指该地块的占地面积
水体率	$WSF = \frac{S_{WSF}}{S_{block}}$	WSF 是指地块的水体率，S_{block} 是指该地块的占地面积
裸土率	$LSF = \frac{S_{LSF}}{S_{block}}$	LSF 是指地块的裸土率，S_{block} 是指该地块的占地面积

最后在 ArcGIS 平台中进行图示化表达，如图 3–4 所示。从不透水面面积比空间分布图可以看出，不透水面与建筑密度空间分布规律基本一致，由城市中心向城市外围逐渐递减。铺装率的空间分布特点与不透水面不同，一环老城区内由于建筑密度较大，其铺装率相对较小，一环路至三环路围合的区域，铺装率较大，主城区北边及东南方位的高值区连成片状，这些区域空地广场较多。工业率的高值区位于城市西北部、东北部和东郊厂区等城市边缘位置，多由建材加工、轻工业制造厂房构成，该区域建筑多使用轻质的板房材质。绿地率的空间分布特征与绿化率基本一致；水体率与裸土率的高值区域零星分布于城市边缘，且水体与裸土用地面积较小，其中水体仅占总面积的 1%。

此外，影响城市气温的因素还包括宏观地理条件，如海拔高度、地形等（周梦甜 等，2016）。本研究选择地形起伏度和相对高程比这两个代表下垫面地形状况的指标，它们的计算公式如表 3–6 所示。最后经过可视化表达，如图 3–4 所示，可以看出西安主城区的地形高程在空间上呈现出由东南向西北逐渐降低的阶梯分布趋势。

地形起伏度与相对高程比的计算过程　　**表3–6**

指标	计算公式	数据来源
地形起伏度（梁颢严，2018）	TER = 地块的平均高程 / 整个研究区的平均高程	DEM 高程
相对高程比	ELE = 地块的最大高程 – 地块的最小高程	DEM 高程

2. 下垫面性能类指标

下垫面性能类指标能够直观地表征城市下垫面不同材质的热工性能及地表情况。本书计算了 4 类性能指标（铺地反射率、铺地比热容、地表温度、地表反射率）。

反射率影响了材质对太阳短波辐射的吸收能力（孙欣，2015），即反射率越高，下垫面材质吸收的热量越少。比热容反映了储存热量的能力，其中水体的比热容最大，因相变而产生潜热交换，能够改善温度的变化速率，从而起到降温作用（Oliveira et al.，2011）。本研究通

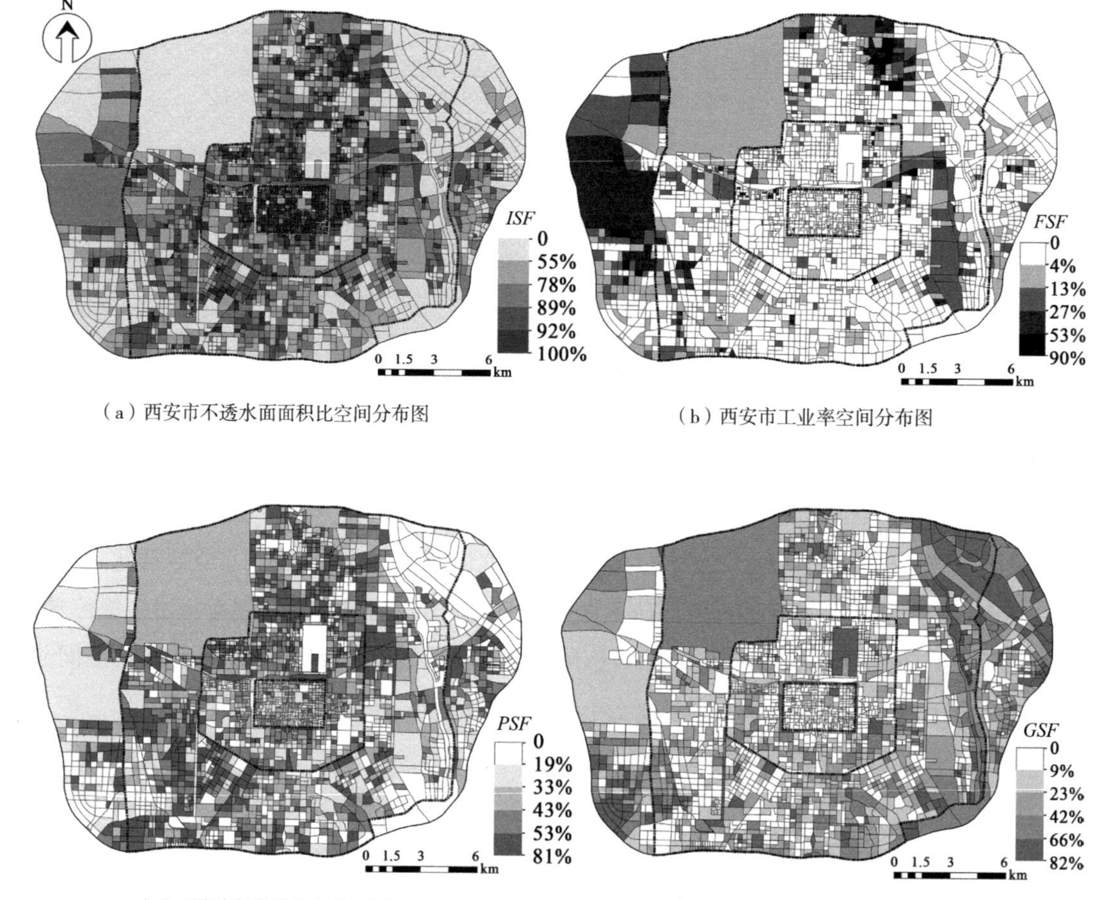

（a）西安市不透水面面积比空间分布图

（b）西安市工业率空间分布图

（c）西安市铺装率空间分布图

（d）西安市绿地率空间分布图

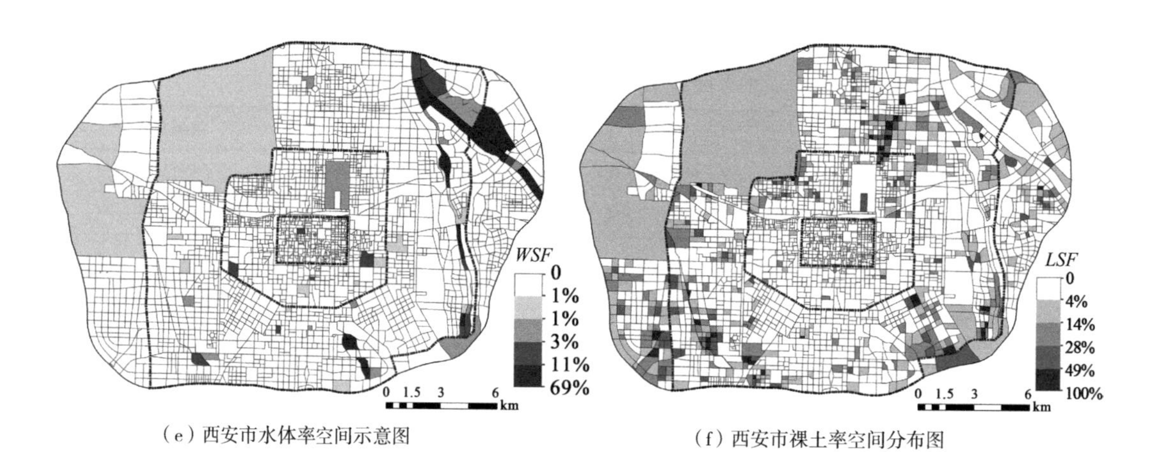

（e）西安市水体率空间示意图

（f）西安市裸土率空间分布图

图 3-4　西安市下垫面结构类指标空间分布图

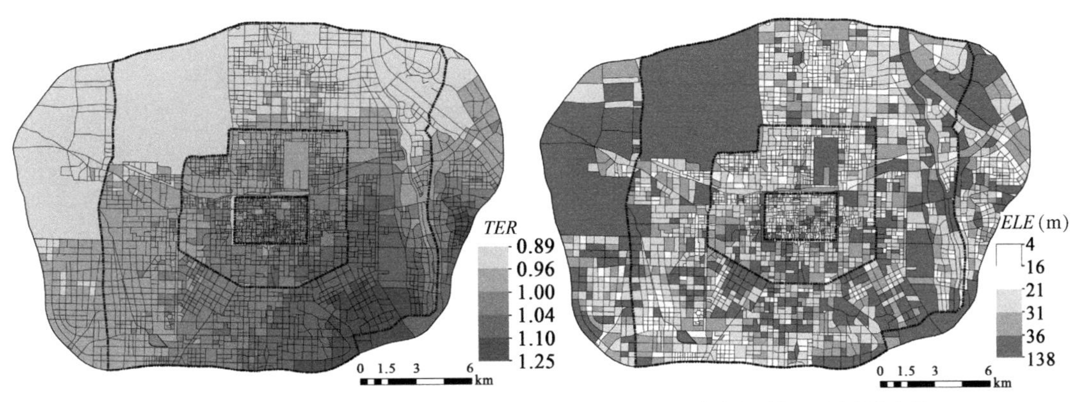

（g）西安市地形起伏度空间分布图　　（h）西安市相对高程比空间分布图

图 3-4　西安市下垫面结构类指标空间分布图（续）

过对不同材质反射率的实际测量，得到夏季正午时分不同材质反射率的平均值，如表 3-7 所示。地块反射率和比热容指标的计算公式见表 3-8，其空间分布情况如图 3-5 所示。

不同下垫面材质的反射率及比热容　　表3-7

	沥青（道路）	水泥（铺装）	草地	干土壤	水体	轻质建材
反射率[a]（%）	0.2	0.35	0.3	0.4	0.3	0.16
比热容[b] [J/（kg·℃）]	1670	840	2000	1000	4200	460

[a] 实际测量值，[b] 资料查阅值。

下垫面性能类指标的计算公式　　表3-8

名称	计算公式
铺装的反射率	$P_{R} = RD \times 0.2 + PSF \times 0.35 + GSF \times 0.3 + LSF \times 0.4 + WSF \times 0.3 + FSF \times 0.16$
铺装的比热容	$P_{SHC} = RD \times 1670 + PSF \times 840 + GSF \times 2000 + LSF \times 1000 + WSF \times 4200 + FSF \times 460$
系数解释	*RD* 指地块的道路密度，*PSF* 指地块的铺装率，*GSF* 指地块的绿地率，*LSF* 指地块的土壤率，*WSF* 指地块的水体率，*FSF* 指地块的轻质建材所占比例

地表温度是表征地表冷热程度的重要物理参数，既有研究证明地表温度与空气温度之间具有较强的相关性（Schwarz et al.，2012），它们之间存在不断的物质与能量交换过程。本书将地表温度这一地物参数作为影响城市热环境的指标之一，量化分析其对空气温度的贡献程度。

本书使用大气校正法来反演西安市地表温度，其精度和稳定性已被众多研究证明（吴志刚 等，2016；岳辉 等，2018），在遥感领域被广泛使用。本研究利用 ENVI 5.3 软件中

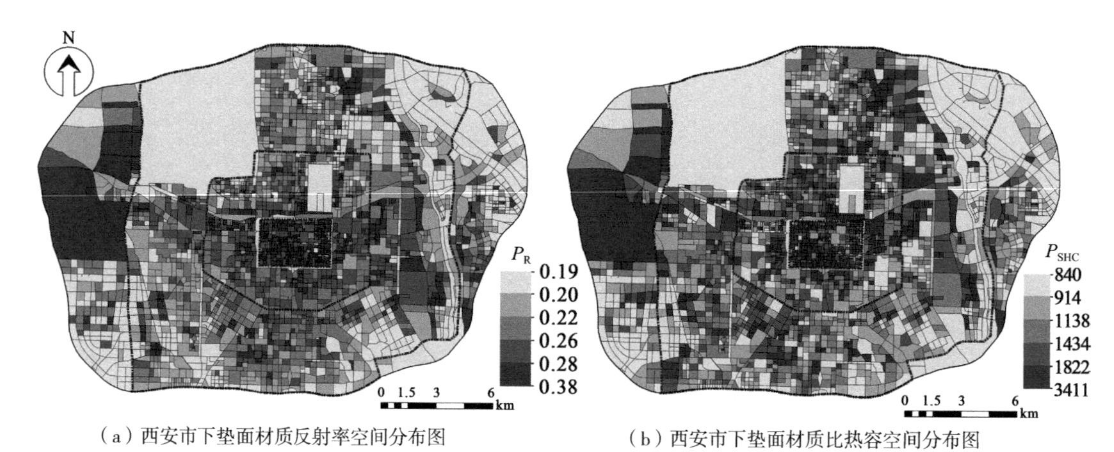

（a）西安市下垫面材质反射率空间分布图　　（b）西安市下垫面材质比热容空间分布图

图 3–5　西安市下垫面反射率与比热容的空间分布图

FLAASH 大气校正模块对下载的遥感影像（见本书 2.3.3 节）进行校正，将大气影响因素从热辐射总量中去除，从而计算地表热辐射强度，再转化为相应的地表温度（丁凤 等，2006），具体过程如图 3–6 所示。

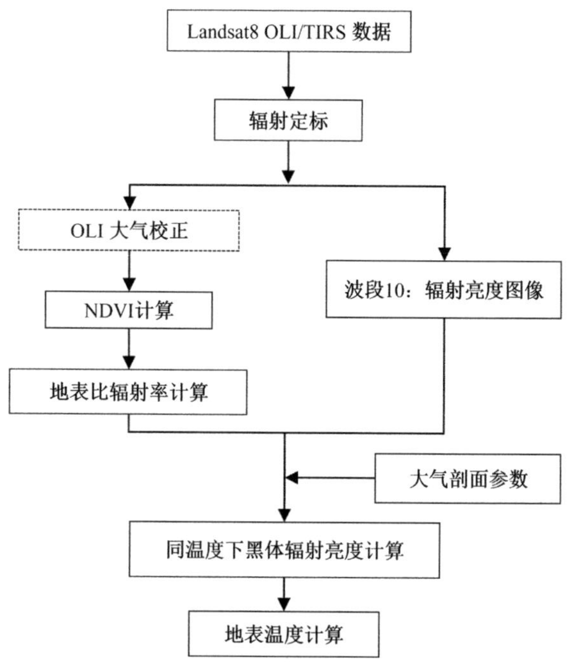

图 3–6　基于大气校正法的地表温度反演流程示意图（卢有朋，2018）

从西安市地表温度空间分布图（图 3–7）可以看出整个研究区域内各地块地表温度差异较大，最高温度 45.6℃，最低温度 32.0℃，温差高达 13.6℃。

地表反射率，是指地面反射辐射量与入射辐射量之比，与前文铺地反射率不同，地表反射率针对自然地物的半球反射率，而铺地反射率是指任何物体表面反射阳光的能力。利用式（3–1）和式（3–2）对下载的波段 4 遥感影像进行栅格运算，最终得到西安市地表反射率空间分布图（图 3–8）。

$$\rho\lambda = \rho\lambda' / \sin \vartheta_{SE} \quad (3\text{–}1)$$

式中：$\rho\lambda'$ 是指 TOA 行星反射率，无须校正太阳角；ϑ_{SE} 是指当地太阳高度角；$\rho\lambda$ 是指校正后的 TOA 行星反射率。

$$S_R = M_\rho Q_{cal} + A_\rho / \sin \vartheta_{SE} \quad (3\text{–}2)$$

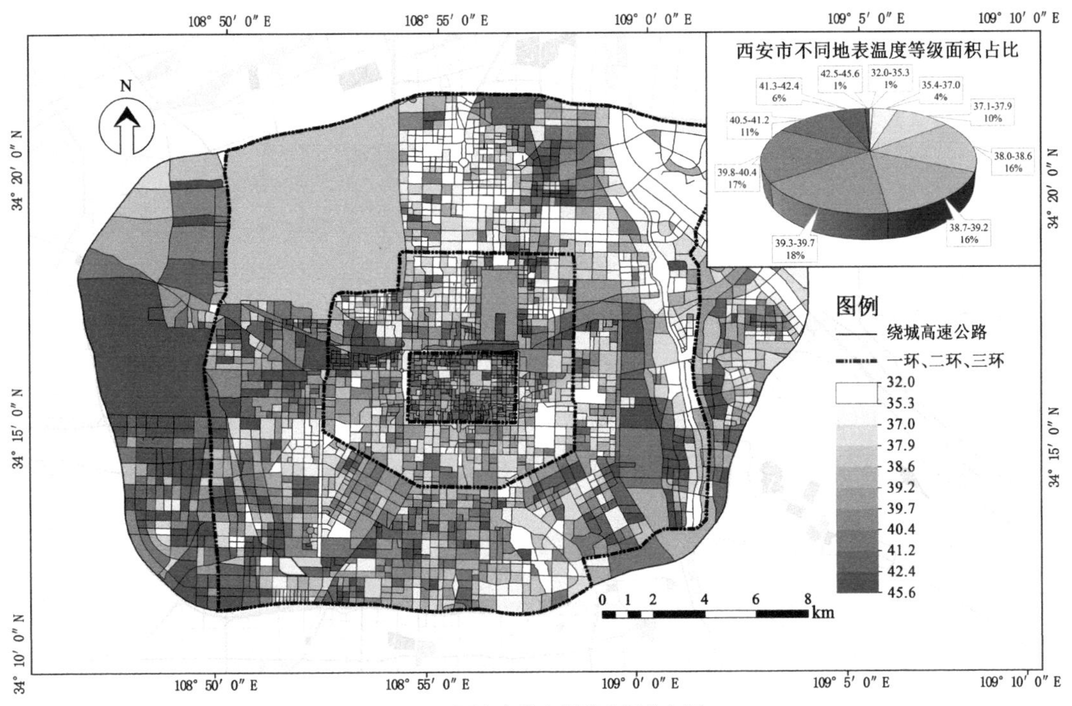

图 3-7　西安市地表温度空间分布图

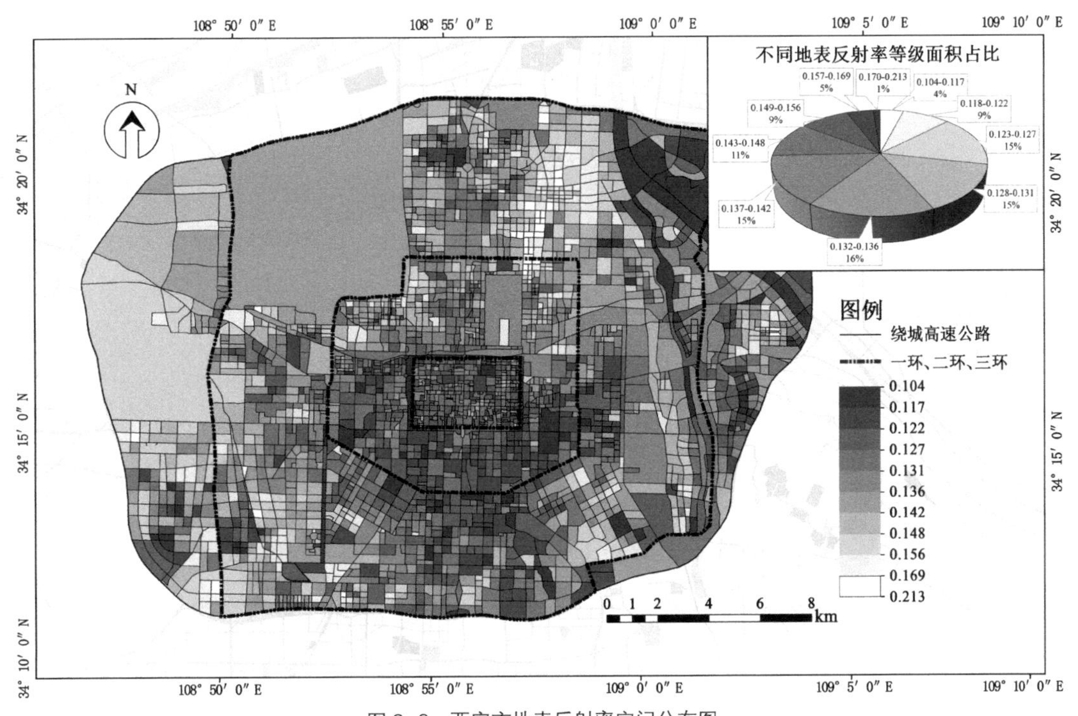

图 3-8　西安市地表反射率空间分布图

式中：$M_ρ$ 是指波段 4 的遥感元数据的乘法重标度因子；Q_{cal} 是遥感影像像元亮度值（DN）；$A_ρ$ 是指波段 4 的遥感元数据的加法重标度因子；S_R 是指地表反射率。公式中因子的数值均可在下载的遥感数据中查阅。

3.1.3 街区内部形态类指标

街区内部形态类包含天空可视度、粗糙度、高宽比、建筑离散度、建筑形体系数、错落度、建筑最高高度、围护系数 8 个指标。它们虽不属于城市规划中的常用指标，却反映出了街区内部建筑与街道的组合布局形式、建筑高度的起伏变化特征，是量化街区内部空间布局的特殊形态指标，与太阳辐射、城市的风热环境具有相关关系（Coseo et al.，2014；Oke，1988；Ng et al.，2011），是不容忽视的影响因素。

1. 天空可视度

天空可视度是指表面接收的辐射与整个半球环境发射的辐射量之比（Watson et al.，1987）。数值在 0~1 之间，数值越大，天空可视度越高。大量城市温度实测及模拟研究表明，天空可视度与城市热岛有着很强的相关性，其计算原理如图 3–9 所示。

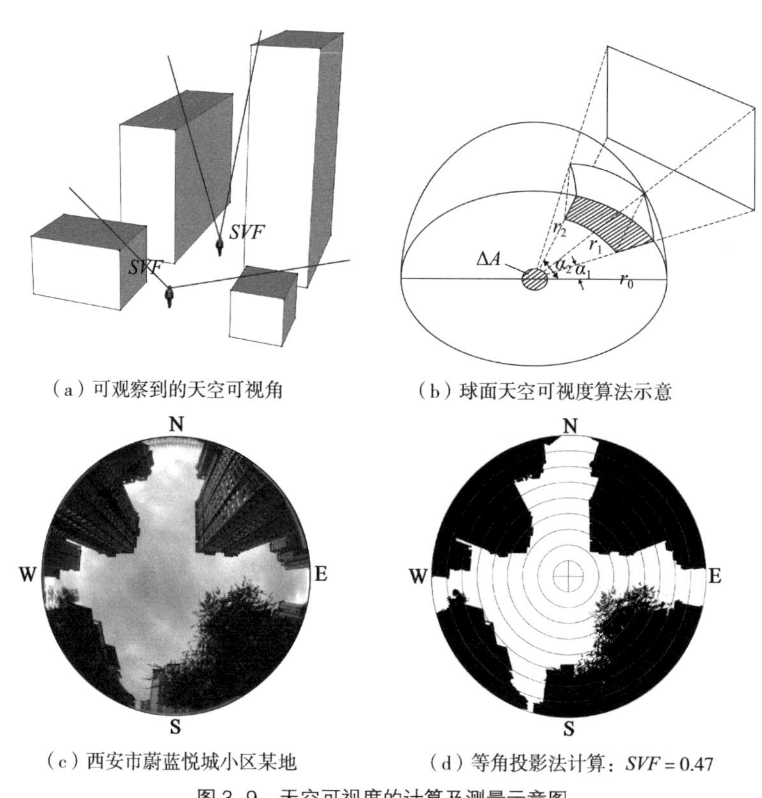

（a）可观察到的天空可视角　（b）球面天空可视度算法示意

（c）西安市蔚蓝悦城小区某地　（d）等角投影法计算：$SVF=0.47$

图 3–9　天空可视度的计算及测量示意图

对于整个研究区来说，我们使用 SAGA-ArcGIS 软件中的 *SVF* 计算工具（Conrad et al., 2015），输入 30m 精度高程数据与整个研究区的建筑模型数据。最终得到天空可视度空间分布图（图 3-10），可以看出高层建筑密集区域的天空可视度低，开阔区域可视度高。

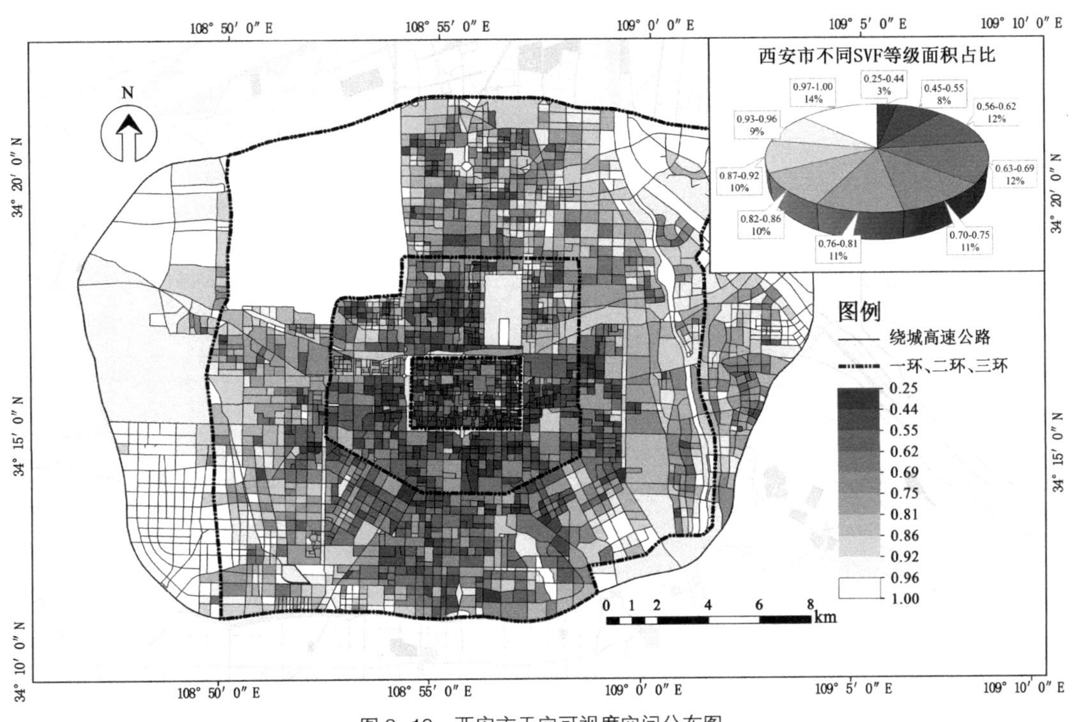

图 3-10　西安市天空可视度空间分布图

2. 粗糙度

粗糙度是指城市下垫面作为整体的粗糙体影响流经城市风场的能力（杨扬，2012）。粗糙度是表征城市形态的重要参数，它改变了城市空气流通的风向，间接影响城市热环境。

本研究参照粗糙度指数对应的城市下垫面分类对照表（Davenport et al., 2000），按照西安的城市建设环境为不同地块环境赋值，最终以 ArcGIS 为载体进行可视化，得到西安市粗糙度空间分布图。从图 3-11 可以看出，粗糙指数较高的区域普遍分布于一环和三环之间，老城区及城市外围的粗糙度指数较低。

3. 高宽比、建筑离散度、建筑形体系数、围护系数、建筑最高高度、错落度

高宽比是描述城市街谷几何特征的关键指标，街道高宽比与日间最大热岛强度具有强相关性（Oke, 1981）。高宽比越大，街道的通风效果越好，越有利于热量的扩散。建筑离散度描述地块内建筑分布的离散程度（梁颢严，2018），在一定区域内建筑数量越少，空间布局越分散，越有利于通风和散热。建筑形体系数是指建筑物与室外大气接触的外表面积与其所包

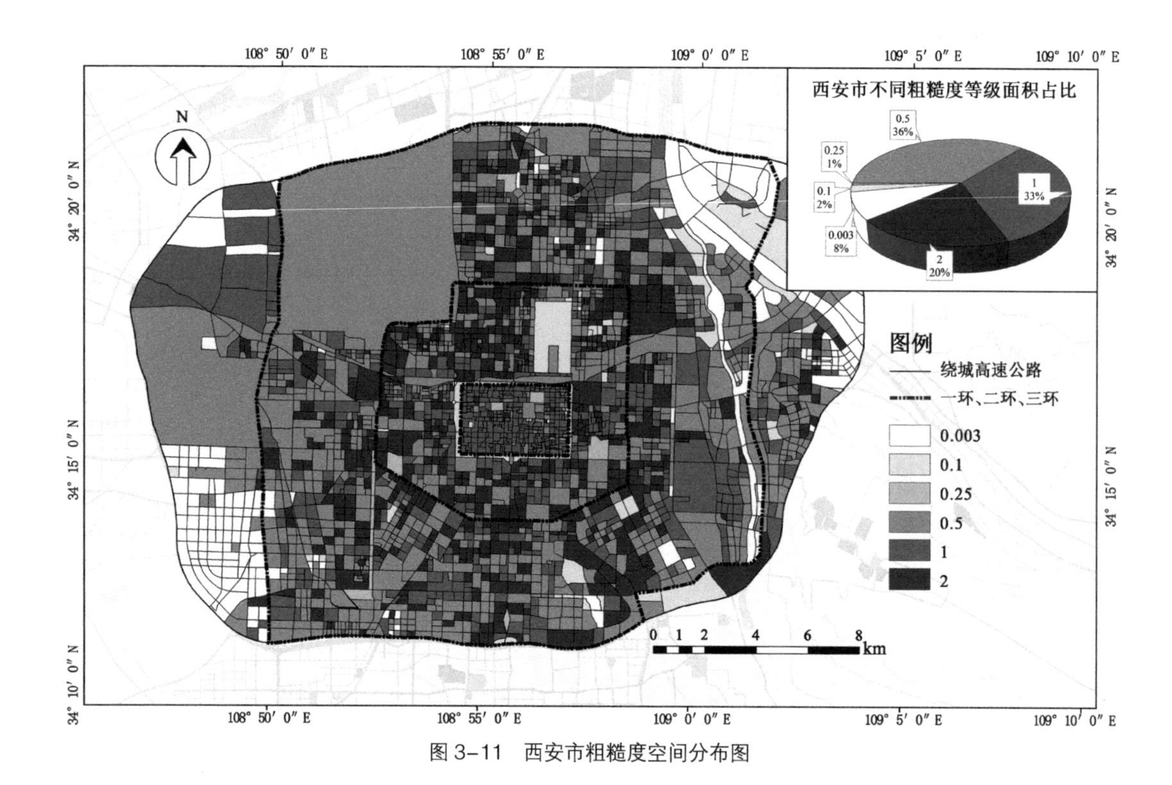

图 3-11　西安市粗糙度空间分布图

围的体积的比值（卢军 等，2012），它是分析建筑能耗的常用指标。形体系数越大，代表建筑体积的外表面积越大，散热面积就越大，多余的热量更利于被排出。围护系数是指地块内总建筑表面积与地块占地面积的比例，它能够更加直观地反映建筑表面积大小对城市散热的影响。

最高高度与错落度两个指标表征了城市垂直空间上的起伏程度。研究表明街区内最高高度越高，其背后产生的角流区气流流通速度越大（张涛，2015）。错落度表征建筑在三维空间上的粗糙程度，错落度越小，建筑高度越均匀，与最高高度原理相似，但错落度包含了更加丰富的三维空间形态，所以两个指标可以互相修正。

它们的计算公式见表 3-9，最后再将计算的指标值统计到每个地块中，如图 3-12 及图 3-13 所示，这 6 类街区内部特殊形态类指标均呈现出了明显的空间分异性，表现出了不同地块间自身内部结构与空间布局的差异。

街区内部形态类指标的计算公式　　表3-9

名称	计算公式	系数描述
高宽比	$H/W=\dfrac{BH}{RW}$	BH 是指地块建筑的平均高度；RW 是指地块内道路的平均宽度

续表

名称	计算公式	系数描述
建筑离散度	$DIS=\dfrac{\text{建筑数量}}{S_{\text{block}}}$	S_{block} 是指该地块的占地面积
建筑形体系数	$SHAPE=\dfrac{\sum_{i=1}^{n}S_i}{\sum_{i=1}^{n}V_i}$	S_i 是指地块内建筑 i 的外表面积；V_i 是指地块内建筑 i 的体积
围护系数	$EN=\dfrac{\sum_{i=1}^{n}S_i}{S_{\text{block}}}$	S_i 是指地块内建筑 i 的外表面积；S_{block} 是指该地块的占地面积
最高高度	$MAX_{\text{BH}}=H_{\max}$	$H_{\max}$ 是指地块内最高建筑的高度
错落度	$RFD=\dfrac{\sqrt{\sum_{i=1}^{n}(H_i-BH)^2/n}}{BH}$	H_i 是指地块内建筑 i 的高度；BH 是指地块内建筑的平均高度

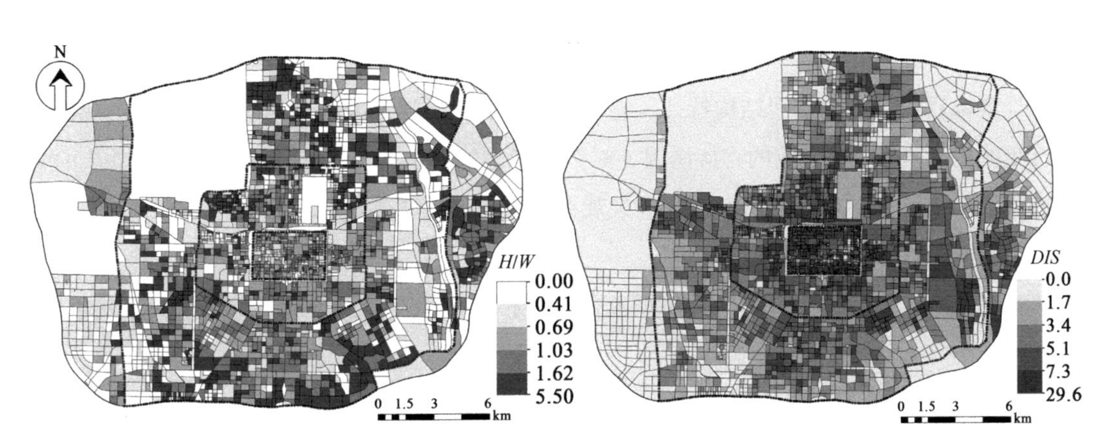

（a）西安市街道高宽比空间分布图　　（b）西安市建筑离散度空间分布图

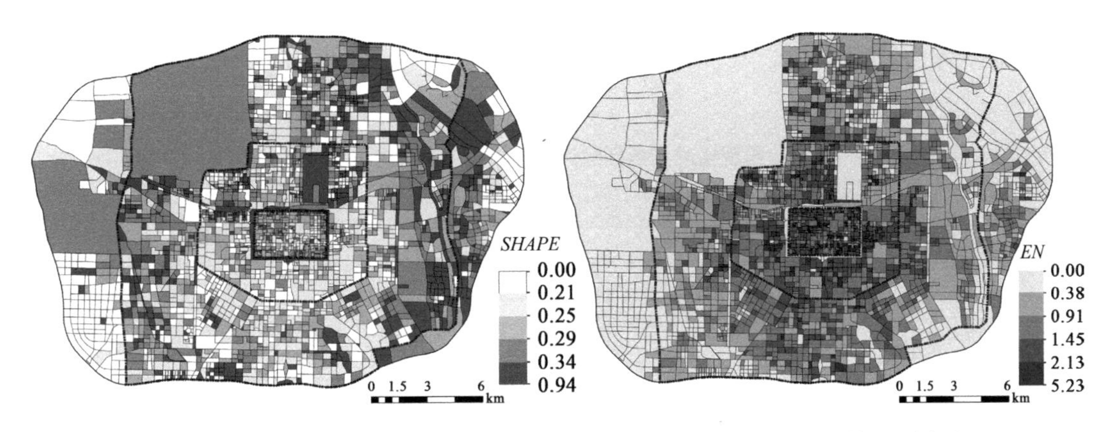

（c）西安市建筑形体系数空间分布图　　（d）西安市围护系数空间分布图

图 3-12　街区内部形态特征类指标空间分布图

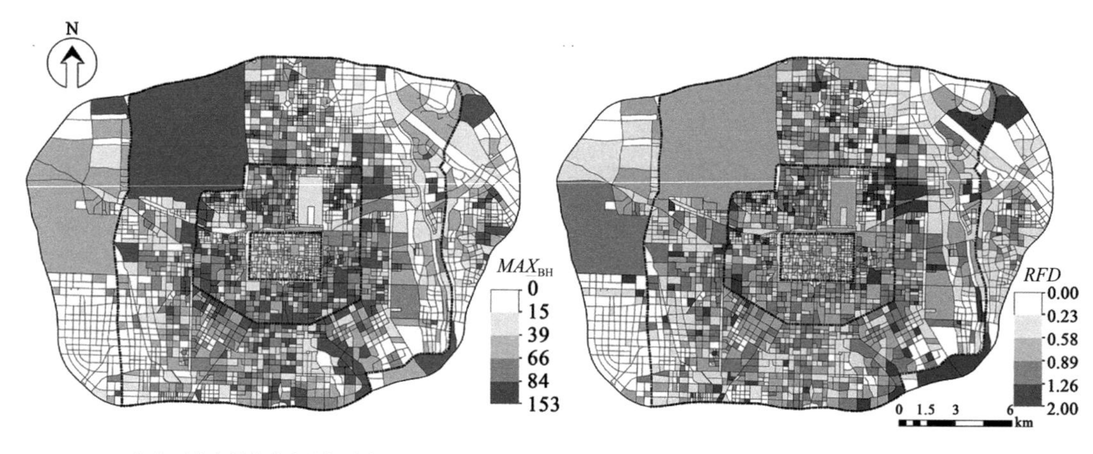

（a）西安市最高高度空间示意图　　（b）西安市错落度空间分布图

图 3–13　街区内部形态特征类指标空间分布图

3.1.4　景观格局类指标

景观格局指景观的空间结构特征，它体现了景观在空间维度上的异质性，城市景观格局的改变被视为城市热岛效应的直接诱因（刘焱序 等，2017）。但景观格局指标与热岛效应的关联机制尚未厘清，本书将生态学领域的景观格局概念引入城市热环境的研究范畴，试图发掘城市景观格局对城市空气温度的影响。

本书选取 4 个常用于城市热环境研究的景观格局指标：最大斑块指数、景观形状指数、香农多样性指数、蔓延度指数。

基于本章 3.1.2 节获取的西安市用地识别栅格影像，使用 Fragstats 4.2 软件，利用移动窗口分析法，计算窗口内景观指数值，最终得到了 4 个景观格局指数的空间栅格影像，其计算公式及生态学含义见表 3–10，最终以平均值的形式将它们统计到地块中，得到各景观格局指数的空间分布图（图 3–14）。

景观格局类指标的计算公式及生态学含义　　表3–10

名称	计算公式	系数描述
最大斑块指数	$LPI=\frac{S_{\max}}{S}$	$S_{\max}$ 是指区域内最大景观斑块的面积；S 是指区域内景观总面积
景观形状指数	$LSI=\frac{0.25E}{\sqrt{S}}$	E 是指景观中所有斑块边界的总长度；S 是指区域内景观总面积
香农多样性指数	$SHDI=-\sum_{i=1}^{m}(p_i \ln p_i)$	p_i 是指景观斑块类型中 i 所占的面积比例；m 为斑块类型数
蔓延度指数	$RFD=\frac{\sqrt{\sum_{i=1}^{n}(H_i-BH)^2/n}}{BH}$	H_i 是指地块内建筑 i 的高度；BH 是指地块内建筑的平均高度

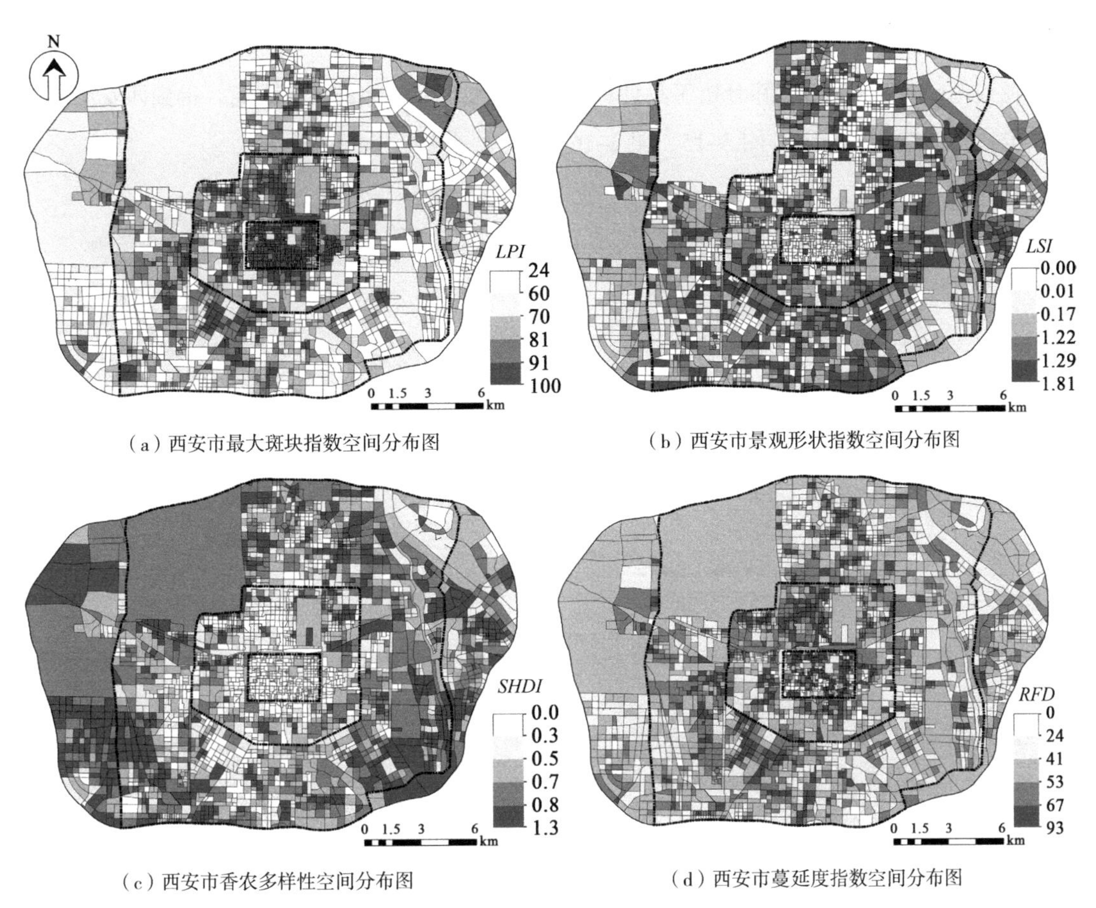

（a）西安市最大斑块指数空间分布图

（b）西安市景观形状指数空间分布图

（c）西安市香农多样性空间分布图

（d）西安市蔓延度指数空间分布图

图 3–14　西安市景观格局类指标空间分布图

3.1.5　与冷热源的距离类指标

研究表明地块的热环境不仅跟自身形态布局、下垫面结构等相关，还会受到周围冷热源的影响（Coseo et al., 2014），本书通过量化与冷热源的距离来探究影响街区热环境的外部因素。

1. 与冷源的距离类指标

大型城市公园、河流、湖泊等水体作为城市的降温来源，对调节城市气候具有重要意义，尤其对于干旱缺水的内陆城市来说，植物和水体具有增湿和冷却作用，而地块自身即使没有密集的植被覆盖和开阔水域，也会受到周围冷源的影响，并且随着距离的衰减而消退。在城市内，公园和水体代表了最典型的两种冷源。

2. 与热源的距离类指标

城市商圈、工业聚集区、主干道等作为城市的升温来源地，会对相邻区域的热环境产生较大影响。尤其是上风向热源，产生的人为废热会导致下风向区域的空气温度增高（Fan et al.，2005）。本书选择了与市中心的距离、与最近发电厂的距离、与最近商圈的距离、与城市主干道的距离这 4 个指标来量化附近热源对街区热环境的影响。

通过 ArcGIS 软件的近邻分析工具计算每个地块与目标物体的最近距离，得到西安市 6 类距离类指标的空间分布图（图 3-15、图 3-16）。

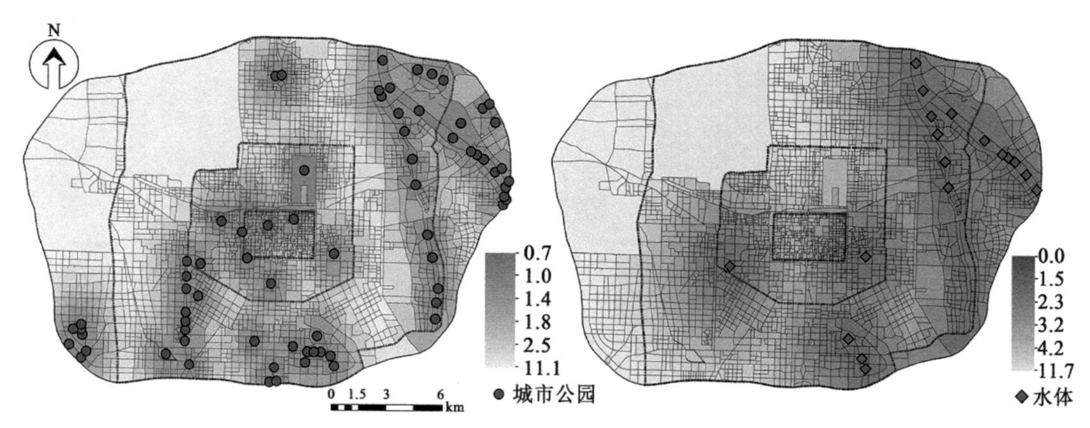

（a）与最近城市公园的距离空间分布图　　（b）与最近的水体的距离空间分布图

图 3-15　西安市与冷源距离类指标空间分布图

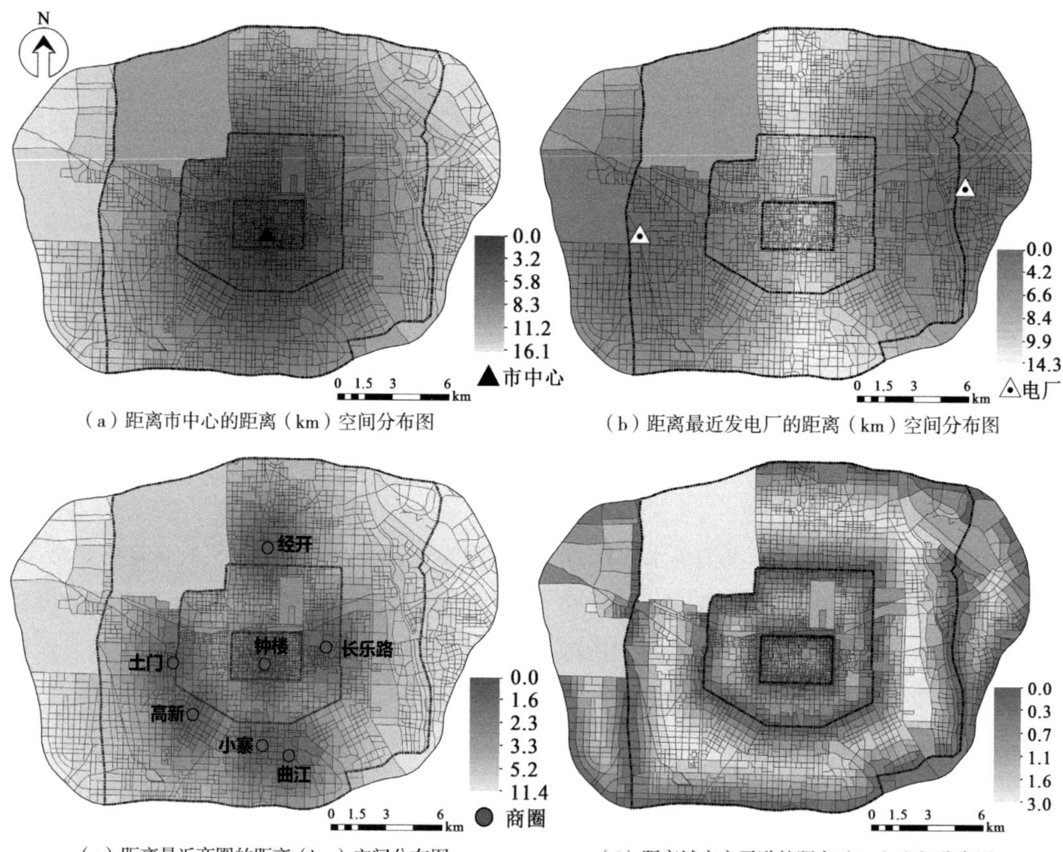

（a）距离市中心的距离（km）空间分布图　　（b）距离最近发电厂的距离（km）空间分布图

（c）距离最近商圈的距离（km）空间分布图　　（d）距离城市主干道的距离（km）空间分布图

图 3-16　西安市与热源距离类指标空间分布图

3.1.6　周围缓冲区特征类指标

地块的热环境可能会受到周围缓冲区环境的影响，本研究通过迭代的方式寻找合适的缓冲区范围，即空间指标和热环境参数之间的最佳关联是通过逐渐增加缓冲区的占地面积来确定（van Hove et al.，2015）。以自身地块为研究对象，将其周围半径为100m、250m、500m、750m的缓冲区作为统计样本，如图3–17所示。

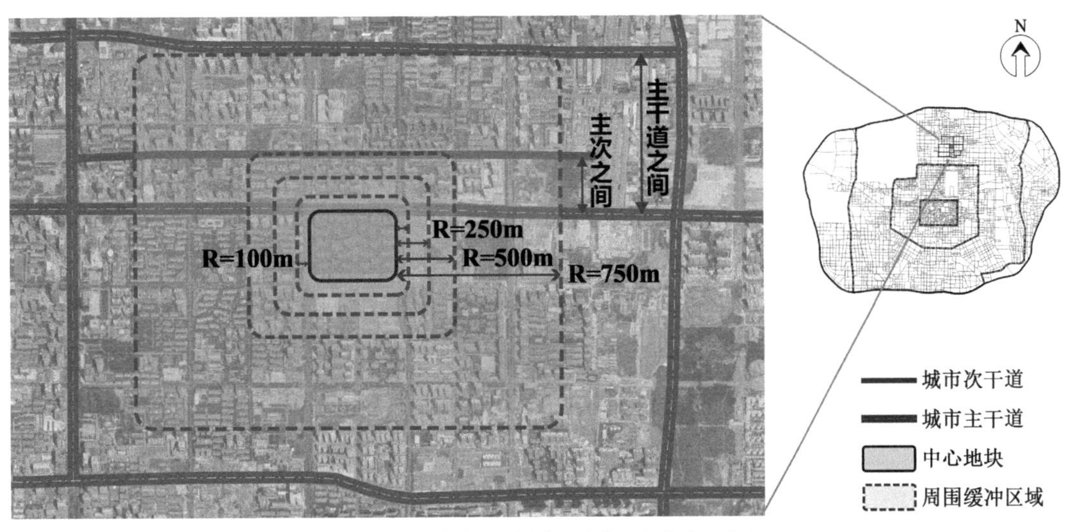

图3–17　某地块周围缓冲区迭代面积大小示意图

本节根据不同缓冲区距地块边缘的半径计算了4类指标，每类指标又统计了建筑密度、容积率、土壤比例、水体比例、绿地比例、工业比例、不透水比例、冷源比例（冷源是绿地及水体面积的总和）8个指标，共32个周围缓冲区特征类指标，其计算方法同本书3.1.1节及3.1.2节。如图3–18~图3–20所示，缓冲区特征类指标的空间分布情况与地块自身特征类指标具有差异，尤其是当缓冲区半径逐渐变大时，差异愈加明显。

3.1.7　人为排热类指标

本书将西安市人为排热分为交通、人体新陈代谢和建筑3部分（主城区内已停止重工业生产，所以不考虑工业排热），提出了一种基于能源清单法与城市大数据结合的人为排热推算方法，最终它们纳入预测热岛的城市规划指标之一，后续与城市热环境参数进行耦合分析。

1. 交通排热

本研究利用高德路况实时拥堵大数据来提取城市交通动态分布情况，从而对城市交通排

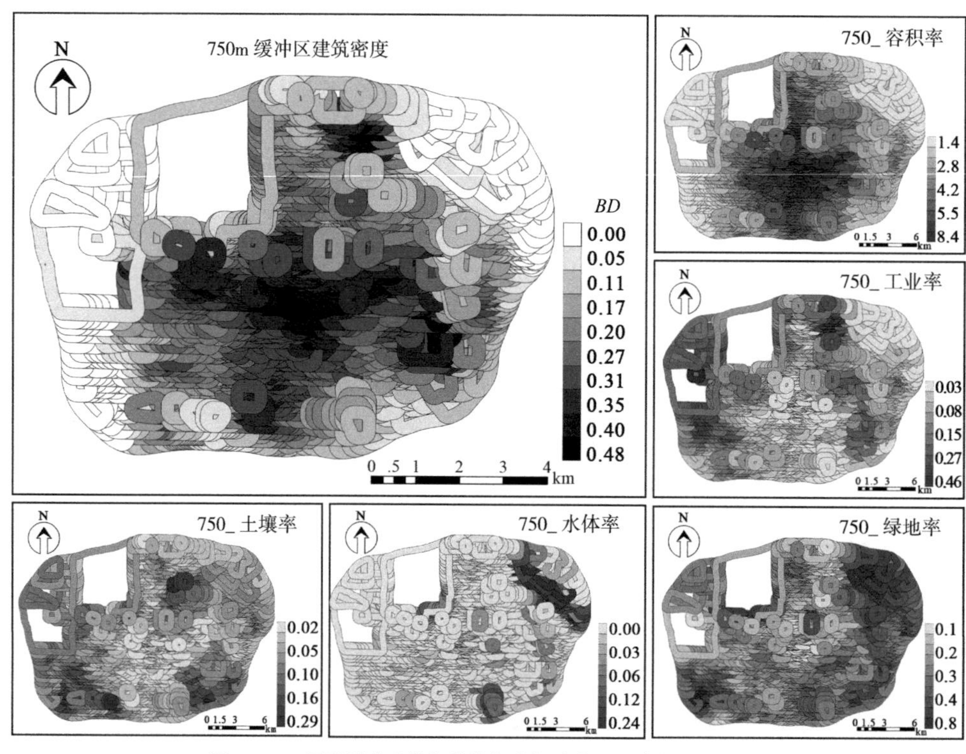

图 3-18　周围缓冲区特征类指标空间分布图（半径为 750m）

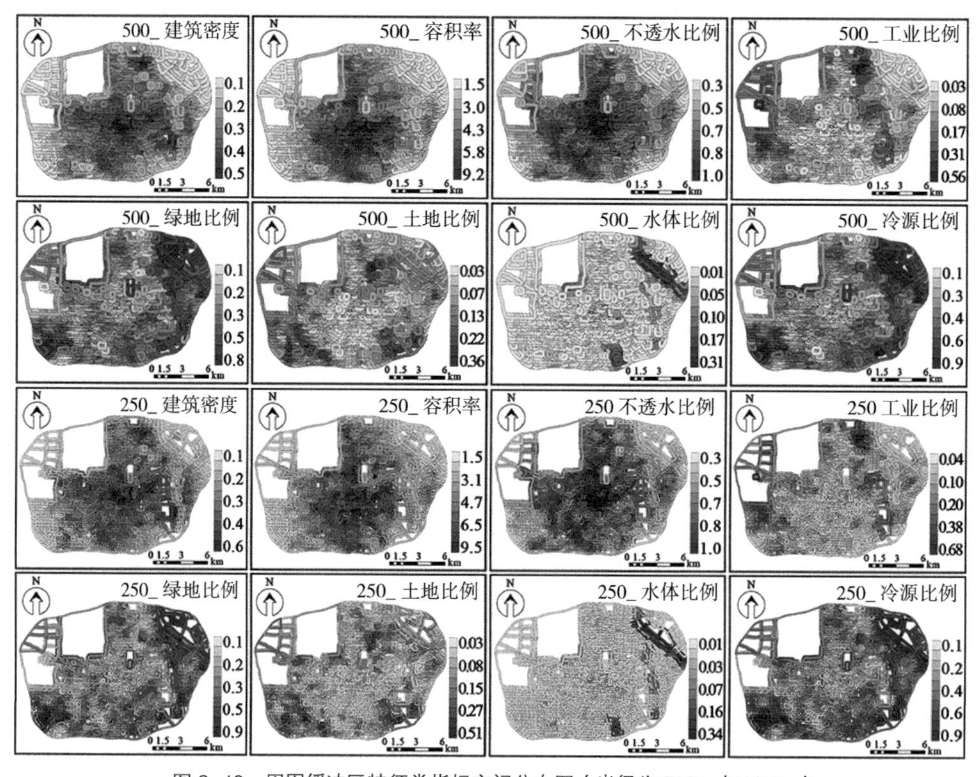

图 3-19　周围缓冲区特征类指标空间分布图（半径为 500m 与 250m）

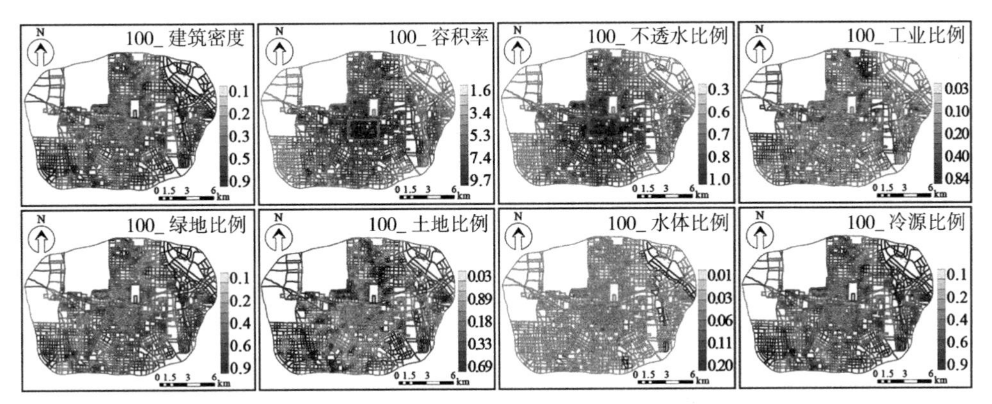

图 3-20　周围缓冲区特征类指标空间分布图（半径为 100m）

热情况进行预测。地图上呈现出的“绿—黄—红—深红”变化，对应为“畅通—缓行—拥堵—特别拥堵”。

研究团队于 2019 年 7 月 10 日（周三），对西安绕城高速范围内的高德地图实时路况数据进行跟踪提取，从 8：30 开始到 19：30 点结束，每隔 1~2h 采集 1 次，如图 3-21 所示，共计提取 8 张矢量道路数据图层。由于车辆流动几乎不受季节影响，所以本研究假设提取的路况分布情况可代表西安工作日车辆流动分布情况。

从图 3-21 可以看出，西安市路况呈现出了明显的早晚双峰现象，城市拥堵的道路面积较大。

本书引用王亚宁等人（2017）将拥堵指数转换成交通密度的方法，利用交通密度推导城市

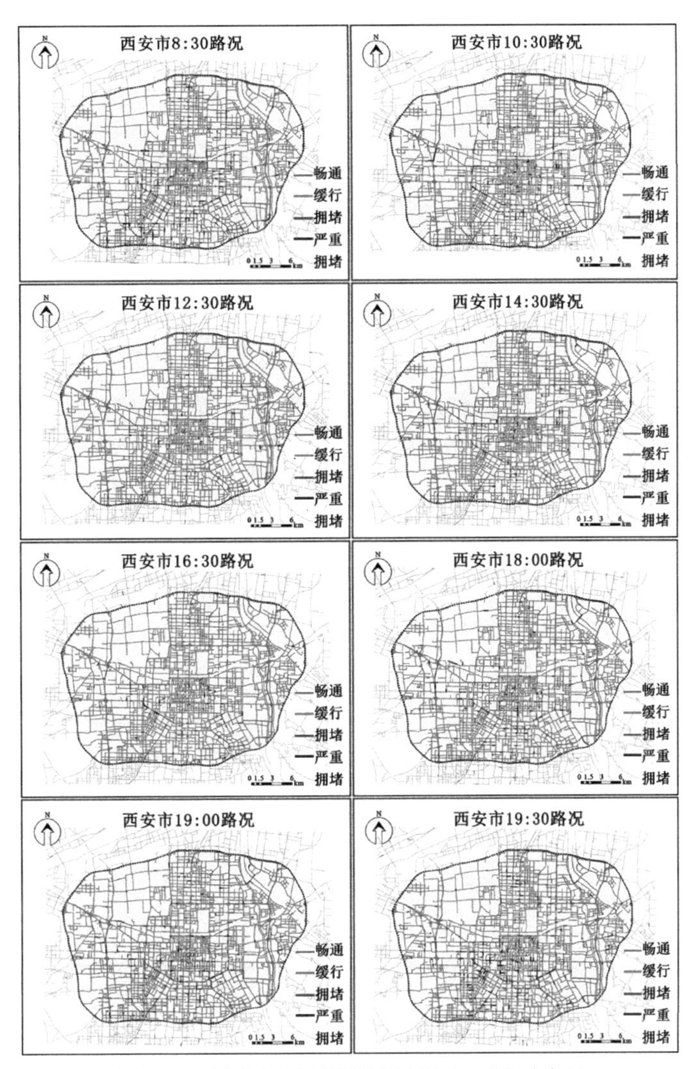

图 3-21　西安市日间高德地图实时路况空间分布图

交通道路排热强度。交通密度 K 是指单位长度单车道上的瞬时车辆数。我们利用无人机在 8：30—9：30、12：30—13：30、17：30—18：30 三个时间段内每隔 20min 采集若干道路的瞬时车辆数，并同时截取该路段的高德路况状况。按照《城市道路工程设计规范》CJJ 37—2012（2016 年版）中对于车辆的折算系数，将所有车辆归一化处理为标准车型，如图 3-22 所示。

图 3-22 无人机拍摄瞬时交通密度示意图（部分道路）

将拥堵指数作为自变量，交通密度的监测数据作为因变量，对二者进行一元回归分析，可以看到两者具有显著线性相关关系，其回归方程如图 3-23 所示。

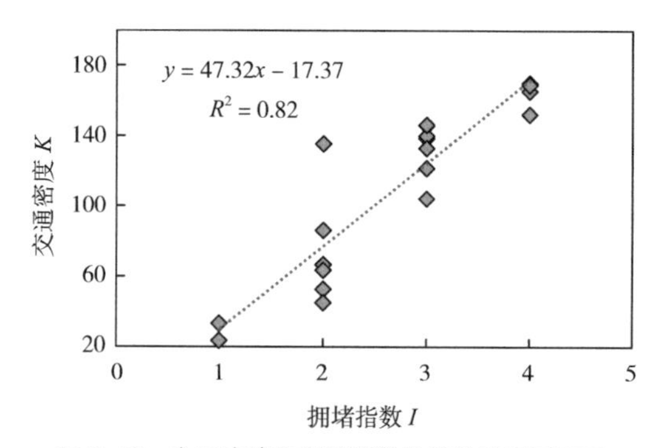

图 3-23 交通密度与拥堵指数的线性关系示意图

假设交通排热没有明显季节变化，可通过交通指数（Grimmond，1992）来计算车辆的排热强度，具体计算方法如式（3–3）~式（3–5）所示：

$$Q_i = Q_v(s) \times V_i / A_i \tag{3-3}$$

$$Q_v(s) = \frac{d \times FE \times \rho \times NHC}{365 \times 24 \times 3600} \tag{3-4}$$

$$V_i = \sum_j L_{ij} K_{ij} \times n \div 1000 \tag{3-5}$$

式中：Q_i 为第 i 地块的道路排热强度（W/m^2）；Q_v（s）为标准车每秒内的排热量（J/s）；V_i 为该路段总车数（辆）；A_i 为第 i 地块面积（m^2）；d 为每车年均行驶距离，d = 2.5 万 km；FE 为平均燃烧效率，FE = 7.2~14.6L/100km，取均值 10.9L/100km；ρ 为燃料密度，取 0.72kg/L；NHC 为燃料净排热值，取 45000J/g；L_{ij} 为地块 i 内路段 j 的长度（m）；K_{ij} 为 L_{ij} 对应的交通密度（辆 /km）；n 为车道数，取 4。

则可通过式（3–6）来计算第 i 地块的车辆排热强度：

$$Q_i = 11.2 \times \sum_j L_{ij} K_{ij} / A_i \tag{3-6}$$

最后统计车辆排热平均值（假设研究范围内车辆排热散布均匀），如图 3–24 及图 3–25 所示，早晨 8：30 各地块的排热强度为 2.1~35.6W/m²，此时为通勤、上学高峰期，车辆沿主干

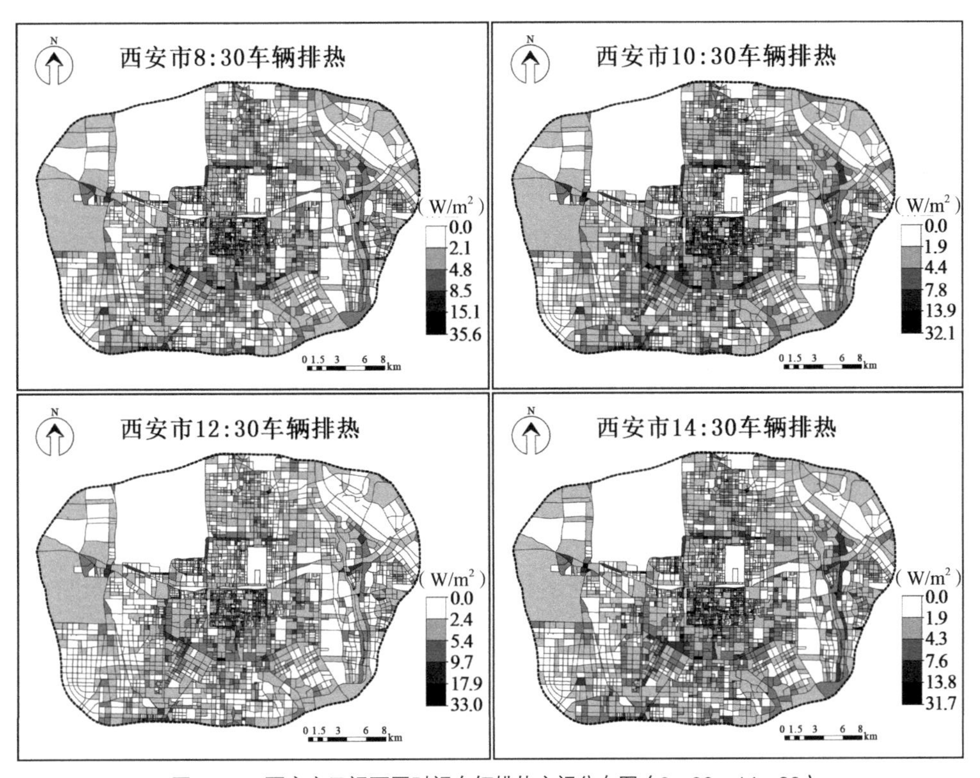

图 3–24　西安市日间不同时间车辆排热空间分布图（8：30—14：30）

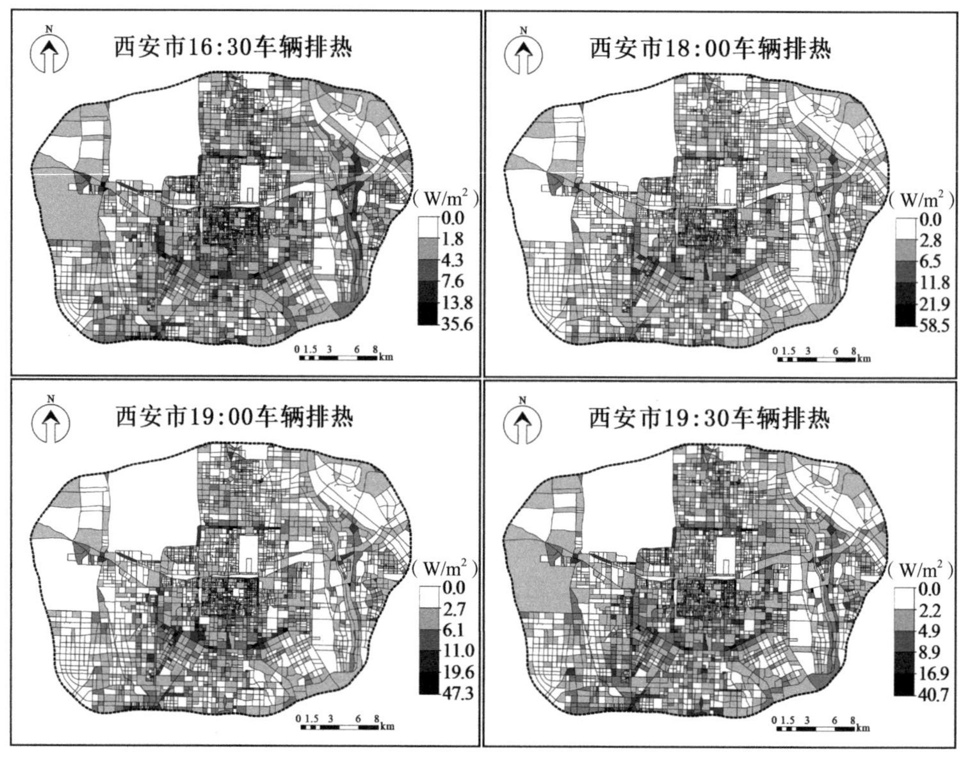

图 3-25　西安市日间不同时间车辆排热空间分布图（16：30—19：30）

道向城市中心集中；中午为车辆自由流状态；自 18：00 开始，城市车辆排热强度骤增，进入晚高峰状态，排热强度高达 58.5W/m^2，在 19：30 后逐渐回落。

最后，计算西安市各地块日间平均车辆排热强度空间分布情况，如图 3-26 所示，可以明显地看出靠近城市中心、城市主干道的地块日间平均排热强度较大。

2. 人体新陈代谢排热

计算居民的新陈代谢排热量之前，需获取以地块为最小研究单元的日间人口动态分布情况，这里我们借助百度热力图的信息来进行提取。虽然利用移动数据来代替真实的人口分布数据可能存在一定的误差，但相比以街道办为单位的人口静态普查数据来说，热力图的空间分辨率和精度较高，本研究更注重的是各地块间人口分布空间分布的差异，热力图仅为计算城市人口的新陈代谢排热量提供数据支持。

研究团队于 2019 年 7 月 7 日（周日）和 7 月 8 日（周一），对西安市热力数据进行跟踪提取，从 8：20 开始到 19：00 结束，每隔 1h 左右采集 1 次，共计获取了 24 张栅格影像。由于人口活动没有明显的季节周期性，所以本研究假设提取 2 天的热力分布情况可代表工作日与休息日人口活动的分布情况。

将截取的栅格影像数据以均值的形式统计至每个地块中，如图 3-27 及图 3-28 所示，西

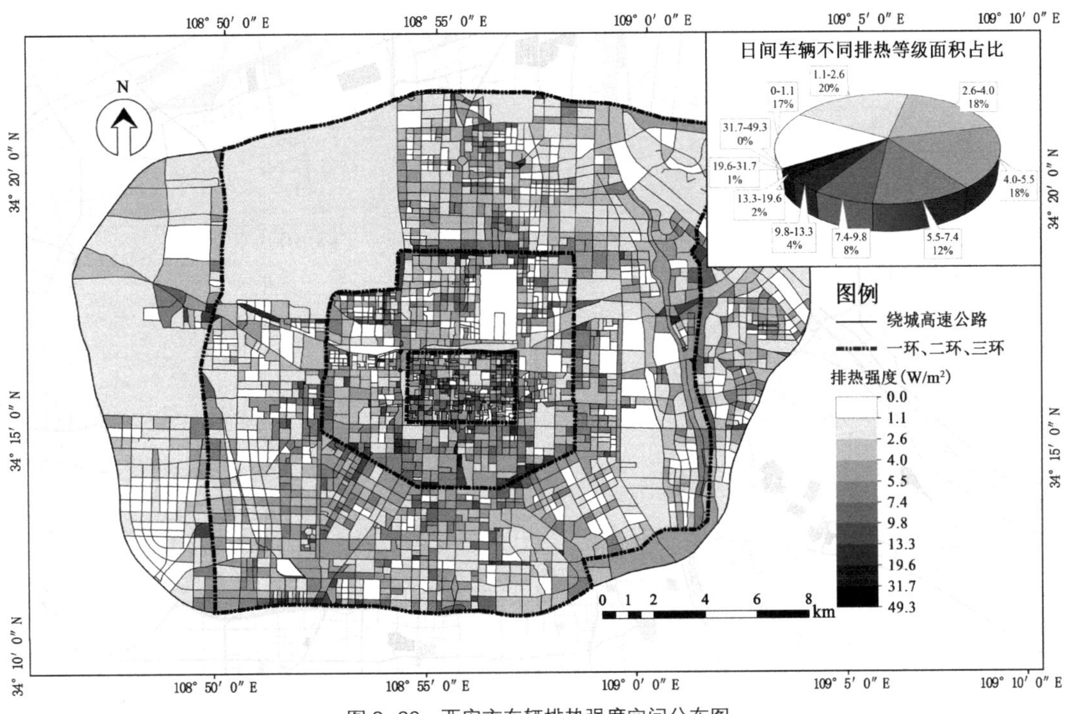

图 3-26　西安市车辆排热强度空间分布图

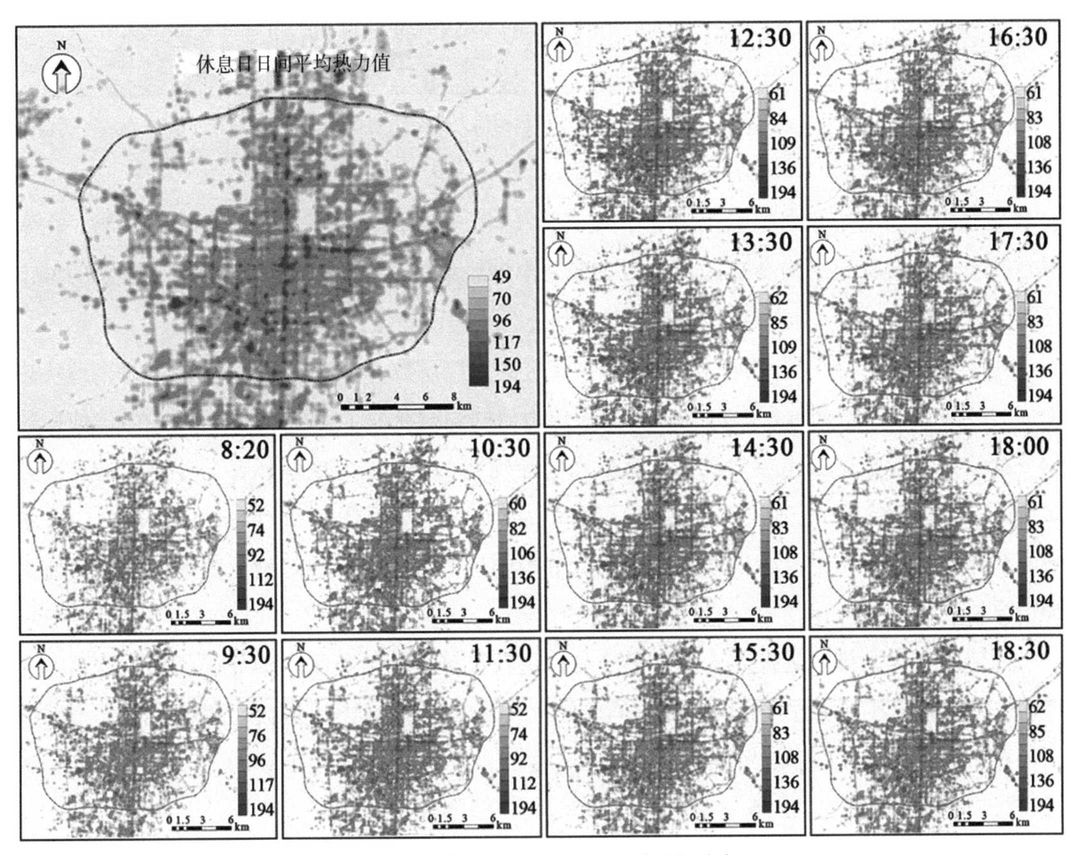

图 3-27　西安市休息日日间热力值空间分布图

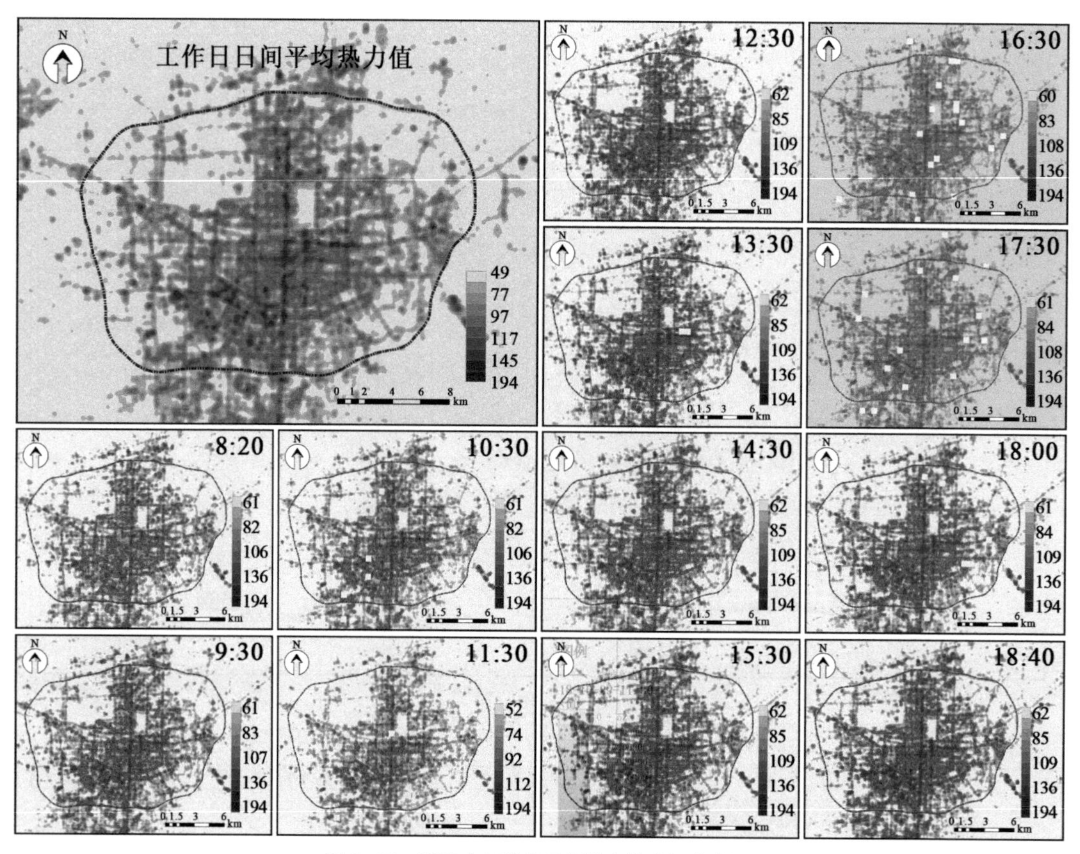

图 3-28　西安市工作日日间热力值空间分布图

安市各地块日间平均热力值最低为 49，最高为 194，热力值越高代表人口分布越密集。在水平空间上，城市日间平均高热区域沿西安南北中轴线集中分布，在西南区域也有零星的城市高热区连成片状，这些区域基本与城市商业办公区域的地理位置相吻合。

为了数据分析的便利，我们将西安市主城区的人口总数（460.63 万人），按照每个地块热力值的差异来进行空间分配。此外，在截取热力值的同时获取了西安市 18：30 的微信使用数据（微信宜出行数据相比热力数据具有更高的准确性），如图 3-29 所示，与分配后的人口分布情况互相进行验证，它们之间的拟合优度 R^2 为 0.52，相关系数 0.72（$p < 0.01$），在 0.01 水平（双侧）上显著相关，所以认为经过人口分配的热力数据可以较好地反映人口在空间的差异情况。

人体新陈代谢排热量按照人员散热冷负荷进行估算。假设日间大部分居民都在建筑内部活动，建筑按照其所处地块的用地性质类型分为六类：住宅、学校、医院、商业、工业、其他。人体散热的冷负荷包括显热与潜热，以住宅为例，计算公式如式（3-7）及式（3-8）所示（王贺，2019；陆耀庆，1996）。

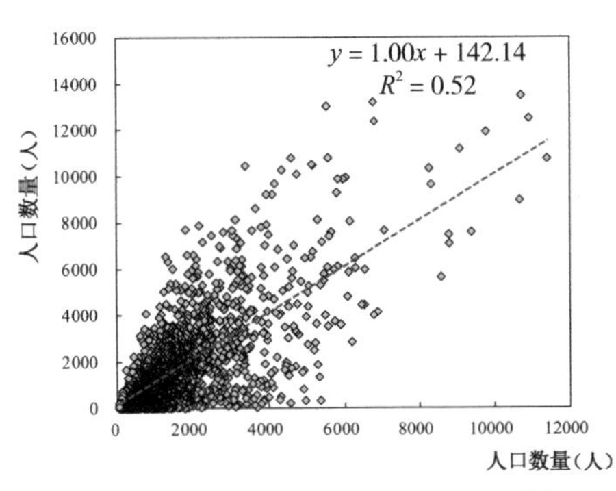

（a）微信与热力人口分配数据的对比分析

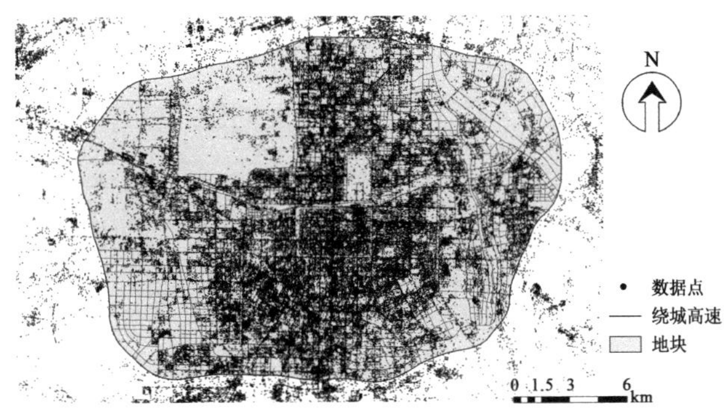

（b）基于微信宜出行数据的人口空间分布图

图 3-29 宜出行数据与热力人口分配数据的相互验证分析

$$Q_{c(\tau)} = q_s n \phi C_{LQ} \tag{3-7}$$

式中：q_s 为人体显热散热形成的冷负荷；n 为室内总人数；ϕ 为群集系数；C_{LQ} 为人体显热散热冷负荷系数；$Q_{c(\tau)}$ 为不同室温和劳动性质成年男子显热散热量（其中 q_s，ϕ，C_{LQ} 系数的值均可通过表 3-11 查得）。

$$Q_c = q_1 n \phi \tag{3-8}$$

式中：Q_c 为人体潜热形成的冷负荷；n 为室内总人数；ϕ 为群集系数；q_1 为不同室温和劳动性质成年男子潜热散热量（其中 q_1，ϕ 系数的值均可通过表 3-11 查得）。

冷负荷系数（以住宅为例） 表3-11

住宅（极轻活动）人体散热形成的冷负荷参数（室内温度为26℃）													
时刻	8:00	9:00	10:00	11:00	12:00	13:00	14:00	15:00	16:00	17:00	18:00	19:00	20:00	平均
C_{LQ}	0.62	0.7	0.75	0.79	0.82	0.85	0.87	0.88	0.9	0.91	0.92	0.93	0.94	0.84
q_s	61	61	61	61	61	61	61	61	61	61	61	61	61	61
ϕ	0.93	0.93	0.93	0.93	0.93	0.93	0.93	0.93	0.93	0.93	0.93	0.93	0.93	0.93
q_1	73	73	73	73	73	73	73	73	73	73	73	73	73	73

其他类型建筑见附录 A，各参数取标准中的均值或中位数，计算日间平均排热强度（工作日与休息日的均值）。最终得到西安市人体新陈代谢排热的空间分布情况（图 3-30），与热力值空间分布相似，排热强度较大的区域主要集中在城市中轴线附近、城市中心以及南郊区域，并且排热量大的区域在水平空间上连成片状。

3. 建筑排热

对于城市尺度来说，由于建筑信息数据的缺乏，建筑排热量的估算通常是基于能源清单法，利用能耗、电力、天然气、GDP 等数据对城市单位进行分配，这样的分配原则导致空间分布

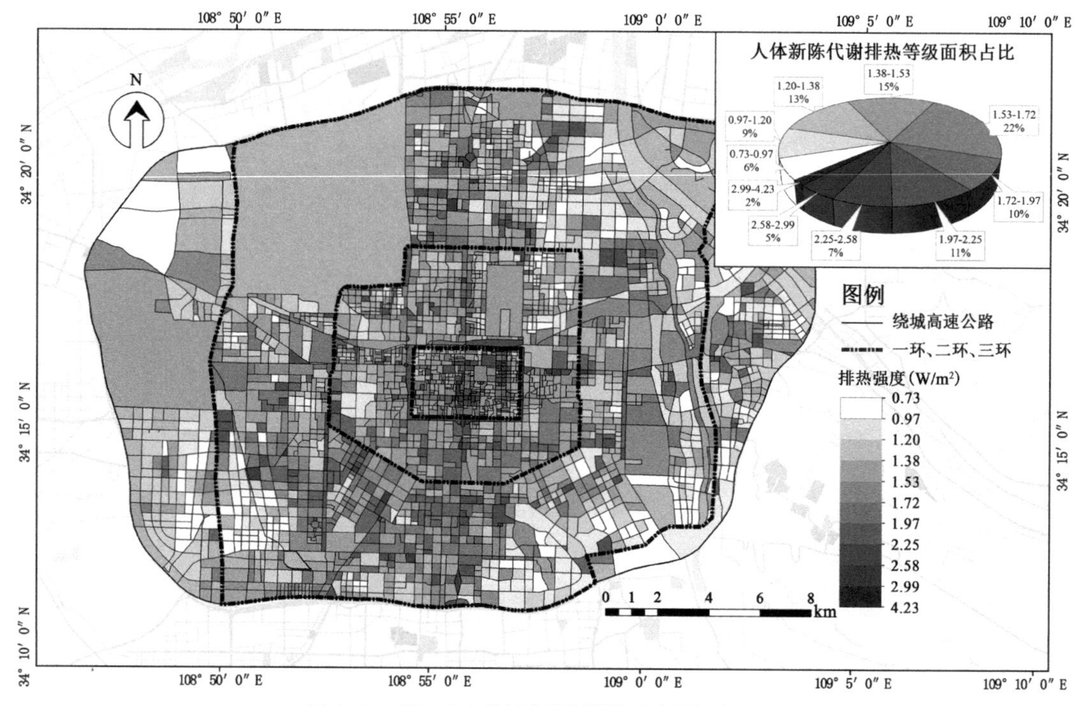

图 3–30　西安市人体新陈代谢排热强度空间分布图

不合理（王业宁 等，2016b），无法准确反映建筑排热对城市热环境的影响。本研究依托已创建的城市高精度立体模型与土地利用数据，引入建筑排热冷热负荷系数来估算城市尺度每个地块的排热强度，提高了空间分辨率。

与其他研究一致，假设所有能耗均转换为显热且瞬时排放至大气中，不考虑外源热量释放影响邻近的地块（王业宁 等，2016b）。为了研究的可操作性，对建筑排热过程的分析和建筑模型进行简化处理，假设建筑均为规则的长方体，只考虑建筑围护结构瞬变传热形成的冷负荷，不考虑室内热源散热如照明灯设备散热及新风负荷等。

将建筑按照其所处地块的土地利用类型分为五类：住宅、学校、医院、商业、工业。这五类的冷负荷估算值如表 3–12 所示：

建筑物空调排热冷负荷与采暖设计体积热指标　　表3–12

建筑类别	冷负荷指标（W/m²）	空调排热指标（W/m²）	体积热指标 [W/（m³·℃）]
住宅	70	87.5	0.62
学校	90	112.5	0.54
医院	100	125.0	0.56
商业	150	187.5	0.53
工业	160	200.0	0.53

对于夏季来说：空调排热量假设为空调器冷凝器排热，压缩制冷的冷凝器负荷的计算公式见式 3–9（田喆 等，2005；陆耀庆，1996）。

$$Q_1 = \varphi Q_0 \tag{3-9}$$

式中：Q_1 为冷凝器负荷；φ 为冷凝器热负荷系数，取 1.25；Q_0 为制冷量。

所以地块内建筑排热平均强度可按式 3–10 及式 3–11 计算：

$$Q_{Bi} = \sum A_{ij} \times Q_1 \tag{3-10}$$

$$Q_B = \frac{Q_{Bi}}{A_i} \tag{3-11}$$

式中：Q_{Bi} 为第 i 地块内的建筑空调排热总量（W）；A_{ij} 为地块 i 内第 j 个建筑的总建筑面积（m^2）；A_i 为第 i 地块面积（m^2）；Q_B 为第 i 地块的建筑空调排热平均强度（W/m^2）。

对于冬季来说：建筑物的供暖热负荷，可按式 3–12 计算（陆耀庆，1996）：

$$Q_{nj} = \alpha q_{vn} \times V_j\,(t_n - t_w) \tag{3-12}$$

式中：Q_{nj} 为建筑物的供暖热负荷（W）；q_{vn} 为建筑物供暖的体积热指标 W/（$m^3 \cdot ℃$）；α 为温度修正系数，取值 1.67；t_n 为室内计算温度（北方 18℃）；t_w 为室外供暖计算温度（–5℃）；V_j 为建筑物 j 的外轮廓体积。

所以地块内建筑供暖热负荷平均强度可按式 3–13 及式 3–14 计算：

$$Q_{ni} = \sum_i Q_{nj} \tag{3-13}$$

$$Q_{Bn} = \frac{Q_{ni}}{A_i} \tag{3-14}$$

式中：Q_{ni} 为第 i 地块内的建筑供暖热负荷总量（W）；Q_{nj} 为地块 i 内第 j 个建筑的建筑体积（m^3），A_i 为第 i 地块面积（m^2）；Q_{Bn} 为第 i 地块内建筑供暖热负荷平均强度（W/m^2）。

最后，按照各地块内建筑面积与用地类型的差异，计算夏季与冬季的建筑排热强度，如图 3–31 及图 3–32 所示。排热强度较大的区域空间分布较分散，其中主城区、北郊工业区及南郊商业圈，建筑排热强度大。冬季整体较夏季强度低，空间分布规律类似。

3.2　基于空间指标及监督分类的西安市局地气候分区分级方法

本节结合西安市城市空间及建筑特征，对现有的城市局地气候分区（LCZ）分类方法进行改进，提出以规划地块为统计单元，利用上节获取的城市空间指标数据，结合监督分类方法对城市典型区域进行调查，将西安划分成 17 类局地气候分区，提出一种利用城市空间指标

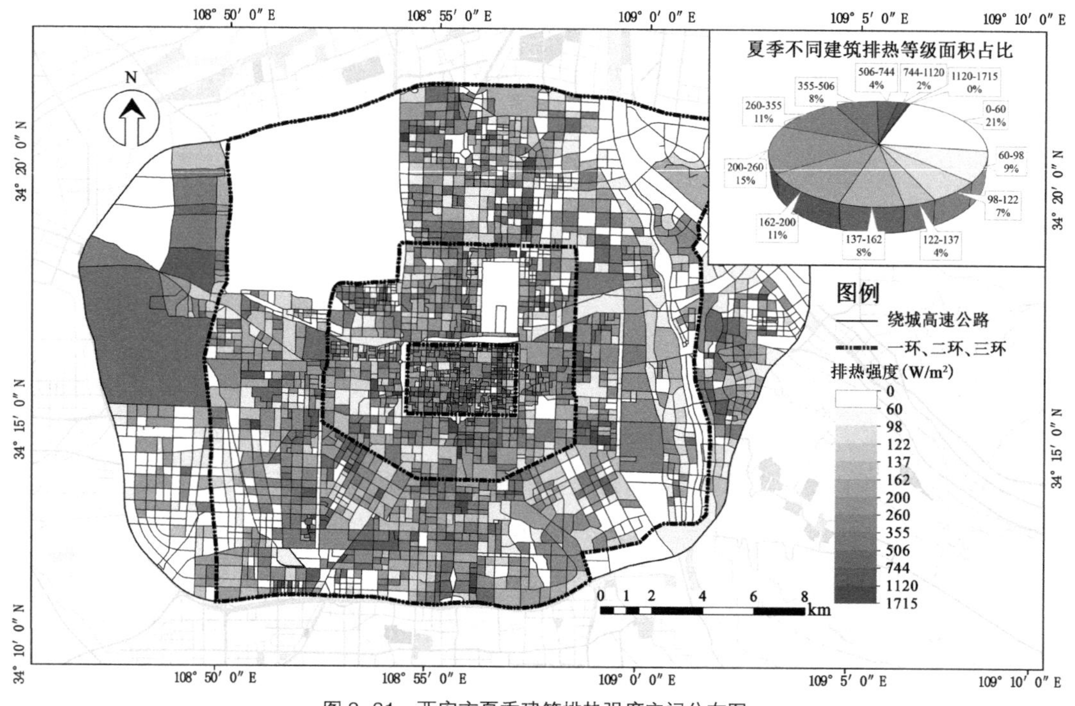

图 3-31　西安市夏季建筑排热强度空间分布图

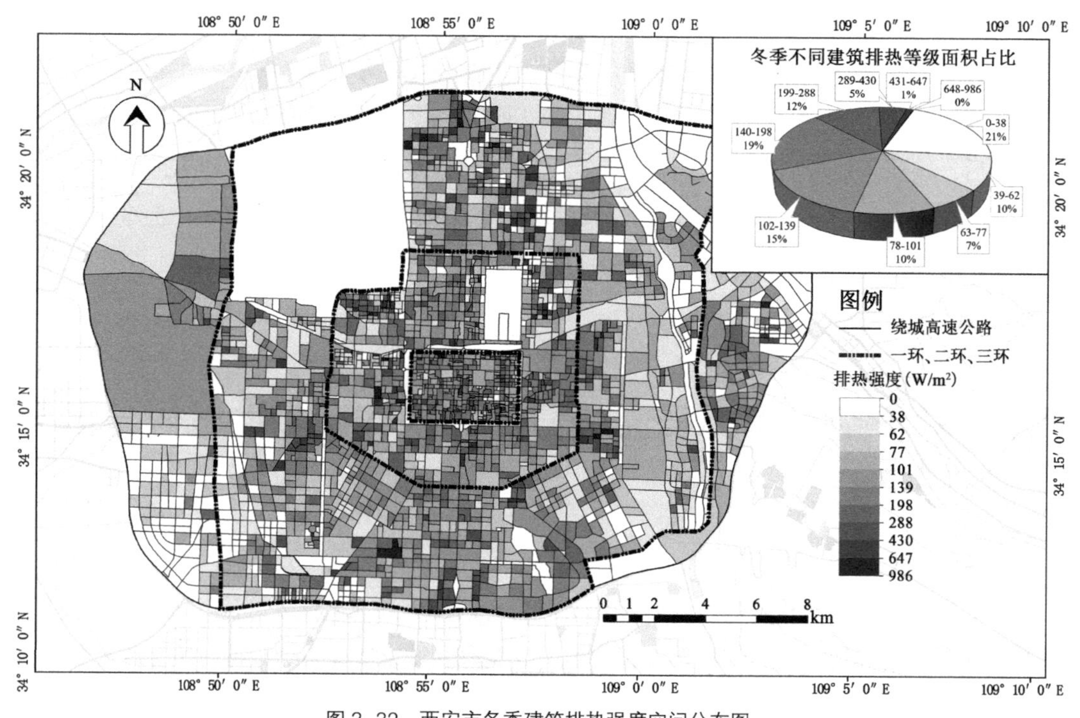

图 3-32　西安市冬季建筑排热强度空间分布图

及遥感数据，专门面向城市气候规划管控的城市空间分类方法。局地气候分区图不仅对城市热环境参数观测样本的选择提供空间数据支持和选点依据，还为规划师识别城市气候分区的空间形态特征提供帮助。

3.2.1　西安市局地气候分区分类

局地气候分区分为建筑覆盖和自然地物覆盖两大类型，在此基础上又将建筑细分为10种类型，自然地物分为7种类型，共计17种局地气候分区，如表3–13所示。其分类流程和所需城市数据如图3–33所示。

Stewart和Oke（2012）提出的局地气候分区分类及定义　　表3–13

建筑覆盖类型	定义	自然地物覆盖类型	定义
LCZ–1 高密度高层	高密度混合高层（10层以上）；绿化稀少；硬质地表为主	LCZ–A 高密度树林	密林景观区域，树木茂盛，自然地表，一般是自然森林，城市公园
LCZ–2 高密度中层	高密度混合中层（3~9层）；绿化稀少；硬质地表为主	LCZ–B 低密度树林	树林为主，绿化丰富，可渗透地表为主，城市公园、自然公园
LCZ–3 高密度低层	高密度混合低层（1~3层）；绿化稀少；硬质地表为主	LCZ–C 灌木林	开放的整齐灌木林，树丛；可渗透地表为主
LCZ–4 低密度高层	低密度开放高层（10层以上）；绿化充足；可渗透地表为主	LCZ–D 低植被区	无特定景观特征的草地、植被区域；树木较少，草地或农业为主
LCZ–5 低密度中层	低密度开放中层（3~9层）；绿化充足；可渗透地表为主	LCZ–E 硬质地表	岩石或硬质铺装；绿化稀少；城市交通及广场用地
LCZ–6 低密度低层	低密度开放低层（1~3层）；绿化充足；可渗透地表为主	LCZ–F 裸土沙地	无特定景观的砂石裸地；绿化稀少
LCZ–7 轻质低层	高密度低层；硬质铺装为主；轻质建筑材料	LCZ–G 水域	大型开放的水体，河流湖泊、大海等

续表

建筑覆盖类型	定义	自然地物覆盖类型	定义
LCZ-8 大体量低层	大体量低层；绿化稀少；硬质地表为主		
LCZ-9 零星建筑	零星分布的稀疏建筑；下垫面以自然地表为主；绿化丰富		
LCZ-10 重工业区	中低层大型工业建筑（塔楼或集装箱等）；绿化稀少；硬质地表为主		

首先，对城市下垫面为自然地物（LCZ-A~LCZ-G）的地块进行分类，根据上节所获取的西安市绿地率、水体率、土壤率、铺装率等空间指标数据，辅以用地性质图、谷歌地图及街景地图进行监督分类，建立决策树为自然地物分类，如表 3-14 所示。需要说明的是，在西安主城区内没有密林区和整齐的低矮灌木区域，所以 LCZ-A 与 LCZ-C 类在研究区范围内不存在；对于低矮植被区 LCZ-D 类，按照植物生长的健康程度和地块的绿化率高低，本书又细分为生长程度较好的 LCZ-D 类与健康程度一般的 LCZ-D Ⅱ类。

其次，对城市下垫面为特殊建筑覆盖（LCZ-7~LCZ-10）的地块进行分类，根据上节获取的西安市工业用地面积比率及城市立体模型等空间数据，辅以监督分类，建立特殊建筑覆盖类型的决策树，如表 3-15 所示。需要说明的是，在主城区范围内并无重工业（LCZ-10）及零星建筑区域（LCZ-9）两个类型。

最后，我们对城市下垫面为普通建筑覆盖（LCZ-1~LCZ-6）的地块进行分类。按照局地气候分区分类标准（Stewart et al.，2012），将建筑覆盖按照建筑高度的高、中、低三类以及建筑密度的紧凑与开敞两种情况分为 6 类，但这种分类体系是以欧洲城市为蓝本，其城市形态特征与我国城市形态差异较大，尤其近年来我国城市化进程加快，城市人口密度不断增大，城市下垫面尤为错综复杂，对于西安来说，老城区建筑密度大，其变化跨度范围较广（0~77%），现有的分类标准对于建筑密度的划分等级与我国城市规划体系的划分方式不符，分类较为粗糙。因此，我们按照中国城市规划体系的常用习惯将西安市建筑密度与建筑高度均分为高、中、低三个等级，具体分类标准见图 3-34。

所以，本节在 Stewart 和 Oke（2012）提出的 LCZ 分类标准基础上，将建筑密度为开放类型的 LCZ-4、LCZ-5 和 LCZ-6，进一步细分为：LCZ-4 和 LCZ-4 Ⅱ，低密度高层建

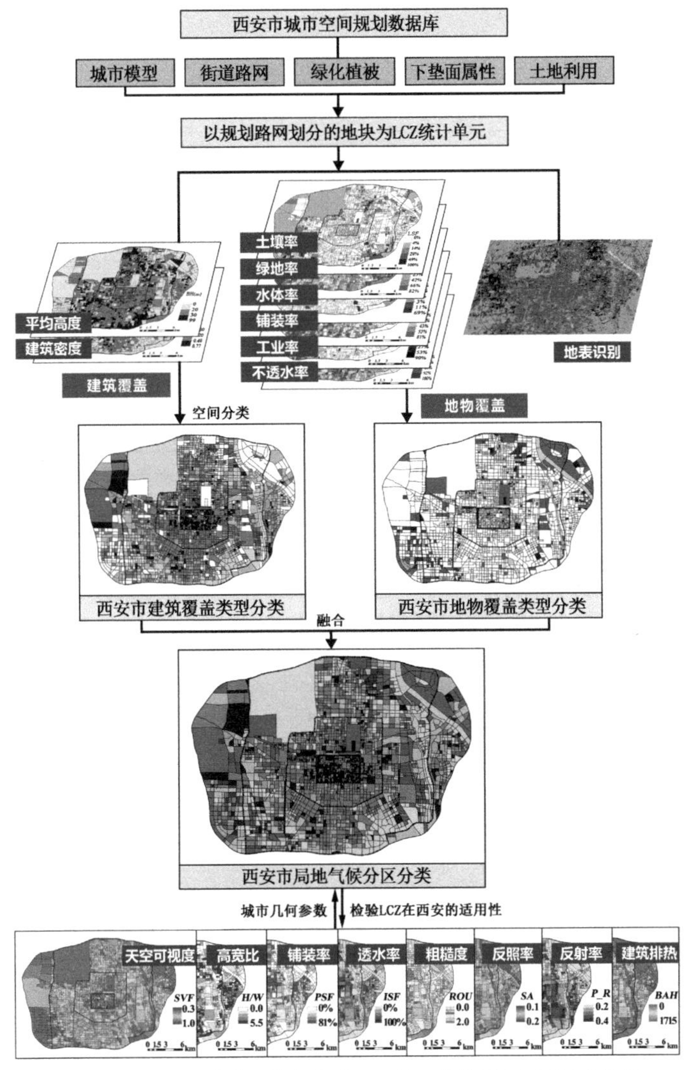

图 3-33　绘制西安市局地气候分区图的工作流程和所需城市数据

筑和中密度高层建筑；LCZ-5 和 LCZ-5 Ⅱ，低密度中层建筑与中密度中层建筑；LCZ-6 和 LCZ-6 Ⅱ，低密度低层建筑与中密度低层建筑，增加了三亚类，以适应研究区城市建筑密度大，变化幅度差异大的特点。对建筑覆盖类型的局部气候分区（LCZ-1~LCZ-6）调整后的分类标准如表 3-16 所示。

对自然地物进行局部气候分区划分的决策树　　表3-14

LCZ类别	分类依据	用地性质
LCZ-B	绿化率＞ 0.7 且以高大植被为主的城市公园	绿地
LCZ-D	建筑密度 =0；绿化率＞ 0.5 且以草坪、农田为主的绿地	绿地

续表

LCZ类别	分类依据	用地性质
LCZ-D Ⅱ	建筑密度 =0；绿化率 < 0.5 的绿地	绿地
LCZ-E	铺装率> 0.7 且以交通用地、广场用地等为主的硬质铺地	其他
LCZ-F	裸土率> 0.7 以城市空地为主	其他
LCZ-G	水体率> 0.7 河流水域为主	水体

对特殊建筑覆盖类型进行局部气候分区划分的决策树　　表3-15

LCZ类别	分类依据	用地性质
LCZ-7	工业率> 0.7；建筑高度 < 10m 且以板房等轻质材料为主	工业
LCZ-8	地块内有建筑面积> 7000m^2 的大体量建筑，建筑高度< 10m	工业 / 商业

对一般建筑覆盖类型进行局部气候分区划分的决策树　　表3-16

LCZ类别	类别名称	建筑密度分类标准	建筑高度分类标准
LCZ-1	高密度高层	建筑密度≥ 0.4	平均高度 ≥ 30m（10 层以上）
LCZ-2	高密度中层	建筑密度≥ 0.4	10 ≤平均高度< 30m（3~9 层）
LCZ-3	高密度低层	建筑密度≥ 0.4	平均高度< 10m（1~3 层）
LCZ-4	低密度高层	建筑密度< 0.4	平均高度 ≥ 30m（10 层以上）
LCZ-4 Ⅱ	中密度高层	0.2 ≤建筑密度< 0.4	平均高度 ≥ 30m（10 层以上）
LCZ-5	低密度中层	建筑密度 < 0.4	10 ≤平均高度< 30m（3~9 层）
LCZ-5 Ⅱ	中密度中层	0.2 ≤ 建筑密度 < 0.4	10 ≤平均高度< 30m（3~9 层）
LCZ-6	低密度低层	建筑密度 < 0.4	平均高度< 10m（1~3 层）
LCZ-6 Ⅱ	中密度低层	0.2 ≤ 建筑密度 < 0.4	平均高度< 10m（1~3 层）

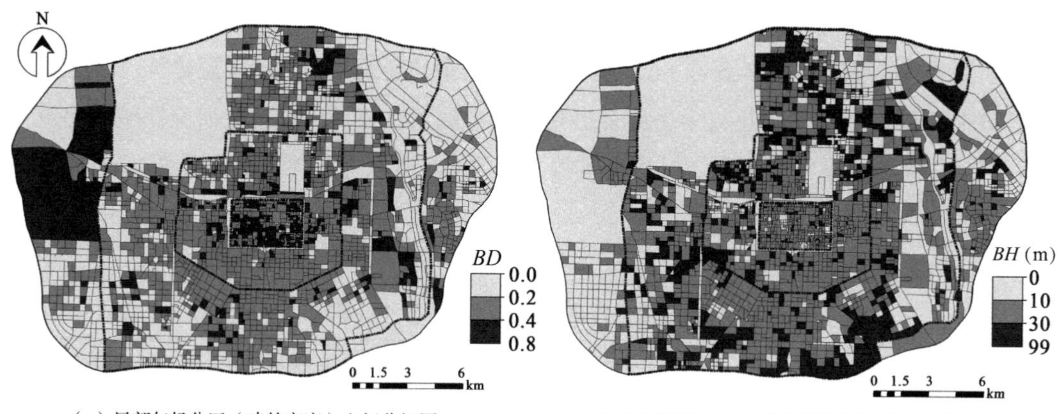

（a）局部气候分区（建筑密度）空间分级图　　（b）局部气候分区（建筑高度）空间分级图

图 3-34　建筑密度与建筑高度的空间分级图（一般建筑覆盖类型）

3.2.2 西安市局地气候分区的空间分布特征

按照拟定局地气候分区分类标准的决策树对西安市建筑覆盖类型与地物覆盖类型进行空间分级后，将其空间融合，辅以人为监督分类排查，最终绘制了适应西安城市发展和空间特征的主城区局地气候分区图，如图 3–35 所示。

西安市局地气候分区在空间上变化显著，整体上中心城区以建筑覆盖为主，城市外围区域以自然地物覆盖为主，中密度中层（LCZ–5 Ⅱ）是主城区最主要的空间类型，占总地块数的 30% 左右（图 3–36），主要位于一环与二环之间，并延伸至二环外，多见于城区老式住宅小区以及大专院校、单元家属院等；其次是中密度高层（LCZ–4 Ⅱ），占总地块数的 11%，主要位于二环与三环间，多见于高层居住区以及高层办公区域，是近年来西安市的主要住区构成类型。少量的低密度高层（LCZ–4）分布于城市外围，例如东南部曲江池遗址公园、东北部浐灞湿地周围，作为高档住区被兴建。高密度区域（LCZ–1~LCZ–3）基本分布于老城区一环以内以及西北部工业区，其中以高密度中层（LCZ–2）居多，占总地块数量 9%。高密度高层区域（LCZ–1）仅占总数量的 1%（图 3–36），不同于香港、东京等特大城市，西安市主城区不属于高密度高层城区，准确的定位应是以中高密度中层建筑类型为主。此外，一些特殊建筑覆盖类型，如轻质建筑（LCZ–7）所占比例较小，集中分布于城市边缘的工业区或是建筑施工场地周围，大体量建筑（LCZ–8）主要分布于大型轻工业厂区（东部）、储钢市场（北部）以及软件园区（西南部）。

从自然地物覆盖类型来说，低密度树林（LCZ–B）多见于城市公园，零星分布于城区不同位置，数量较少；低矮植被区（LCZ–D）占比稍多（6%），除公园和集中规划绿地外，多分布于城市东北和西南方位。西安作为内陆缺水城市，水体所占比例较小，除了浐河、灞河、曲江池及兴庆宫外，城内再无大面积水域。硬质地表（LCZ–E）多见于城市交通枢纽用地及铺地广场。裸土沙地（LCZ–F）主要是城市待建区域及裸露农田。

综上所述，西安市城市建设由内城向外围逐步扩建，沿中轴线由南向北不断扩张。高密度中层及中密度中高层建筑类型是西安主城区城市形态的最主要特征。

本书改进了现有的局部气候分区分类标准，针对西安城市化发展特征，将建筑覆盖类型按照中国城市规划常用划分习惯进行细化，以期科学地从城市热环境视角为西安市主城区的城市形态分类。

此外，我们遵循 LCZ 系统建议的标准化数据存储格式，充实了中国内陆盆地和高密度情景下城市形态的全球数据库。

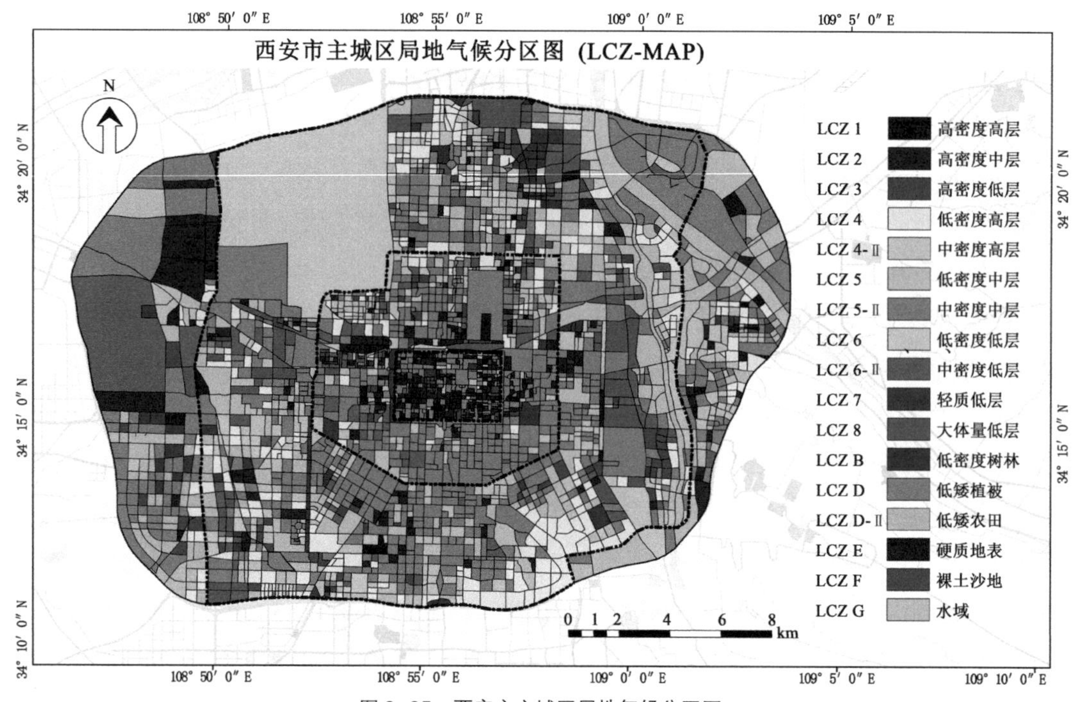

图 3–35　西安市主城区局地气候分区图

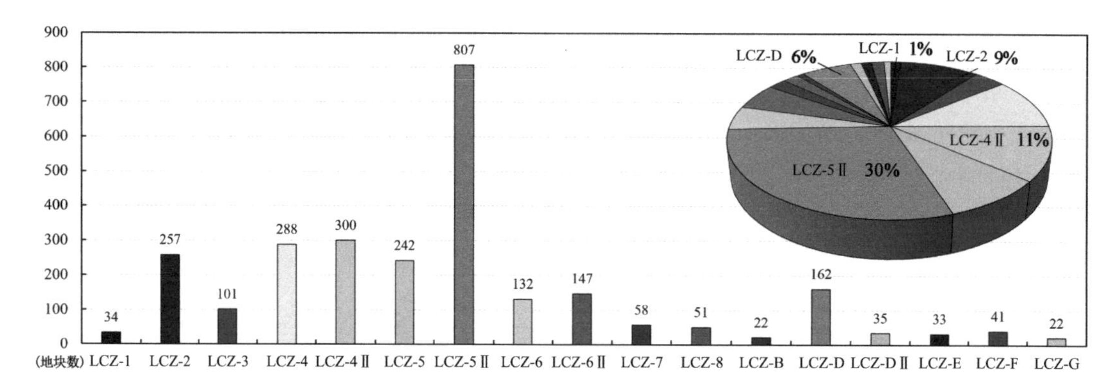

图 3–36　各类局地气候分区数量及所占比例统计

3.2.3　改进后的西安市局地气候分区系统的性能评估

按照 Stewart 和 Oke（2012）提出的 LCZ 分类标准及准则，每类分区关联着 4 方面 10 个与热环境相关的指标，分别是地表结构（天空可视度 *SVF*、高宽比 *H/W*、平均高度 *BH*、粗糙度 *ROU*）、地表覆盖（建筑密度 *BD*、铺装率 *PSF* 和透水地面比例 *TSF*）、地表材料（反射率 P_R、表面反射率 *SA*）和人类活动（人为热排放 *BAH*）。

本节将划分的 17 类气候分区，按照 10 个城市空间指标进行提取，计算每类分区 10 个指标的四分位数（第一、第二、第三分位数），如表 3–17 所示，验证改进后的城市局地气候分区系统在西安市的适用性。

结果基本与 Stewart 和 Oke（2012）提出的分区属性保持一致，即不同 LCZ 类别之间差异较大，同类别组间差异较小，实现了从气候视角对城市空间的合理分类。除地表反射率这一属性在各分区间差异不显著之外，其他属性具有明显的组间差异，每类分区对应着相应区间范围的天空视角、高宽比、反射率、粗糙度、人为排热、下垫面属性等信息，证明通过城市局部气候分区，可以快速提取城市内部形态和结构特征，大致判断城市热岛的空间分布，帮助理解每类分区内部的属性特征，将抽象空间转化为良好易读的城市形态语言。

不同局地气候分区的城市属性取值区间范围（以LCZ-1~LCZ-6为例）　　表3-17

指标	LCZ-1	LCZ-2	LCZ-3	LZC-4	LCZ-4Ⅱ	LCZ-5	LCZ-5Ⅱ	LCZ-6	LCZ-6Ⅱ
SVF	0.4~0.7 0.55	0.4~0.8 0.54	0.4~0.8 0.64	0.6~0.9 0.81	0.5~0.86 0.67	0.7~0.9 0.88	0.5~0.86 0.69	0.8~0.9 0.89	0.7~0.9 0.82
H/W	1.1~3.3 1.6	0.5~1.3 0.8	0.2~0.5 0.36	1.2~3.5 2.0	1.2~3.2 1.7	0.1~1.1 0.71	0.5~1.2 0.79	0.1~0.4 0.24	0.16~0.50 0.33
BH （m）	30~63 34	11~24 16	5~9 8	31~78 48	30~68 40	10~26 17	11~26 18	3~9 6	4~10 7
ROU	1~2 1	1~1 1	1~1 1	0.5~2 1	0.5~2 1	0.5~2 0.5	0.5~2 1	0.5~0.5 0.5	0.5~1 0.5
BD	0.4~0.5 0.45	0.4~0.6 0.45	0.4~0.7 0.50	0.1~0.2 0.15	0.2~0.3 0.26	0.1~0.2 0.15	0.2~0.4 0.29	0~0.18 0.10	0.22~0.37 0.29
PSF	0.1~0.4 0.29	0.1~0.4 0.32	0~0.41 0.25	0.2~0.7 0.5	0.3~0.6 0.5	0.1~0.6 0.40	0.2~0.6 0.42	0~0.56 0.28	0.05~0.56 0.39
TSF	0~0.12 0	0~0.1 0	0~0.12 0	0~0.6 0.24	0~0.32 0.06	0~0.66 0.35	0~0.42 0.13	0.1~0.9 0.47	0~0.51 0.15
P_R	0.1~0.2 0.15	0.1~0.19 0.16	0.1~0.18 0.14	0.24~0.28 0.26	0.2~0.3 0.23	0.2~0.3 0.26	0.18~0.24 0.22	0.24~0.29 0.26	0.19~0.25 0.21
SA	0.12~0.15 0.13	0.12~0.15 0.13	0.13~0.15 0.13	0.12~0.15 0.14	0.12~0.15 0.13	0.13~0.15 0.14	0.12~0.15 0.13	0.12~0.15 0.14	0.12~0.15 0.13
BAH （W/m^2）	422~1136 817	164~610 255	79~233 122	121~382 215	229~707 360	30~183 84	107~340 181	2~51 21	37~137 71

3.3　本章小结

本章首先对 7 类规划控制方向下的 68 个城市空间规划可控指标的计算方法、获取途径和来源进行了详细介绍，并基于地理信息系统，对每个指标进行了城市尺度的空间表达，探讨指标在水平空间的分异性，并且首次将城市人为排热强度量化并纳入影响热环境的城市空间规划可控指标之一，为第 6 章研究规划因素对热环境的影响机制，提供数据支持。

随后利用城市空间指标，结合监督分类方法将西安划分成 17 类局地气候分区，改进了现有的局地气候分区标准，提出了适应西安中高密度城市空间发展特点的局地气候分区分类方法，最后通过统计 17 类分区的不同城市属性，验证了该空间分类方法的合理性。

该局地气候分区系统不仅为城市热环境参数观测的样本选择提供空间数据支持和选点依据，即可按照 LCZ 分类框架，有的放矢地选择典型城市空间（地块）样本，通过观测不同 LCZ 类型地块的热环境性能，来较全面了解城市内不同区域的热环境差异，寻求导致差异的原因。

第4章

西安市城市热环境参数实测调查与数据分析

实地观测是研究城市热环境的重要方法，一方面能够真实反映城市内不同区域的热环境状况，另一方面还能验证理论分析的结果（梁颢严，2018）。但对全城尺度热环境进行实地测量时会耗费大量人力和物力，目前国内的大规模实测研究几乎空白，尤其是多天的连续固定观测更是鲜有记录。为了探究主城区内部热环境特征，本研究在国家科技基础性工作专项项目“典型城市人居环境质量综合调查与城市气候环境图集编制”的支持下，在西安市区内开展了城市尺度气候环境特征的观测实验，针对冬季热环境于2014年至2019年1月进行了长时间序列多样本固定观测；针对夏季热环境于2019年7月进行短时间序列多样本同时连续实测。实测的目的主要有三个方面：①依据上一章对城市空间的合理分类，选择不同城市局地气候分区的数个典型样本，对其进行冬夏两季的固定观测，探究不同局地气候分区类型地块的热环境特征；②计算不同研究样本的日间平均空气温度、日间平均湿度、夜间平均空气温度、夜间平均湿度；③计算样本的日间平均热岛强度、夜间平均热岛强度、探寻日夜间极值热岛出现的时间。

4.1 实验方案设计

根据世界气象观测组织（WMO）制定的气象观测导则：街区的气象状况可由街区内部合适位置观测点的气象状况来表征（Oke et al.，2006）。因此，本书中观测点的热环境信息就代表了该地块的热环境情况。

4.1.1 实测样本点选择

本研究针对不同的城市局地气候分区类型，在西安市主城区内选取各类气候分区的若干典型样本地块，制定固定气象观测标准，实地测量了各样本点的空气温度、相对湿度等热环境参数，观测时间为2014年、2016年、2018年冬季以及2019年夏季，共选取了55个城市尺度样本点（图4–1）。观测样本的位置设置方式遵循以下三个原则：

（1）观测样本应覆盖城市气候分区所有类型，以期在水平空间上代表城市的热环境特征，对于空间分布数量较多的局地气候分区，如LCZ–2、LCZ–5、LCZ–5 Ⅱ类型，所设置的观测样本也应适量增多。

（2）观测样本还应覆盖城市用地性质所有类型。对于空间分布数量较多的用地性质类型，如居住用地，所设置的观测样本也应增多。

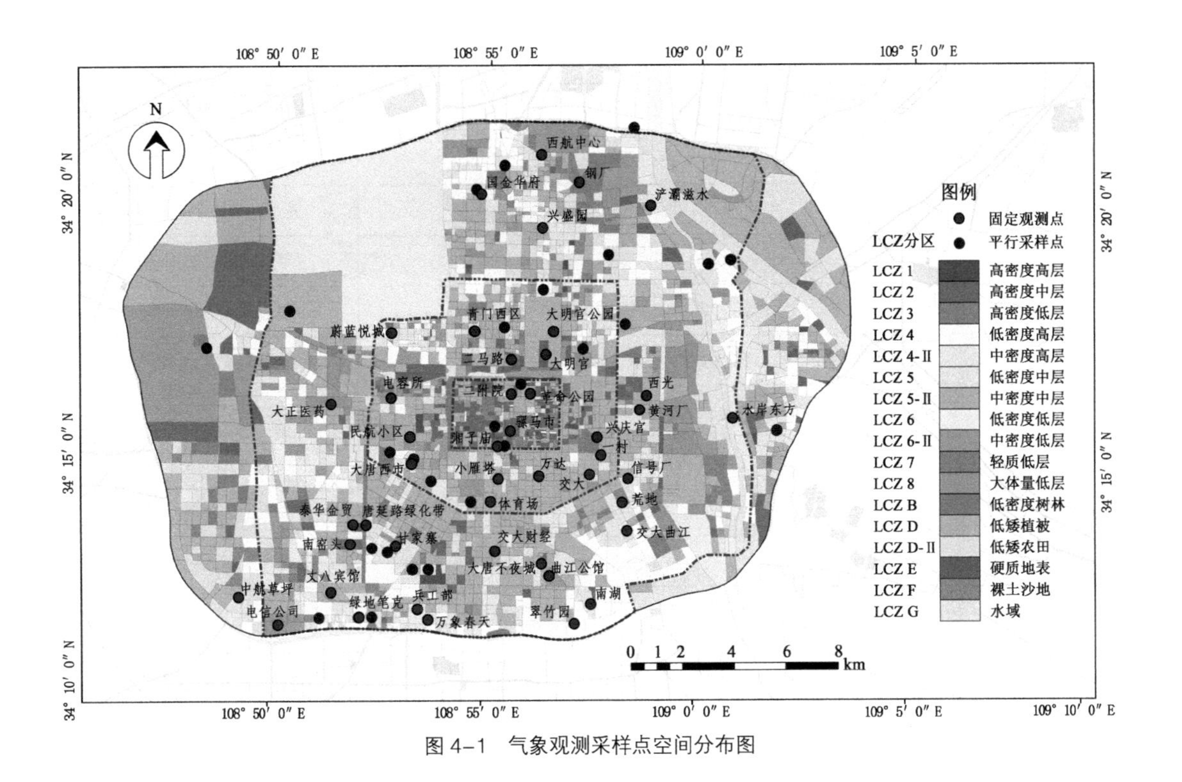

图 4-1　气象观测采样点空间分布图

（3）观测样本在研究区内的布置应考虑地理空间的间隔距离，需均匀覆盖城区东南西北方位、一环路、二环路、三环路之间，在水平空间上跨越整个主城区。

各观测点的编号、名称及所在地块对应城市局部气候分区类型和用地性质信息见表 4-1及表 4-2。

固定观测点所属局地气候分区类型及特征（夏季）　　表4-1

LCZ类型	固定观测点名称	代表户外空间下垫面特征
LCZ-1	泰华金贸	硬质地表，高层楼宇间
LCZ-2	大唐不夜城、南窑头村、大唐西市、骡马市、	硬质地表，中层楼宇间
LCZ-3	湘子庙、甘家寨	硬质地表，低层楼宇间
LCZ-4	曲江翠竹园、万象春天	透水地表，楼宇间空地
LCZ-4 Ⅱ	蔚蓝悦城、兴盛园	透水地表，高层楼宇间
LCZ-5	交大财经、交大曲江、信号厂、交大本部、黄河厂家属院、水岸东方	透水地表，楼宇间空地
LCZ-5 Ⅱ	绿地笔克、体育场、小雁塔、李家村万达、交大一村、交大二附院、西光厂、二马路、青门西区、国金华府、西航中心小区、民航小区	透水地表，中层楼宇间硬质地表，中层楼宇间（视具体情况而定）

续表

LCZ类型	固定观测点名称	代表户外空间下垫面特征
LCZ-6	兵工部	透水地表，开放空间
LCZ-6 Ⅱ	曲江公馆	透水地表，中层楼宇间
LCZ-7	大明宫钢厂	硬质地表，室外空地
LCZ-8	电信公司、大正医药、电容所	硬质地表，室外空地
LCZ-B	唐延路绿化带、兴庆公园、革命公园	植被覆盖，透水地表
LCZ-D、LCZ-D Ⅱ	丈八宾馆（公园）、大明宫草坪、浐灞滋水、中航草坪	植被覆盖，透水地表
LCZ-E	大明宫广场	硬质地表，开放空间
LCZ-F	雁翔路荒地	裸土地表，开放空间
LCZ-G	南湖	毗邻水域，植被覆盖

固定观测点所属地块的用地性质类型（夏季）　表4-2

用地性质		固定观测点名称
C	商业	绿地笔克、大唐不夜城、李家村万达、大唐西市、湘子庙、骡马市、电容所、二马路、大明宫广场、国金华府、泰华金贸
R	居住	曲江翠竹园、万象春天、曲江公馆、甘家寨、南窑头村、小雁塔、信号厂、交大一村、民航小区、水岸东方、黄河厂家属院、蔚蓝悦城、青门西区、兴盛园、西航中心小区
E	教育	交大财经、交大曲江校区、体育场、交大本部操场旁边
H	医疗	交大二附院
O	其他	大明宫广场、雁翔路荒地
G	绿地	丈八宾馆、唐延路绿化带、兴庆公园、革命公园、大明宫草坪、浐灞滋水、中航草坪
W	水域	南湖
M	工业	电信公司、大正医药、兵工部、西光厂、大明宫钢厂

4.1.2 热环境观测点布置

传统的城市气象站点布设标准要求必须放置在开阔地点，如公园或广场的低矮草坪上，这样导致站点实际监测的是类似农村的环境，并不能真正代表城市下垫面的真实状况（王迎春 等，2009）。本研究采纳了 WMO 及局地气候分区理论对观测站点设置提出的建议，针对不同城市空间特征的地块制定不同的安置标准：在建筑密集的城市区域（LCZ-1~LCZ-3），站点可安放在距离高大建筑物 5~10m 处、具有硬质铺地覆盖的街道峡谷中；对于开放建筑区（LCZ-4~LCZ-6），尽量布置在植被覆盖的下垫面区域，且暴露于建筑环境中（Oke et al.,

2006；Stewart et al.，2012）。除此以外，本研究对其他空间类型的放置位置也进行了详细规定，具体见表 4-1。冬季观测样本点与夏季基本保持一致，此处不再赘述。

针对表 4-1 列举的夏季固定观测地点，确定了如下实验方案：

（1）观测点放置在最能代表其室外空间特征的下垫面之上（见表 4-1），且实验条件允许时，同时在测点周围设置平行样本，防止仪器损坏或数据缺失。夏季设置 46 个采样点，实验结束后，遗失 2 个。

（2）观测点距地面高度为 1.8~2m，与标准气象站采样高度保持一致。每台仪器安装防雨防辐射百叶箱，用钢丝将其固定于树木、灯柱或适合观测条件的装饰柱上。

冬季长时间序列、不同时移动采集气象数据的实验方案如下：

（1）对每个测量点进行连续 3 天的测量，实验条件允许时，同时对多个测量点展开测量，冬季设置 50 个采样点。

（2）每台仪器被安置在距离地面 1.5m，即行人层高度处，同一个测量点在 3 天测量过程中，仪器放置的经纬度坐标不变。

4.1.3　实验仪器

使用 HOBO® MX2300 温湿度记录仪对夏季气象参数进行采集。HOBO® MX2300 由美国 Onset 数据记录器公司生产，是一款安装有内置温度和相对湿度传感器的防风雨数据记录器。它可在恶劣的室外环境中提供高精度测量，坚固耐用，已在世界各地广泛使用，是测量野外温湿度参数最常用的记录仪器之一，其外观如图 4-2 所示，仪器的测量精度、测量范围、记录方式、采集频率等信息见表 4-3。

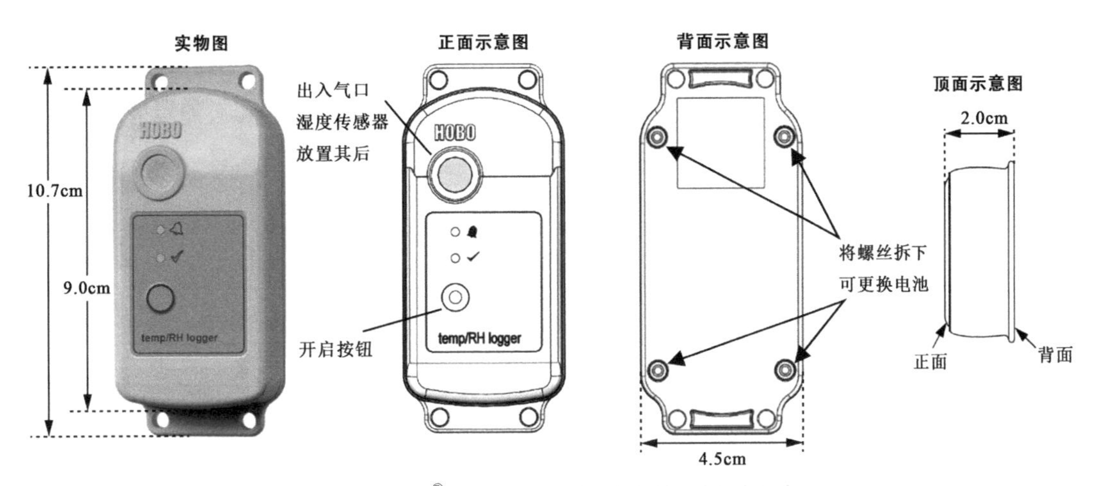

图 4-2　HOBO® MX2300 温湿度记录仪外观多视角示意图

测量参数与仪器信息 表4-3

测量参数	测量仪器	仪器精度	测量范围	记录频率	采集频率	分辨率
温度	HOBO® MX2300	±0.2℃（0–70℃）	-40–70℃	2min	30s	0.02℃
湿度		±2.5%（10–90%）	0–100%	2min	30s	0.01%

每台温度记录仪配套安装的百叶箱，如图4-3所示，仪器垂直悬空固定于箱体内部，以保证箱内空气流通。百叶箱内气温的波动幅度较箱体外部稍小，其读数更符合实际气温。

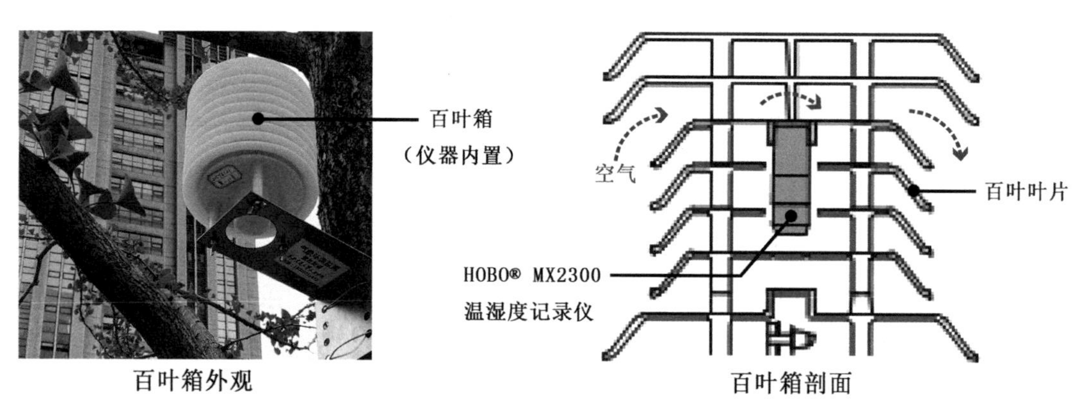

图4-3　百叶箱内置HOBO® MX2300温湿度记录仪示意图

使用TR-72Ui温湿度自动记录仪对冬季气象参数进行采集；使用TES1333R对太阳辐射强度进行测量（见本书3.1.2节反射率）；使用佳能EF 8-15mm f/4L USM F4 L鱼眼相机镜头对天空可视度进行测量；使用eTrex2手持式GPS对不同测量点的经纬度以及海拔信息进行测量，仪器参数见表4-4，外观如图4-4所示。

冬季及辅助测量仪器参数信息 表4-4

测量参数	测量仪器	仪器精度	测量范围	记录频率	记录方式
温度	TR-72Ui	±0.1℃	0~55℃	1min	自动
湿度	TR-72Ui	±5%	10%~95%	1min	自动
太阳辐射强度	TES-1333	±10W/m²	0~1999W/m²	30min	手动

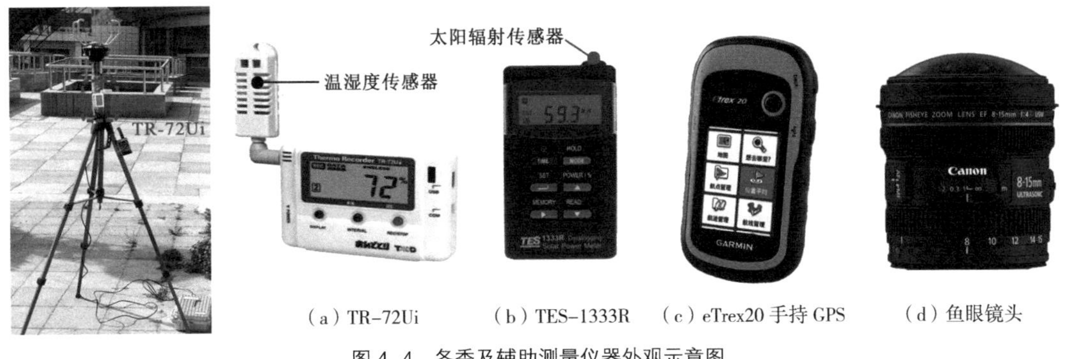

（a）TR-72Ui　（b）TES-1333R　（c）eTrex20 手持 GPS　（d）鱼眼镜头

图 4-4　冬季及辅助测量仪器外观示意图

4.2　城市热环境参数实测调查

为了确保实地观测数据的准确性与一致性，在测量工作开展前，对所有实验仪器进行一致性修正，将仪器本身造成的误差降低到最小。

4.2.1　测量仪器一致性修正

本研究使用 MTS-408NA 高低温实验箱（最小分度值 0.1℃）对 46 个 HOBO® MX2300 进行温湿度一致性修正，将它们集中放置于温箱基座台面上，如图 4-5 所示。由于台面空间有限，分两组进行修正。夏季温度变化区间一般处于 20~40℃，故本次校准设定温湿梯度为 25℃、30℃、35℃、40℃，60%、40%、20%，分 7 次对仪器进行修正，每次设定时间为 4h，记录频率为 1min，计算出每台仪器每次测量 4h 的平均数据。

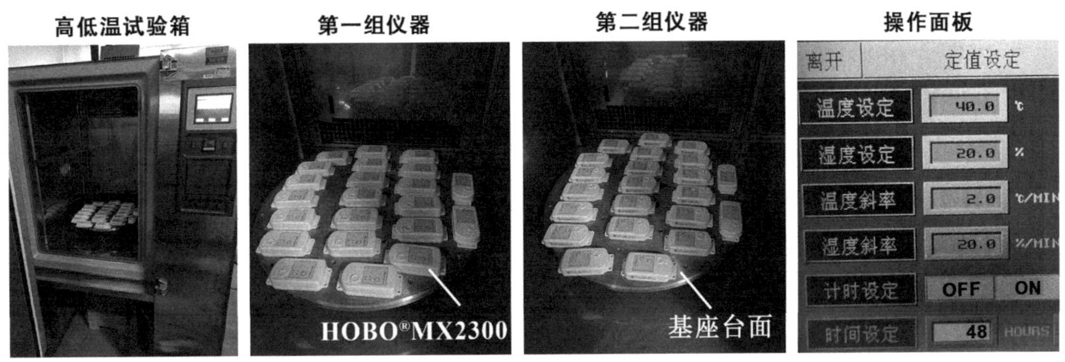

图 4-5　温湿度仪器一致性修正过程示意图

实验结果显示：HOBO® MX2300 记录仪的温度和湿度数据分别与温箱设定的控制温湿度不完全一致，46 台记录仪测量的数据相互之间存有细微差异。为了确保实地观测数据的一致性，分别求出每台仪器在不同温湿梯度阶层记录的数据与所有仪器数据平均值的差值 $AT_{修正}$与 $RH_{修正}$，为观测过程中靠近温湿度区间的不同仪器记录的数据加上 $AT_{修正}$与 $RH_{修正}$，最终计算修正后的气象数据，每台仪器不同温湿梯度阶层的 $AT_{修正}$与 $RH_{修正}$数值见表 4–5。

HOBO® MX2300温湿梯度修正值（以编号1~10号为例）　　表4–5

仪器编号	1	2	3	4	5	6	7	8	9	10
（25℃）$AT_{修正}$	–0.01	0.05	0.05	0.08	0.14	0.03	0.04	0.03	0.02	0.05
（30℃）$AT_{修正}$	–0.12	0.14	0.11	0.03	–0.06	0.01	0.08	0.16	0.18	0.13
（35℃）$AT_{修正}$	–0.14	0.17	0.14	0.01	–0.16	0.01	0.09	0.20	0.24	0.15
（40℃）$AT_{修正}$	–0.17	0.20	0.16	0.00	–0.23	0.00	0.10	0.23	0.28	0.18
（60%）$RH_{修正}$	0.16	–0.13	–0.10	–0.58	–0.53	–1.08	–1.19	–2.06	–2.28	–1.90
（40%）$RH_{修正}$	0.16	–0.22	–0.09	–0.47	–0.39	–0.87	–1.22	–2.10	–2.12	–1.94
（20%）$RH_{修正}$	–0.03	0.00	–0.12	–0.77	–1.06	–1.13	–1.06	–1.75	–1.80	–1.70

TR–72Ui 温湿度自动记录仪采用类似校准方法，已由本课题组成员进行了一致性修正，如表 4–6 所示。

TR–72Ui温湿度修正值（以编号A~I号为例）（刘丰榕，2015）　　表4–6

仪器编号	A	B	C	D	E	F	G	H	I
温度$AT_{修正}$	–0.1	0	0	0.1	0.1	0	0	0.1	0.1
湿度$RH_{修正}$	–1	1	–3	–3	–3	5	–1	–1	–3

4.2.2　实地测量过程

1. 夏季同时性连续观测过程

遵循上文所述选点与布点原则，于 2019 年 7 月 4 日起至 2019 年 7 月 29 日，对表 4–1 中 46 个观测点的热环境数据进行采集。图 4–6~ 图 4–10 展示了现场测量状态，以及采样点周边的城市空间形态。

图 4-6　LCZ-1~LCZ-4 类型固定观测点现场采样情况

图 4-7　LCZ-4、LCZ-5 类型固定观测点现场采样情况

图 4-8　LCZ-5 Ⅱ类型固定观测点现场采样情况

图 4-9　LCZ-5~LCZ-8 类型固定观测点现场采样情况

图4-10　LCZ-B~LCZ-G类型固定观测点现场采样情况

2. 冬季非同时性固定观测过程

冬季气象数据观测时间从 2014 至 2019 年，有效测量时间如表 4–7 所示。日间采样时间为 11 : 00—16 : 00 时，夜间为 22 : 00—23 : 00 时。采样仪器安装完成后进行监测的状态如图 4–11 所示，由于北半球冬季太阳辐射强度低，且避免阴雨天气进行测量，故冬季采样时仪器并未安置于百叶箱内，将其直接暴露于空气中。

西安市冬季气象数据采样观测时间统计表　　表4–7

时段	测量起止日	天数	总天数	测量点	总计
日间	2014/12/05—2015/02/04	26 天	62 天	9 个	82 天
	2016/12/06—2017/01/21	36 天		37 个	
夜间	2018/12/30—2019/01/24	20 天	20 天	21 个	

冬季夜间气象参数固定观测点

LCZ-2：大唐西市　LCZ-5：信号厂　LCZ-5：黄河厂　LCZ-5：交大财经

图 4–11　冬季昼夜部分观测点现场采样情况

LCZ-5 Ⅱ：交大一村

LCZ-5 Ⅱ：绿地笔克

LCZ-7：大明宫钢厂

LCZ-G：南湖

图 4-11　冬季昼夜部分观测点现场采样情况（续）

4.3　夏季城市热环境实测结果分析

在分析实测结果之前，首先统计了西安市历史逐年及夏季典型月（7 月）的平均空气温度变化情况，如下图 4-12 所示，自 1954 年以来，西安市年平均气温在波动中呈现缓慢攀升的趋势，夏季典型月的月平均气温呈现出较剧烈的波动趋势，而 2019 年夏季在长时间序列变化中，未表现出明显的突变情况，总体符合年际代变化趋势，证明该时间段具有普适性和代表性。

4.3.1　固定观测的背景天气条件筛选

本研究关注城市热环境在水平空间上的差异情况，而众多研究表明：晴朗干燥天气条件

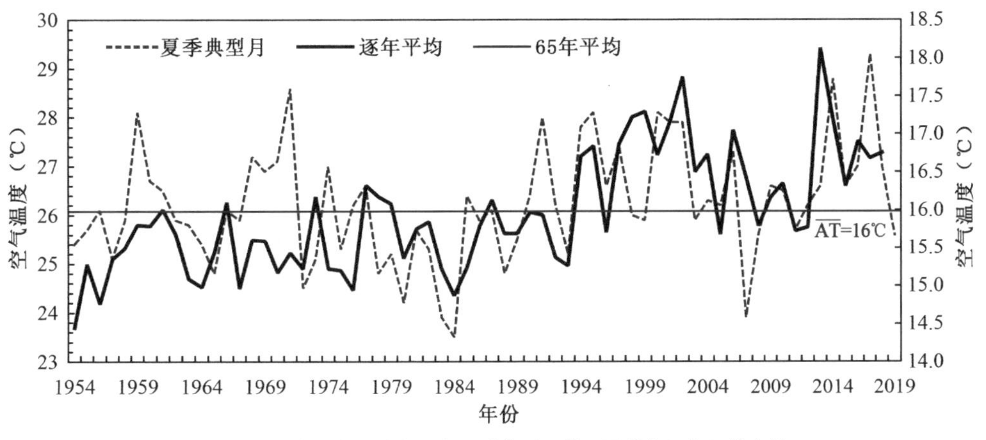

图 4-12　西安市年平均气温与夏季典型月的月平均气温年际代变化图

下，城市热岛效应最显著（Morris et al.，2001），热环境最易受人为活动及城市空间形态布局的影响，对本书来说最具研究价值。所以需对夏季持续观测的背景天气条件进行严格筛选，选出最能代表晴好天气条件下的测量。

本研究利用西安泾河国家基本气象站 2019 年 7 月的每日观测资料来进行背景天气的筛选。泾河站位于西安市区以北，该站点地势较高，周边空旷，整体上能够反映西安市普遍气候特征（罗慧 等，2018）。图 4-13 与图 4-14 统计了泾河站 2019 年 7 月的逐日气象参数的变化情况，可以看出 7 月天气变化剧烈，波动明显。为了研究的可操作性，应选择大气相对保持稳态、连续晴天天气超过 3 天以上的情况，而 7 月 24 日至 27 日温度距平值较高，湿度相对较低，风速趋于稳定，符合夏季典型天气状况。综合考虑，选择这 3 天作为研究样本时间段。

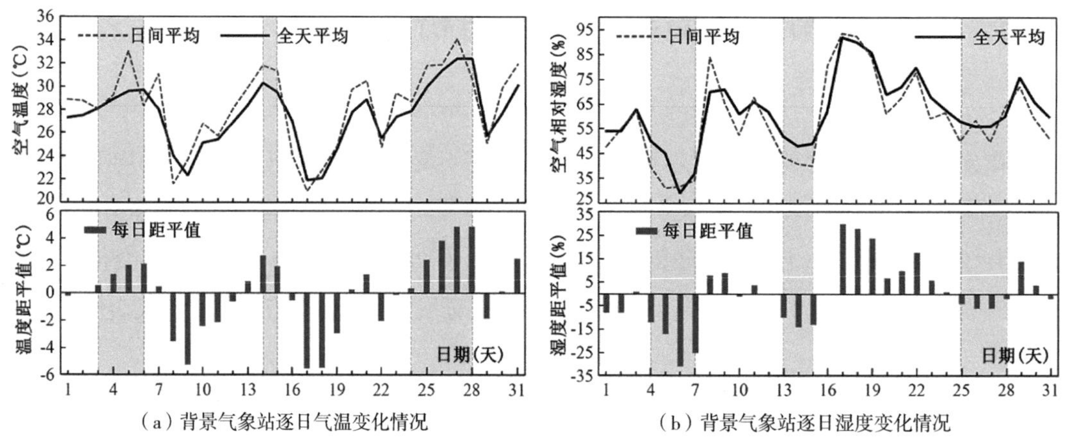

（a）背景气象站逐日气温变化情况　（b）背景气象站逐日湿度变化情况

图 4-13　西安市背景气象站 2019 年 7 月逐日平均气温与相对湿度变化图

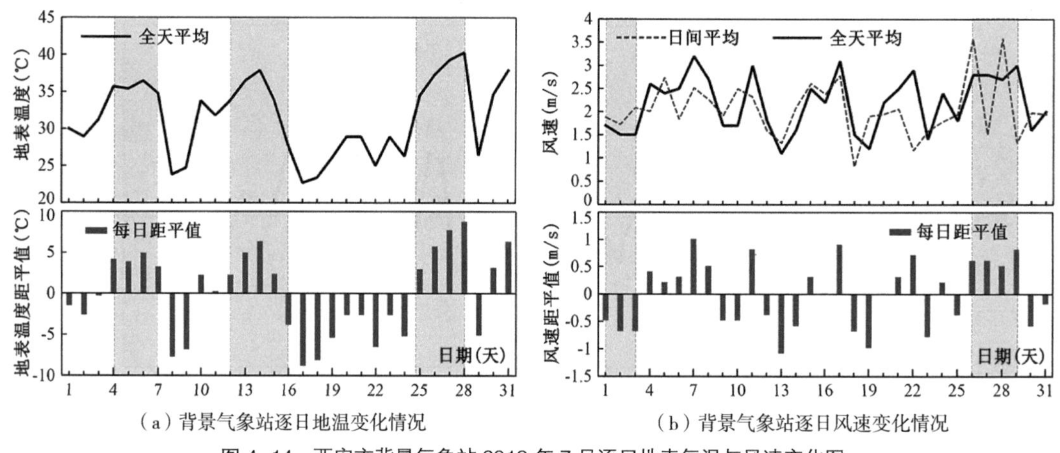

（a）背景气象站逐日地温变化情况　（b）背景气象站逐日风速变化情况

图 4-14　西安市背景气象站 2019 年 7 月逐日地表气温与风速变化图

4.3.2　时间曲线分析

由于固定观测的空气温度、相对湿度的记录频率是 2min，故首先计算不同观测点热环境参数的每日逐时平均值，图 4–15 展示了部分观测点 3 天逐时温湿度均值的变化情况，可以看出各点变化幅度类似，有 4 个观测点的 3 天逐时温度始终高于背景气象站，湿度低于气象站。以日间空气温度为例，各测量点变化趋势大致相同，即从 8：00 开始，温度逐渐升高，在 15：00 到 17：00 之间达到峰值，随后开始缓慢下降，在日出前 6：00 至 7：00 跌至谷底。湿度的变化趋势与温度相反，呈现出镜像关系。

4.3.3　空间变化分析

计算 44 个观测样本 3 天的平均逐时数据，并且将日间（8:00—19:00）与夜间（20:00—7：00）的热环境参数分别进行统计（由于昼夜间热环境及热岛模式不同，所以一般将它们分

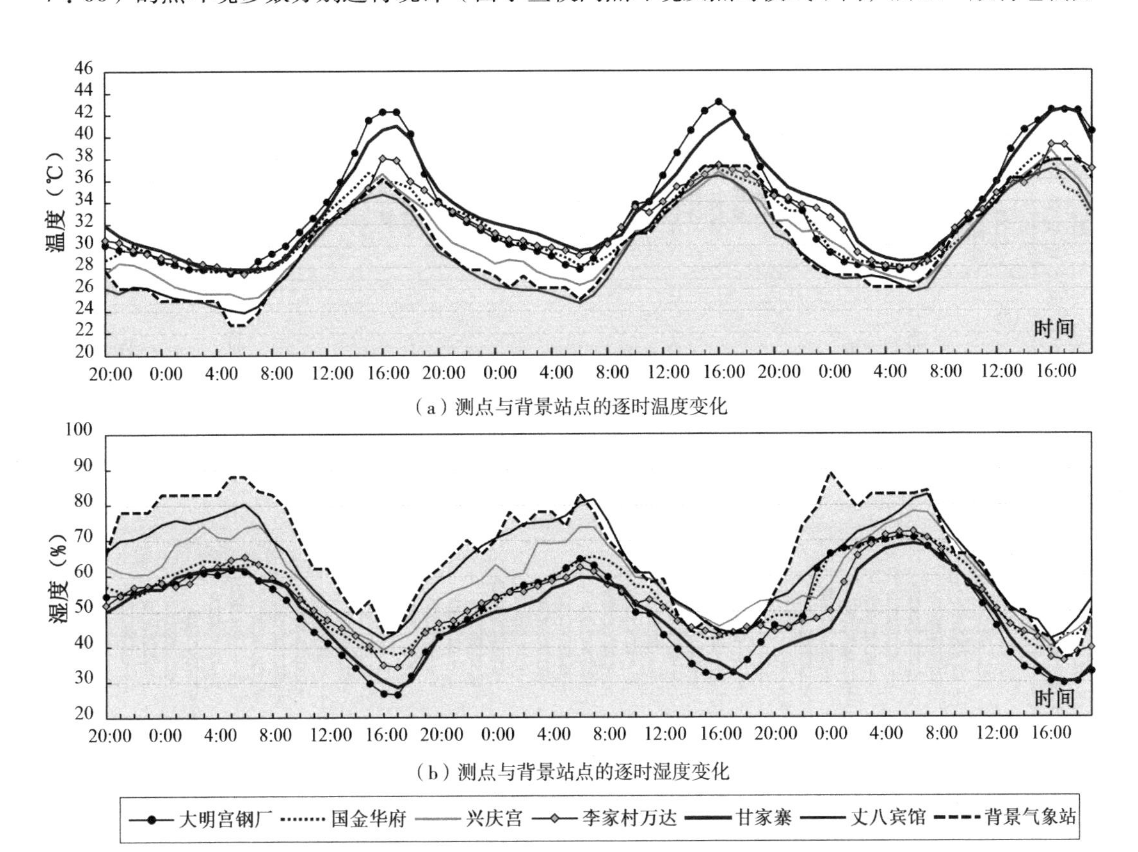

（a）测点与背景站点的逐时温度变化

（b）测点与背景站点的逐时湿度变化

图 4–15　部分固定观测点与背景气象站 7 月 24 日至 27 日逐时温湿度变化图

开研究（Lin et al.，2017），图 4–16 展示了不同采样点昼夜间温湿度变化的情况。

在探讨城市空间形态对热环境的影响机制前，我们针对观测结果首先进行定性分析，例如放置于公园或水域的兴庆宫、丈八宾馆以及南湖等采样点，全天温度相对较低、湿度较高，可能与它们周围的植被覆盖密集、水域面积广阔有关。从图 4–16（a）可以看出，大明宫钢厂、甘家寨、电容所等建筑密集的区域，其日间平均温度较高，且各测量点之间温度差异较大，高达 4.0℃；从图 4–16（b）可以看出，甘家寨、南窑头、泰华金贸等测点夜间平均温度较高。日间温度较大的采样点其夜间平均温度未必较大，说明昼夜间导致城市热环境差异的影响因素可能不同，测量结果与预期假设相符。空气湿度与温度之间存在镜像关系，如图 4–16（c）、（d）所示，丈八宾馆、兴庆宫、南湖等采样点日间湿度较高，中航草坪、雁翔荒地等采样点夜间湿度较高，它们均属于绿化植被覆盖率较高的区域。

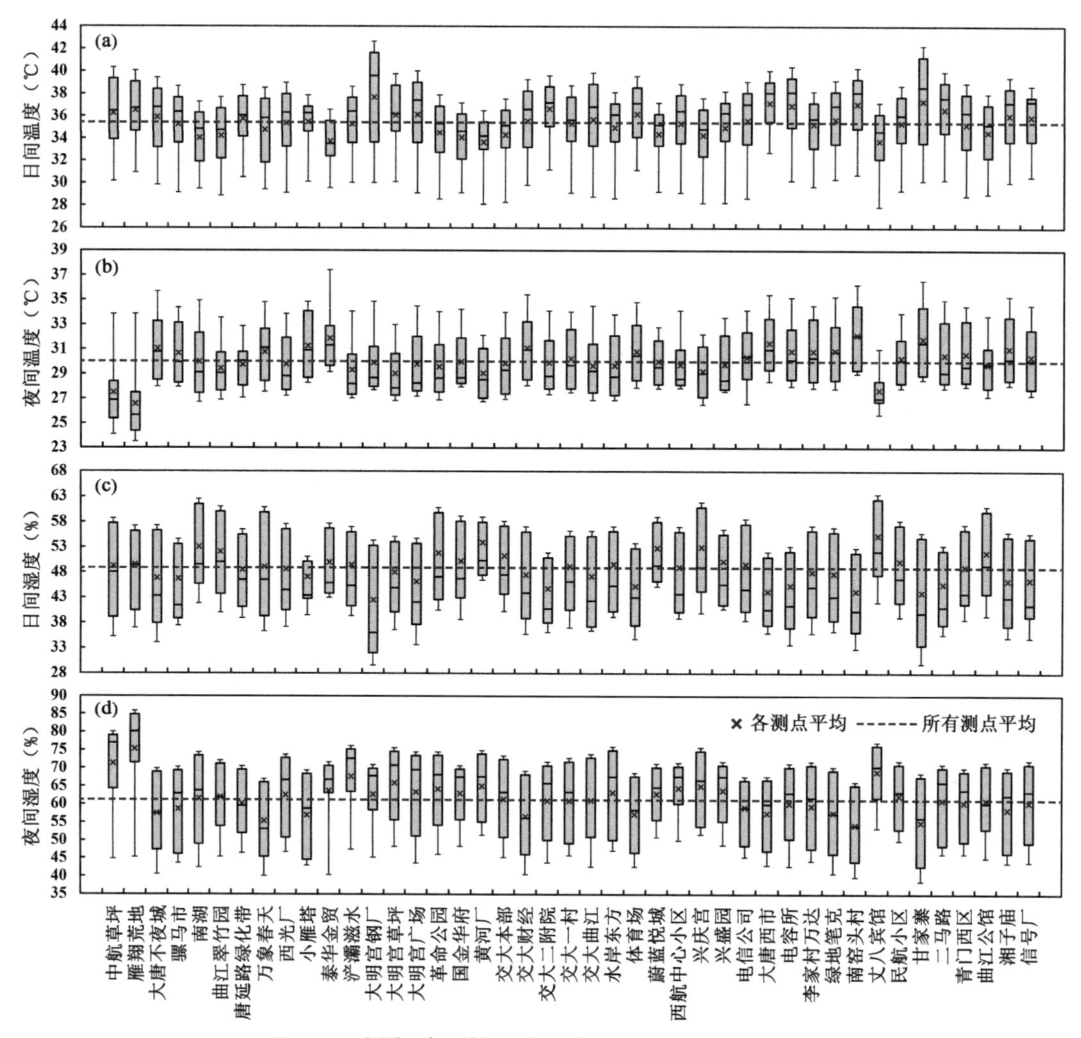

图 4–16　各测量点昼夜间空气温度及空气相对湿度的箱形图

4.3.4　测量点昼夜热岛强度及干岛强度分析

利用泾河站的逐时气象数据，计算不同测量点平均逐时热岛及干岛强度值。计算公式如式（4–1）及式（4–2）所示：

$$UHI_{i,\ k}=AT_{i,\ k}-AT_{\mathrm{M},\ k} \tag{4–1}$$

式中：$UHI_{i,\ k}$ 表示测量点 i 在 k 时刻的热岛强度值；$AT_{i,\ k}$ 表示测量点 i 在 k 时刻的空气温度，$AT_{\mathrm{M},\ k}$ 表示泾河站在 k 时刻的空气温度。

$$UDI_{i,\ k}=RH_{\mathrm{M},\ k}-RH_{i,\ k} \tag{4–2}$$

式中：$UDI_{i,k}$表示测量点i在k时刻的干岛强度值；$RH_{i,k}$表示测量点i在k时刻的空气相对湿度，$RH_{\mathrm{M},\ k}$ 表示泾河站在 k 时刻的空气相对湿度。

尽管西安不属于炎热地区，但特殊的地理位置限制了整个关中地区夏季热量的扩散，导致气温极高，热岛强度极大，如图 4–17（a）所示，对于日间平均热岛来说，仅有 9 个采样点低于 0℃，约 80% 的采样点夏季都存在明显的热岛效应，其中大明宫钢厂热岛强度高达 2.8℃，不同测量点之间差异显著。对于夜间平均热岛来说，仅有 3 个测点低于 0.0℃，约 97% 的采样区域存在热岛效应，甘家寨测点的夜间热岛强度最大，高达 4.0℃。对于城市干岛来说，从图 4–17

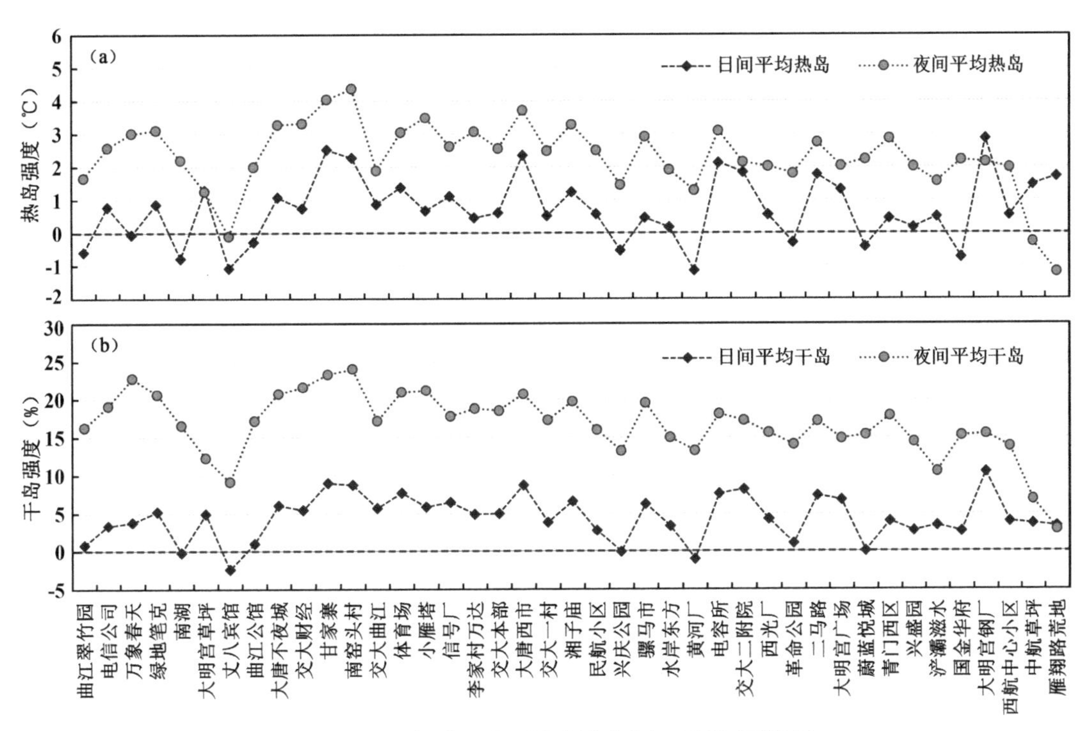

图 4–17　各测量点夏季昼夜间平均热岛与干岛强度折线图

（b）可以看出，西安市的干岛强度极大，日间仅有 2 个采样点小于 0，夜间所有采样区域的湿度值均低于泾河站，且最大干岛强度高达 24.0%，说明高温干燥天气是采样区域夏季气候的典型特征。

此外，从图 4–17 中发现各采样点夜间平均热岛及干岛强度均高于日间情况，昼夜差异显著，这与前人研究相符（Lin et al.，2017；Oke et al.，1975）。城市建筑群密集，日间不透水表面相比乡村的土壤、植被下垫面更能吸收辐射热量，而在夜间散热的过程中，高密度城市的粗糙表面会将废热捕获于街谷中（Lin et al.，2017），导致夜晚城市降温速率缓慢，加剧夜间城乡温差，造成夜间热岛强度普遍高于日间这一现象。

4.3.5 测量点昼夜热岛及干岛强度极值分析

均值分析表征了气候在一定时间内的平均分布情况，弱化了在时间序列上的变化幅度，代表了稳态状况，而对温湿度的极值分析，是气象预报中传达城市天气的最常用表达方式，一方面可以对气象高温灾害进行预警，另一方面极大值分析可以强化不同点位之间的差异，更利于研究的量化分析，所以均值与极值变化分析是气候研究的两个重要分支（李娟，2012）。本节对不同测量点的昼夜热岛及干岛强度极大值出现的时间及空间分布情况进行探讨。

如图 4–18 所示，9 个测量样本的昼夜逐时热岛强度变化趋势大致相同：日落后夜间热岛强度逐渐增大，在 22：00—0：00 前后（见灰色虚线框）达到峰值，随后开始缓慢下降，在 9：00 左右跌至谷底，再随着日间太阳辐射的增强，热岛强度开始缓慢回升，于午后 14：00—16：00 左右抵达日间峰值。

进一步对所有测量点昼夜间达到热岛强度峰值的时间进行统计，如图 4–19 所示，约 93% 的测点峰值出现在 22：00—0：00 之间，故选择该时间段为夜间热岛极值的统计时间；将 14：00—16：00 算作日间热岛极值统计时间段。同样分析干岛强度变化情况，最终将 7 时作为全天干岛极值统计时间、14 时作为日间极值统计时间。

以上与前人研究相符，城市热岛极值一般出现在日落后 3~5h（Oke et al.，1975），所以夜间极值可以代表全天热岛极值。

最后计算所有测点的昼夜极值热岛、干岛强度，如图 4–20 及图 4–21 所示，相比均值来说，各测点间极值差异更加显著。大明宫钢厂是日间极值热岛及干岛强度最大的测点，南窑头村是夜间极值热岛及全天极值干岛强度最大的测点。除大明宫钢厂外，夜间及全天所有测点的极值均高于日间，说明造成昼夜间热岛、日间干岛及全天干岛现象的影响因素不同，后文将进行详细的分析。

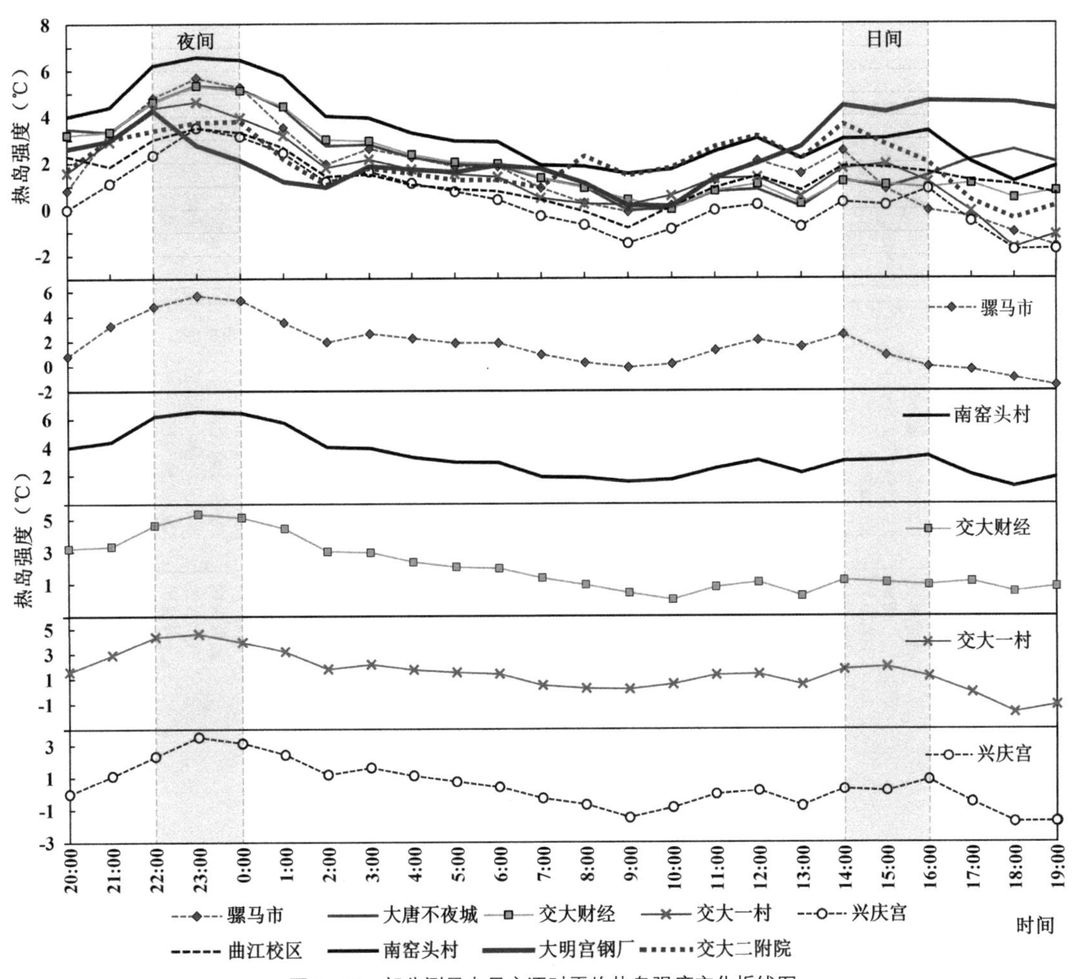

图 4-18　部分测量点昼夜逐时平均热岛强度变化折线图

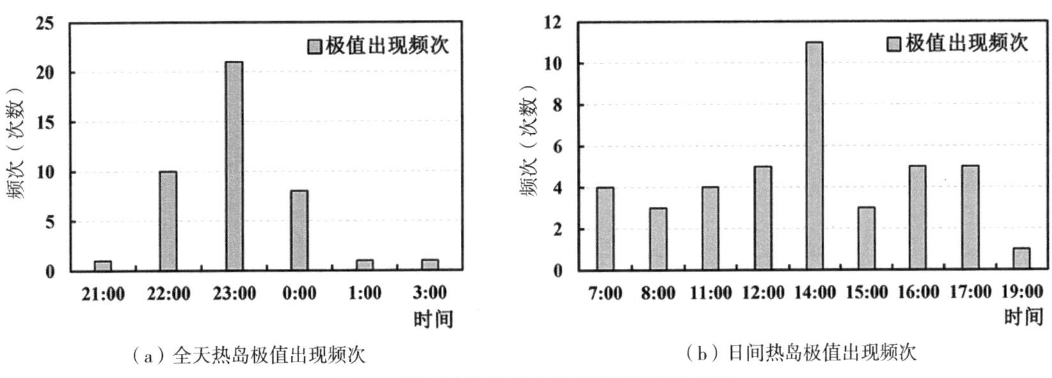

（a）全天热岛极值出现频次

（b）日间热岛极值出现频次

图 4-19 测量点达到昼夜热岛强度极值的时间

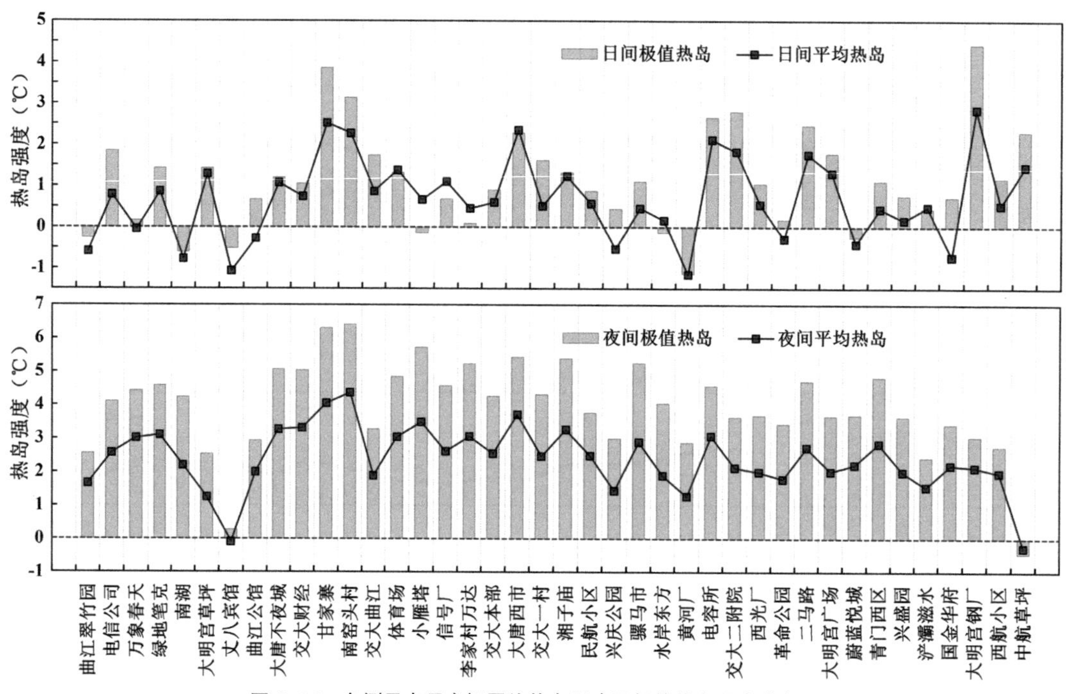

图 4-20　各测量点昼夜间平均热岛强度及极值热岛强度分布图

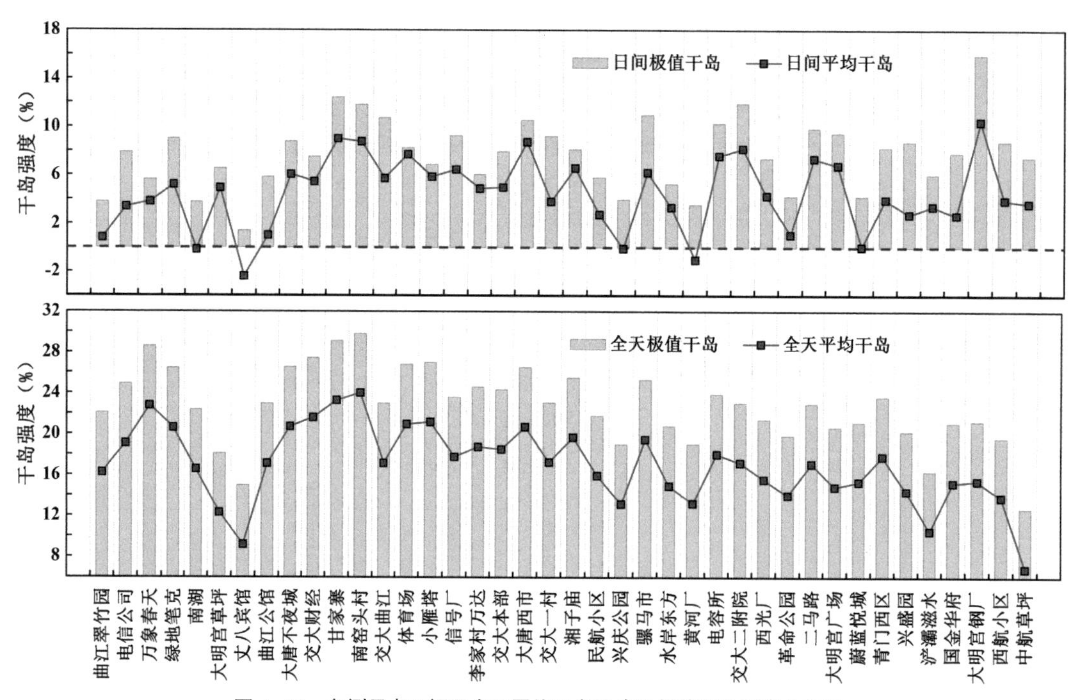

图 4-21　各测量点日间及全天平均干岛强度及极值干岛强度分布图

4.4　冬季城市热环境实测结果分析

4.4.1　冬季不同时间观测数据的归一化处理方法

由于人力限制，每天进行采样的数量有限，所有测量不是在同一天同一时刻进行的，因此需对数据进行归一化处理，将不同测点不同时间测量的气象数据修订为同时性数据。目前对时空异质数据的修正方法已形成较成熟的理论体系（刘琳，2018；Liu et al.，2017），本研究引用并改进刘丰榕（2015）、卢军等（2012）等人提出的乘积归一化方法。该方法的前提是假设在城市范围内，影响气温变化的条件如太阳辐射、云量等条件均一，采样点与背景站点（泾河站）的气温变化速率之间存在一个稳定的比例关系，这个比例为该采样点的归一化系数，用该系数与任意一天的气温相乘，可将各采样点的气温归一化到指定日期。其他热环境参数使用相同处理方法。公式如式（4-3）所示：

$$C_{i,\ j,\ k}=\frac{T_{\mathrm{E}}^{i,j,k}}{T_{\mathrm{M}}^{j,k}} \tag{4-3}$$

式中：i 是采样点的编号；k 为时刻，日间取值范围从 11 至 16，夜间取值范围从 22 至 23；j 为采样点 i 的实地测量日期（如 $j=1$，表示第一天）；$C_{i,\ j,\ k}$ 为采样点 i 第 j 天 k 时刻的归一化系数；T_{E} 为采样点的观测温度；T_{M} 为背景气象站对应时刻的温度。基于上述前提和归一化方法，$C_{i,\ k}$ 的平均归一化系数及 $T_{i,\ N,\ k}$ 可按式（4-4）和式（4-5）计算：

$$C_{i,\ k}=\frac{1}{n}\sum_{j=1}^{n}C_{i,j,k}=\left(\frac{1}{n}\sum_{j=1}^{n}T_{\mathrm{E}}^{i,j,k}\right)/\left(\frac{1}{n}\sum_{j=1}^{n}T_{\mathrm{M}}^{j,k}\right) \tag{4-4}$$

$$T_{i,\ N,\ k}=C_{i,\ k}\cdot T_{M,\ N,\ k} \tag{4-5}$$

式中：N 是归一化到某天的指定日期的编号（如 $N=23$ 表示 23 日），n 是测量点 i 的测量天数，取值为 3，$T_{i,\ N,\ k}$ 是归一化后第 N 天第 k 小时采样点 i 的空气温度。

不同天气情况下太阳辐射强度不同，测量点与背景站点之间的相关关系不同，因此在归一化前须对天气因素进行控制，将冬季晴朗和雾霾天气下的观测分别筛选出来。这样冬季所有数据按照天气和时间段被分成四类——晴朗日间、晴朗夜间、雾霾日间以及雾霾夜间，计算每个观测点 3 天的逐时平均值。

本研究将冬季晴朗天气下所有观测数据归一化 2014 年 12 月 11 日，即冬季晴天典型气象日（《城市居住区热环境设计标准》JGJ 286—2013）（典型气象日是指最热月中的温度、日较差、湿度、太阳辐射照度的日平均值与该月平均值最接近的一日）；将冬季雾霾天气下的观测数据归一化到 2015 年 1 月 11 日，即冬季雾霾天气典型气象日。

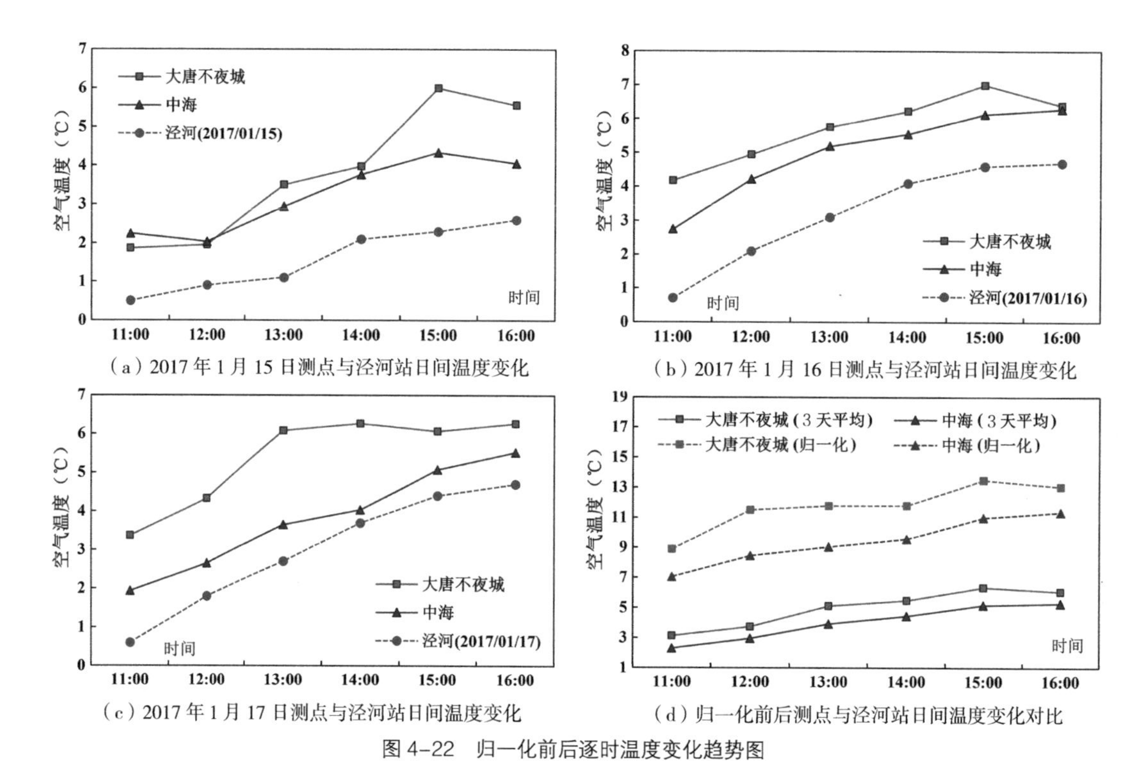

（a）2017 年 1 月 15 日测点与泾河站日间温度变化

（b）2017 年 1 月 16 日测点与泾河站日间温度变化

（c）2017 年 1 月 17 日测点与泾河站日间温度变化

（d）归一化前后测点与泾河站日间温度变化对比

图 4–22　归一化前后逐时温度变化趋势图

以同时测量的两个点大唐芙蓉园和中海为例，对比分析每个测量点日间逐时平均温度各自归一化后的效果。如图 4–22（a）、（b）、（c）所示，可以看出这三天大唐芙蓉园测点日间气温基本高于泾河站和中海测点，且两个测点温度变化趋势基本一致。从图 4–22（d）可以看出，其日间逐时平均温度经过归一化处理后具有较好的一致性，可以对气象数据进行同时性平行比较分析。

最后计算各测量点晴朗天气的日间温湿度平均值、夜间平均值（以 2h 代表夜间）、雾霾天气的日间温湿度平均值、夜间平均值。

4.4.2　冬季不同天气条件下热环境参数的空间变化分析

1. 日间热环境参数的空间变化分析

图 4–23 及图 4–24 展示了不同测量点雾霾和晴朗天气下日间温湿度变化情况。可以看出：在晴朗天气下，如图 4–23（a）所示，人口密集区域的中储钢厂、四棉社区等采样点日间温度较高；建筑稀疏、绿化丰富的浐灞商务、锦园新世纪等采样点日间温度较低，但水岸东方、兴盛园、丰庆公园这些测点的日间温度也较高，与预期假设不符。在雾霾天气下，如图 4–24（a）所示，大唐不夜城、曲江翠竹园、四棉社区等测点的平均温度远高于日间所有测量点的均值，

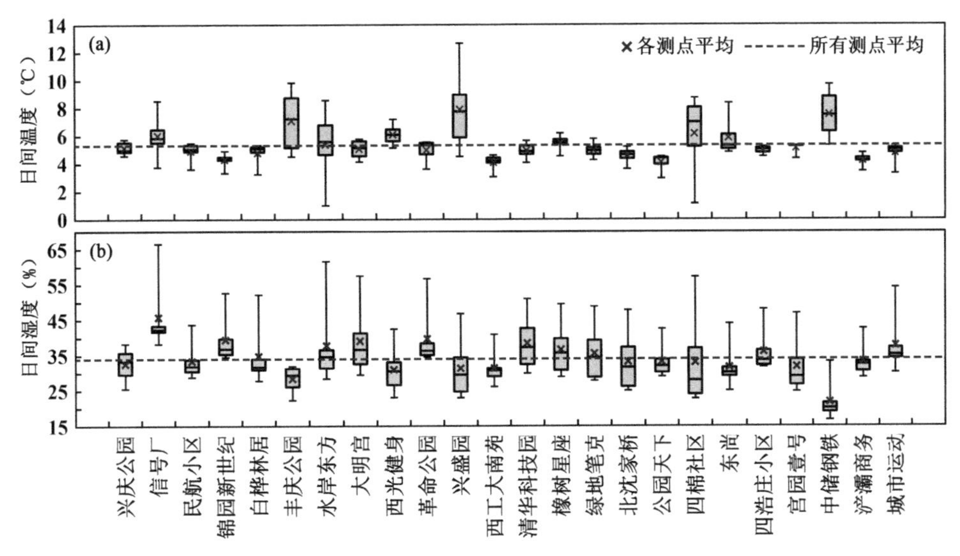

图 4-23 晴朗天气下各测量点日间空气温度及相对湿度的箱形图

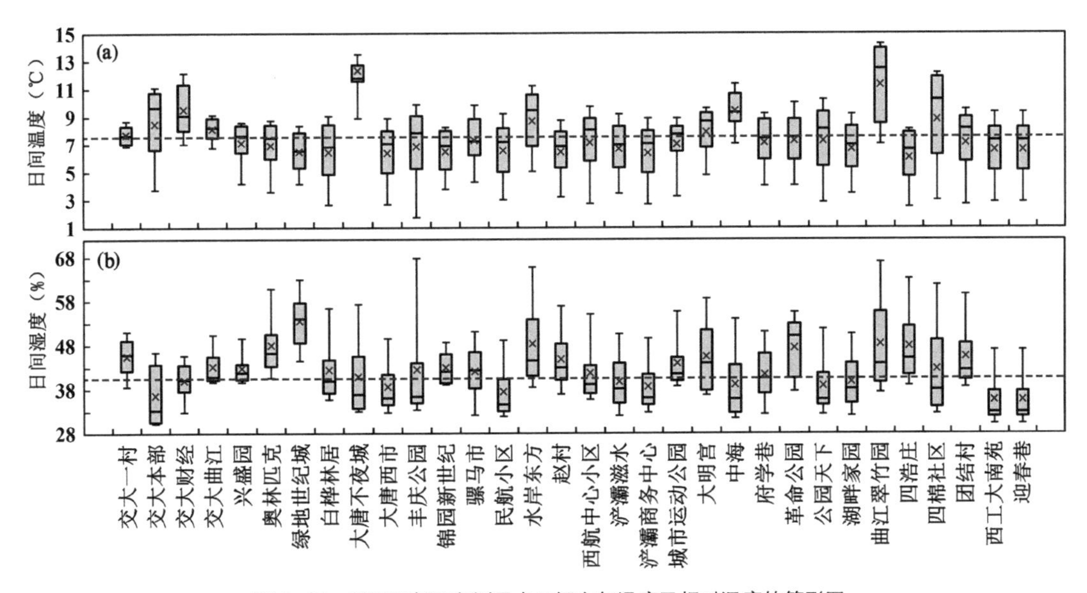

图 4-24 雾霾天气下各测量点日间空气温度及相对湿度的箱形图

各测点之间温度差异较大，高达 6.3℃；此外，对于雾霾与晴朗天气下均有测量的兴盛园、锦园新世纪、丰庆公园、水岸东方等采样点，部分（丰庆公园、兴盛园）在晴朗天气下温度较高，部分在雾霾天气下温度较高，说明不同天气下导致城市热环境差异的影响因素可能不同。空气湿度与温度之间存在镜像关系，如图 4-23（b）及图 4-24（b）所示，位于绿化率高、建筑稀疏的新建住宅小区及公园的测点空气湿度较高。

2. 冬季不同天气条件下夜间热环境参数的空间变化差异

图 4–25 及图 4–26 展示了不同测量点雾霾和晴朗天气下夜间温湿度变化情况。可以看出：在雾霾天气下，如图 4–25（a）所示，城区中心人车流量较大区域的测点小雁塔、骡马市、湘子庙街夜间温度较高；建筑稀疏、绿化丰富的兴庆公园、水岸东方以及锦园新世纪测点温度较低。在晴朗天气下，如图 4–26（a）所示，基本与雾霾天气下空间分布情况类似，骡马市、回坊以及小雁塔等测点温度较高，南湖、兴庆公园以及锦园新世纪等新建小区温度低。不同于冬季日间温度，夜间温度与预期假设相符，即城市公园等绿化丰富区域夜间空间温度较低，人口密度大及排热量大的区域夜间温度较高。

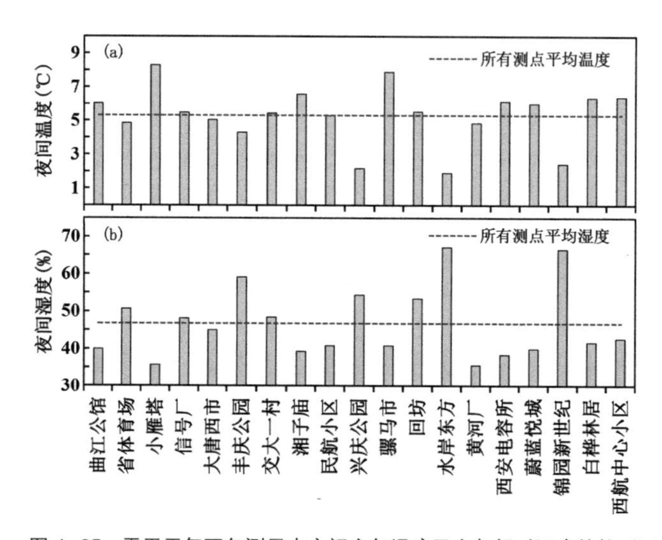

图 4–25　雾霾天气下各测量点夜间空气温度及空气相对湿度的柱形图

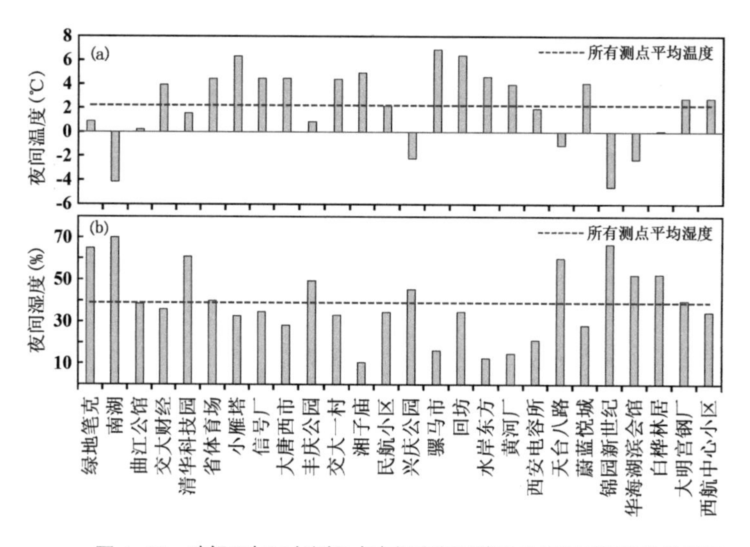

图 4–26　晴朗天气下各测量点夜间空气温度及空气相对湿度的柱形图

夜间空气湿度与空气温度之间仍然存在镜像关系，如图 4–25（b）及图 4–26（b）所示，夜间温度较低的测点其湿度较高（水岸东方、锦园新世纪），靠近水域及城市公园的测点夜间湿度较高（南湖及兴庆公园）。

4.4.3　冬季不同天气条件下昼夜间热岛及干岛强度分析

1. 冬季不同天气条件下日间热岛及干岛的变化特征

通过本书 4.3.4 节热岛及干岛强度的计算公式，计算各测量点不同天气条件下、不同时间的热岛及干岛强度值。

首先，分析雾霾和晴朗天气下均进行测量的 11 个采样点，如图 4–27 所示，所有采样点在雾霾天气下的日间平均热岛及干岛强度均高于晴朗天气下的情况，说明雾霾天气下城乡热环境差异显著，发生雾霾时城市热环境更易受人为活动及下垫面的影响。

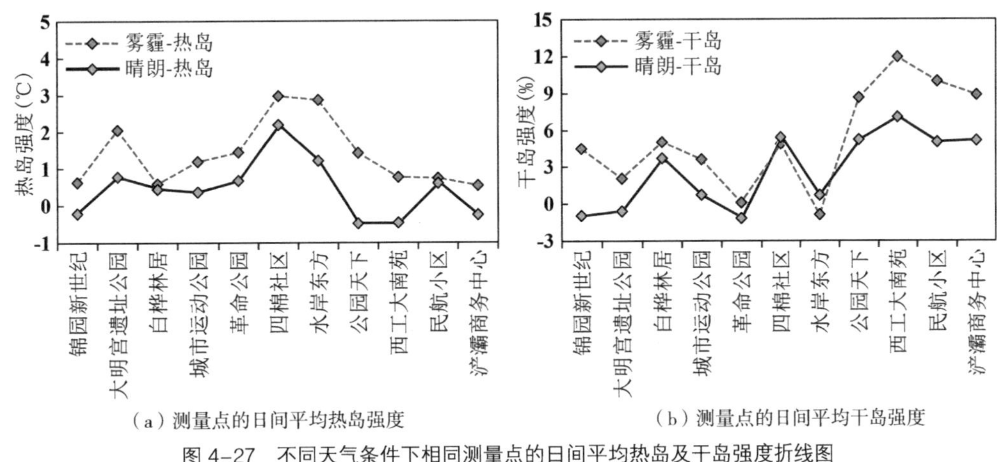

（a）测量点的日间平均热岛强度　　（b）测量点的日间平均干岛强度

图 4–27　不同天气条件下相同测量点的日间平均热岛及干岛强度折线图

其次，对所有冬季采样点的日间平均热岛和干岛强度进行分析。如图 4–28（a）、（b）所示，在雾霾天气下，所有测量点的热岛强度均大于 0℃，其中大唐不夜城的热岛强度值高达 6℃，高于夏季日间热岛情况；干岛效应也较显著，除了数个高层新建小区和城市公园测点的干岛强度值低于 0 之外，其余各采样点的空气湿度均高于背景气象站，说明冬季雾霾天气下热岛及干岛效应显著。

如图 4–28（c）、（d）所示，在晴朗天气下，仅有 8 个采样点的热岛强度值大于 0℃，最大为 3.4℃，远低于雾霾天气下的热岛强度值。但晴朗天气下，干岛效应更加显著，中储钢厂干岛强度最大高达 16.7%。

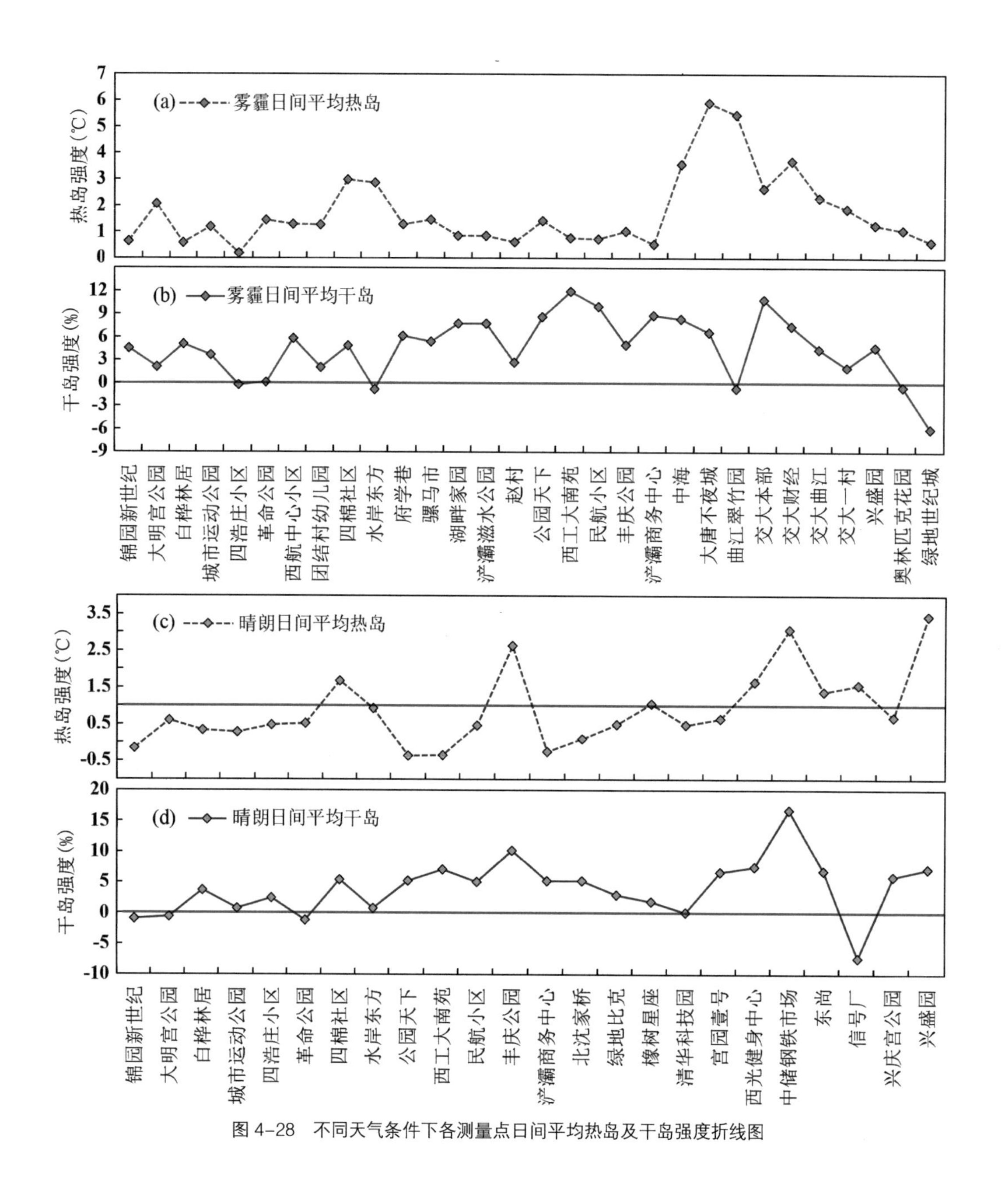

图 4-28　不同天气条件下各测量点日间平均热岛及干岛强度折线图

2. 冬季不同天气条件下夜间热岛及干岛的变化特征

冬季在逆温效应的影响下，城市热岛加剧。一般来说冬季热岛强度高于夏季，而夜间热岛强度普遍高于日间，本研究的采样点也遵循这样的气象规律。如图 4-29 所示，在雾霾天气下，夜间几乎所有测点的空气温度均高于标准气象站，湿度低于标准气象站。其中，小雁塔测点夜间热岛强度高达 5.5℃，干岛强度高达 20.3%；相较晴朗天气，雾霾天气下城市夜间热岛效

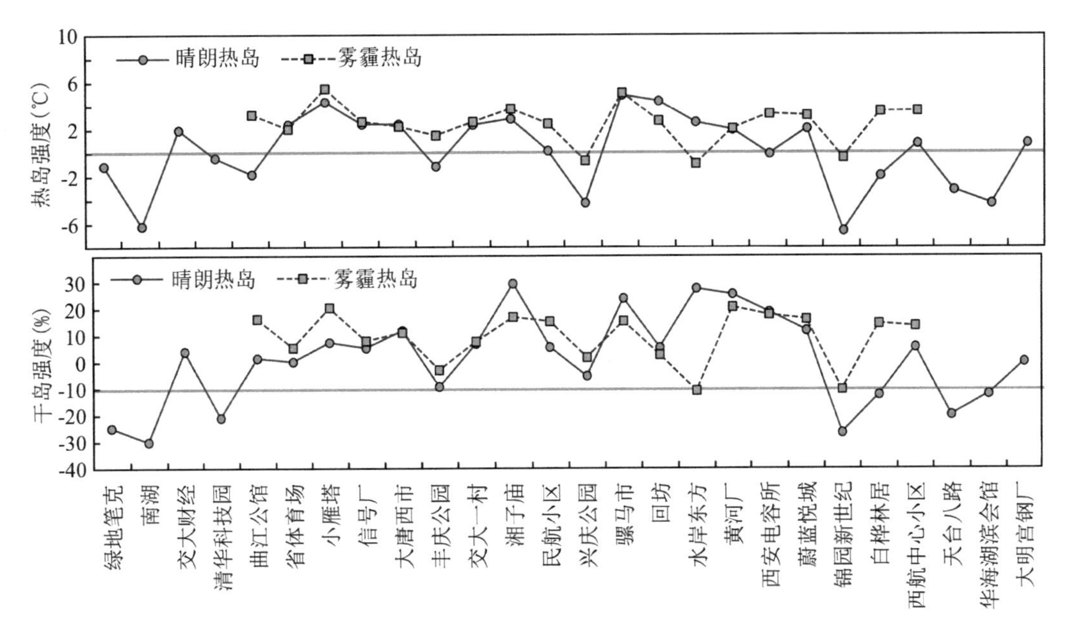

图 4-29 不同天气条件下各测量点夜间及干岛强度折线图

应更加明显，城市热环境与城市人为活动关系更加密切。晴朗天气下，约 58% 的采样点在夜间产生热岛效应，其中位于老城商业中心的骡马市测点的热岛强度最大（4.9℃），位于城市公园的南湖和高层居住区的锦园新世纪测点热岛强度最低，且在晴朗天气下不存在热岛和干岛现象，这些都与预期结果相符。

4.5 本章小结

本研究从西安市 17 类局地气候分区及 8 类用地性质分类中选取 55 个地块进行城市热环境参数的实地测量，本章对观测点的布设标准、时空分布、实验方案以及数据处理方法等进行详细介绍，同时对热环境实测结果进行分析，主要结论如下：

（1）首先从夏季连续观测的多天热环境数据中，抽取 3 天连续晴天作为研究样本时间段。各测点的全天时间变化情况是：从 8：00 开始，空气温度逐渐升高，在 15：00—17：00 达到日间峰值，随后缓慢下降，在前 6：00—7：00 跌至谷底。湿度的变化趋势与温度呈现出镜像关系。

将日间（8：00—19：00）与夜间（20：00—7：00）的数据分别进行统计，结果显示：

日间各测点间温度差异较大（37.6~33.6℃，均值为35.4℃），放置于城市公园、水域的测点全天温度较低，湿度较高；放置于工业区、城中村的测点日间平均温度较大，且日间温度较大的测点其夜间温度未必较大，导致昼夜间热环境差异的影响因素可能不同。高温干燥天气是采样区域夏季气候的典型特征。

夜间平均热岛及干岛强度普遍高于日间；约93%的测点夏季夜间热岛极大值出现时间在22：00—0：00，约46%的测点日间极值出现在14：00—16：00，故将它们算作昼夜间热岛极值统计时间段。

（2）运用乘积归一化方法对冬季观测数据进行同时性修订，分别处理到雾霾与晴朗天气的典型气象日，计算冬季不同天气、不同时段的8类热环境参数，结果表明：

冬季夜间热环境参数的空间变化情况与预期结果相符，即城市公园等绿化丰富区域夜间温度较低，建筑及人口密度较大区域其夜间温度较高，而日间温度变化情况与预测结果不符。

所有测点在雾霾天气下的热岛及干岛强度值都明显高于晴朗天气情况，说明雾霾天气下城乡热环境差异更加显著，更易受人为活动及城市下垫面的影响。对于冬季日间来说，雾霾天气下所有测量点的热岛强度均大于0℃，最大高达6℃；晴朗天气下，最大热岛强度高达3.4℃，高于夏季日间采样点的热岛强度。对于冬季夜间来说，雾霾天气下，几乎所有测点都产生热岛及干岛现象，热岛强度最大高达5.5℃，干岛强度高达20.3%；晴朗天气下，约58%的采样点在夜间产生热岛效应，热岛强度最大4.9℃。

第 5 章

城市热环境的时空分布特征分析与表达

本章依托地理信息系统，通过构建泰森多边形提出一种空间赋值技术，将归一化处理后的冬季气象数据、夏季同时性观测数据与城市空间规划数据进行空间整合，利用插值方法在城市空间上对气象单因子进行表达，实现点到面数据的转换与过渡。再依据热环境单因子空间分布现状，一方面从不同维度探讨热环境的空间格局特征，另一方面验证不同局地气候分区与用地性质类型的热环境特征的差异情况。最后借助气候舒适度评价指标，通过综合分类将多项气象单因子分布图叠加绘制成城市气候分析图，为制定气候规划建议提供依据。

5.1 气象单因子空间表达方法研究

推导气象单因子的空间分布情况需要以下三个步骤（图 5–1）：

第一步，选择 5 个对城市热环境有潜在影响且在文献中提及频次较高的指标来定量或定性描述城市特征，将这些数据进行空间分级处理，再统计到地块内。

第二步，通过赋值将气象数据与城市特征数据在 ArcGIS 平台中进行空间整合，以获取更多的气象数据。

第三步，利用赋值得到的气象数据，使用空间插值方法推导不同时间、不同季节的气象单因子空间分布图。

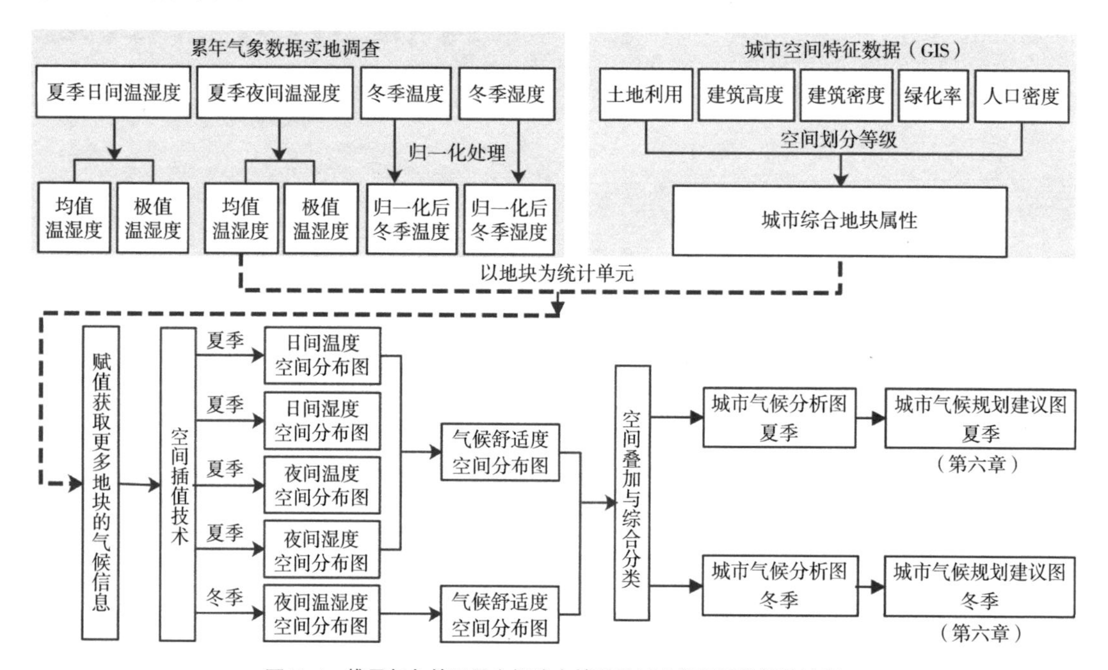

图 5–1　推导气象单因子空间分布情况及城市气候图的操作流程

5.1.1　城市特征数据空间分级

选择用地性质、建筑密度和建筑高度、绿化率、人口密度5个指标来描述城市特征（图5–2），计算每个地块内各项指标的均值。这些属性既充分描述了城市形态特征，并且易于被城市规划者理解，经常作为影响因素被用于制作城市气候图。

1. 用地性质

用地性质是影响城市气候环境的一个关键要素，一方面，土地利用对由地表温度及空气温度形成的城市热岛起决定性作用（Gill et al.，2007）；另一方面，用地性质的差异也影响了一系列城市要素，如建筑布局形式、人为热排放、能源消耗和交通模式等（任超 等，2012）。

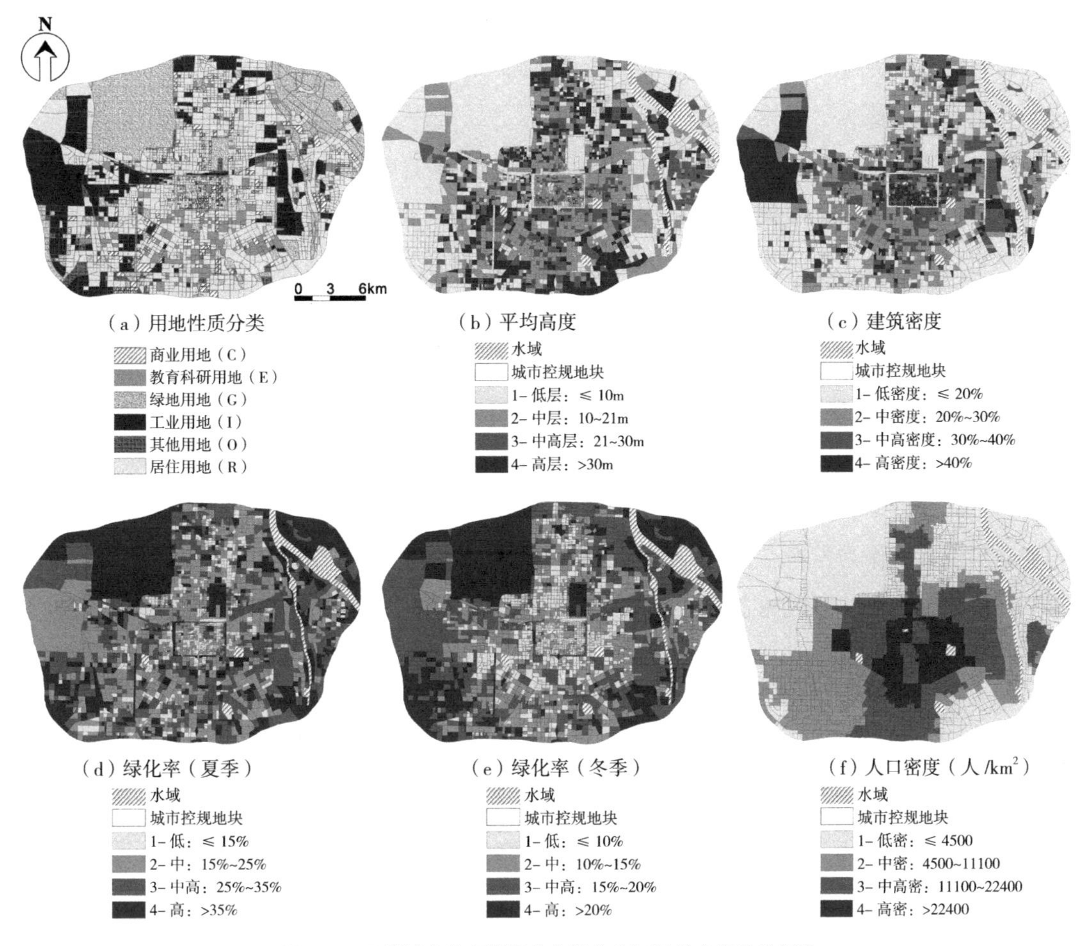

图5–2　五类城市特征指标的空间分布图及其空间分类标准

2. 建筑高度与建筑密度

建筑高度和建筑密度越高意味着该地区蓄热能量越强、散热能力越差，影响了城市气候环境（Ng et al.，2015）。为了便于后续分析，我们将建筑高度和密度按照中国城市规划中常用习惯分成 4 级，分类的标准如图 5–2（b）及（c）所示。

3. 绿化率

绿化空间对城市有降温和遮阳的效果。冬季由于树叶脱落等原因，造成其与夏季的绿化率具有差异，所以除本书 3.1.2 节计算的夏季植被覆盖率外，本节还使用相同方法，计算了 2015 年 1 月 22 日冬季的植被覆盖度。最后将绿化率按照城市规划习惯分成 4 级，分类的标准如图 5–2（d）及（e）所示。

4. 人口密度

人口密度被认为与城市热环境有相互影响的作用（Oke，1973），为了满足人口的需求，随着城市规模的扩张，建筑的密度和体积也会一同增加。人口密度通常用来分析城市的热负荷状态（任超 等，2012）。本研究依据 2010 年中国人口普查数据，将人口密度以平均值的形式计算到每个地块内，在空间上分成 4 级，分类的标准如图 5–2（f）所示。

5. 综合地块属性

综上所述，这 5 类城市属性指标被统计到 ArcGIS 平台中的 5 个图层里。如图 5–2 所示，这 5 类属性具有明显的空间分异性。用每类属性分级后的方式表达出来，例如 200 号地块，其性质为 G–1–2–3–1。以上综合地块属性的信息为后续在 ArcGIS 平台上对相同属性的地块进行赋值处理提供了依据。

5.1.2　气象数据赋值技术及单项气象因子空间面插值方法

为了获取整个研究区内的气象数据，通常采用空间插值的方法，其原理为：以研究区内的实地测量数据作为样本点，对研究区内未采样点的数据进行估算，从而将点状的实测数据扩算至研究区全域，即内插方法（彭思岭，2017）。在 ArcGIS 软件中提供了几种空间差值方法,其中反距离加权插值法（IDW）较为广泛地运用于城市气候研究中,具有较高的准确性（李金洁 等，2019）。

考虑到温湿度参数的实地采样点数量有限，本研究在进行空间插值计算之前通过赋值获取更多数据。地块的气候状况会随着与其密切相关的城市属性（用地性质、建筑高度、建筑密度、绿化程度、人口密度）的变化而变化，在同一微气候区内，相同城市属性的地块，对气候环境的响应具有一致性（葛生斌，2017）。为了获取更多地块的热环境参数数据，首先，在小范围内使用已采样地块的气象数据去补全与其具有相同城市属性地块的气象数据，得到更多有数据值的地块，然后在此基础上，对研究区全域进行空间插值运算，从而得到更为准确的研究区气象参数的空间分布情况。此优化方法提高了实测值和预测值的吻合度。以下以温度为例，来说明该方法的操作过程。

首先，考虑到在地理空间上距离相近的元素具有更大的相似性，那么要被赋值的区域应该在空间距离上与采样点接近。本研究中，这些区域的划分是通过构建泰森多边形来实现。泰森多边形由气候学家泰森（Alfred H.Thiessen）提出，其特征是多边形内的任一点到构成该多边形的控制点的距离小于到其他多边形控制点的距离（邬伦 等，2005）。使用这种方法，将整个研究区域分为若干个以采样点为中心的微气候区域。

图 5-3 展示了通过温度采样点构建的泰森多边形区域，在每个多边形区域内选择与温度采样点所在地块 5 个城市属性相同的地块，赋予与温度采样点所在地块相同的温度数据，得到了 620 个地块的温度值，再选择 ArcGIS 地统计分析工具中合适的面插值方法，推导热环境参数的空间分布图。

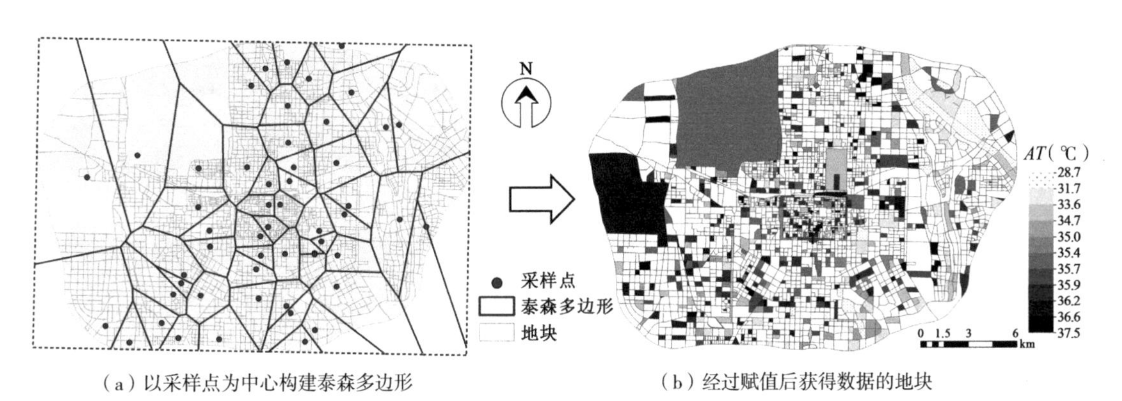

（a）以采样点为中心构建泰森多边形　　（b）经过赋值后获得数据的地块

图 5-3　气象数据赋值过程示意（以日间平均温度参数为例）

在推导插值结果之前，本节选择两种在气象学中最为常用且成熟的插值方法，即反距离与普通克里金插值法，并对比验证两种方法对于本研究的适应性。最终检验方法是通过 ArcGIS 平台中的 Geostatistical Analyst 展示的交叉验证结果来进行评价，以实测值和预测值的均方根误差（RMSE）和平均绝对误差（MAE）作为检验标准。

反距离加权插值法（IDW）是基于地理学物体间相近相似的原理，使用插值点和采样点间的距离作为权重进行加权平均，采样点与插值点越近，权重越大。本节以夏季日间平均温度为例，运用 ArcGIS 平台中反距离插值工具进行温度的空间插值预测，并设置了不同的计算幂值和搜索扇区数量（图 5-4），利用交叉验证方式进行检验，以求寻找最优的插值结果。

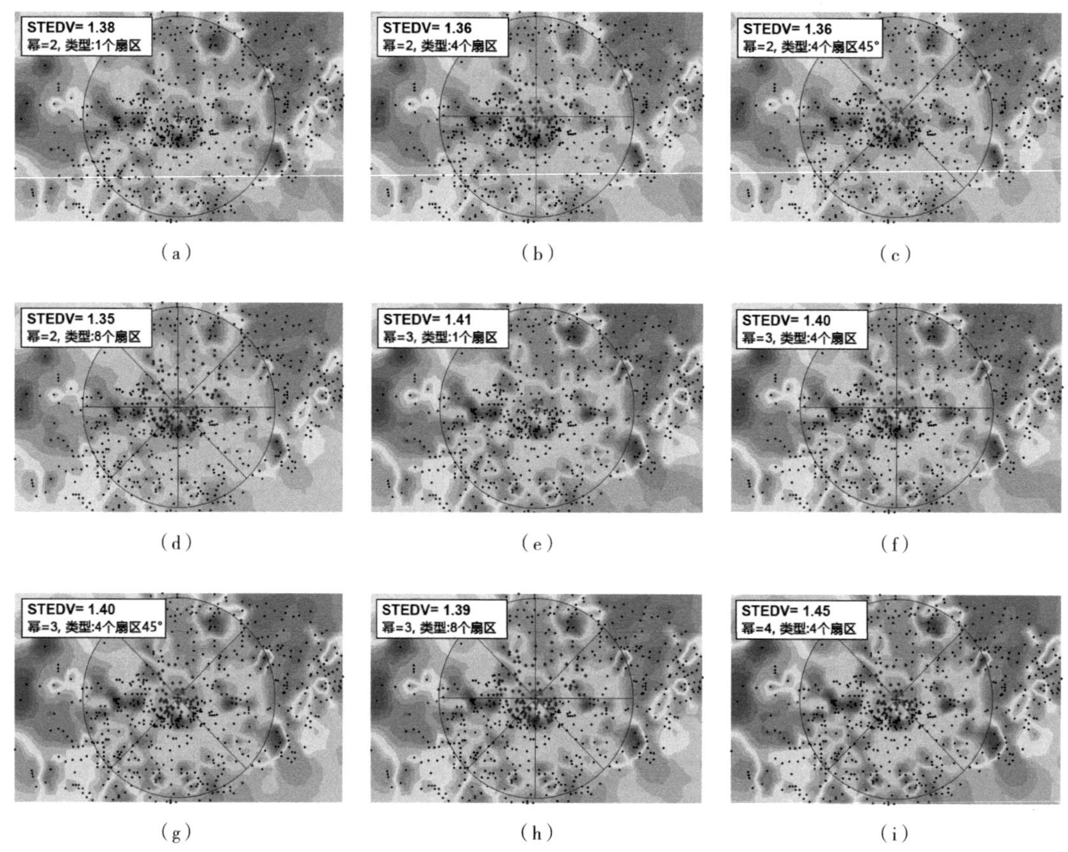

（a）（b）（c）（d）（e）（f）（g）（h）（i）

图 5-4　不同计算幂值与扇区数量的反距离插值结果对比图

如图 5-4 所示，9 种不同参数设置下的反距离插值图像中相邻区域的温度过渡均较为平缓，效果较佳，但 9 种不同结果在空间上具有差异性。从图 5-5 可以看出，计算幂值为 3 的反距离插值预测结果的拟合直线与相比幂值为 2 的拟合直线更接近于灰色线（斜率为 1），而 4 种不同扇区的数量设置类型对于结果影响不大，9 种不同插值结果的均方根误差（RMSE）与平均绝对误差（MAE）差别微弱。综合考虑，幂值为 3、扇区为 8 个的反距离插值方式最为合适。

同样在 ArcGIS 平台中，选择克里金插值工具对空气温度进行空间插值。克里金插值法分为简单克里金插值、普通克里金插值、协同克里金插值等，其中普通克里金最为常用。它也被称为空间局部估计或空间局部插值，是一种基于变异函数和结构分析的无偏优化方法，用于在有限区域中对区域变量值的估计（邵晓梅 等，2006）。本研究采用已证明效果较好的基于高斯函数的普通克里金插值方法（娄晔，2019），设置不同的扇区数量，对比分析最终插值的

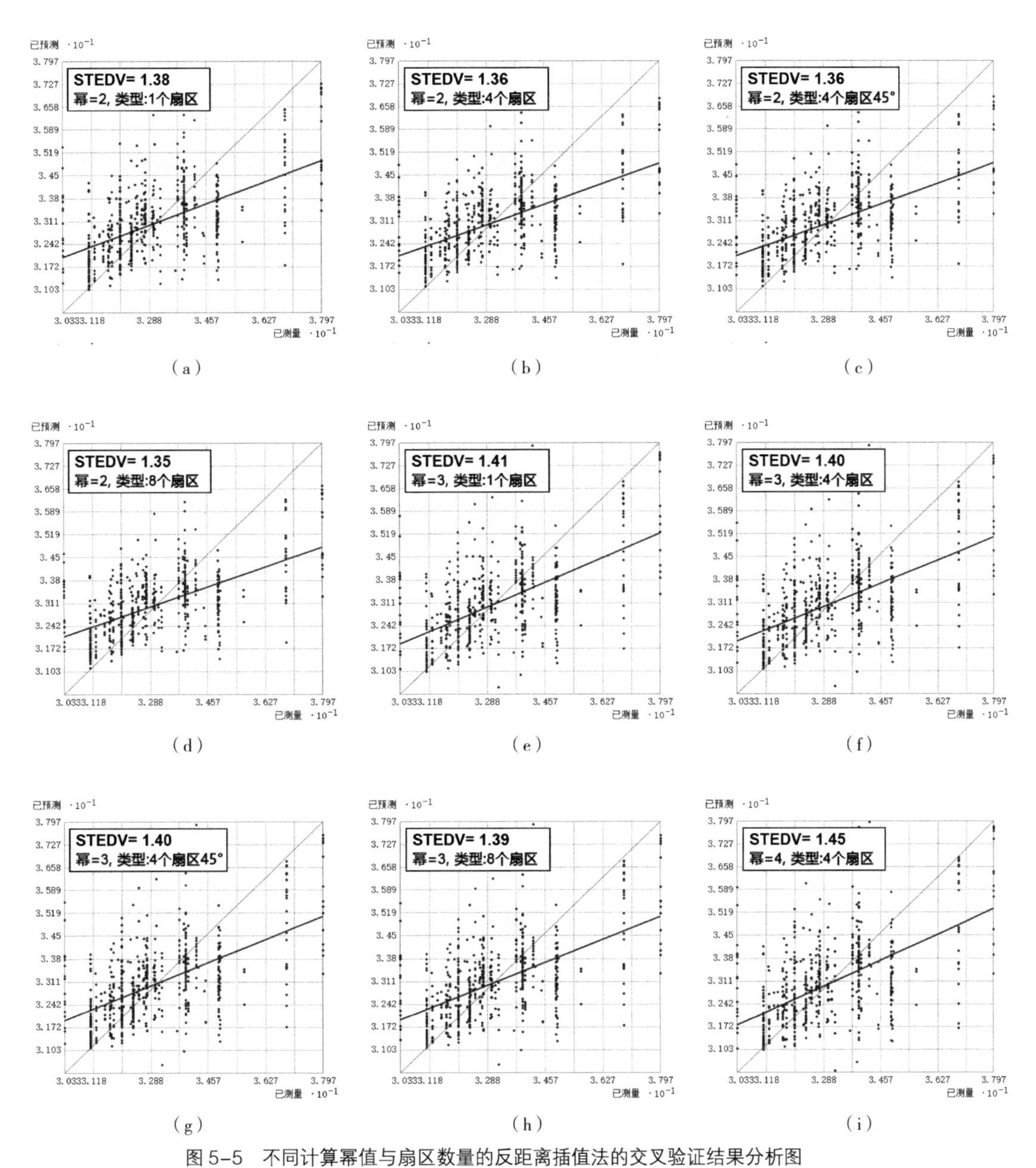

图 5-5　不同计算幂值与扇区数量的反距离插值法的交叉验证结果分析图

结果，如图 5-6 所示，3 种不同扇区数量插值交叉验证结果的 RMSE、MAE 与反距离加权插值法差别不大，但总体来说使用克里金插值法得到的气温影像在空间上过渡略微生硬，与实际气温分布规律不符，故选择反距离加权插值法作为本研究的插值方法，最终推导不同季节、不同时间温度与湿度的空间分布图。

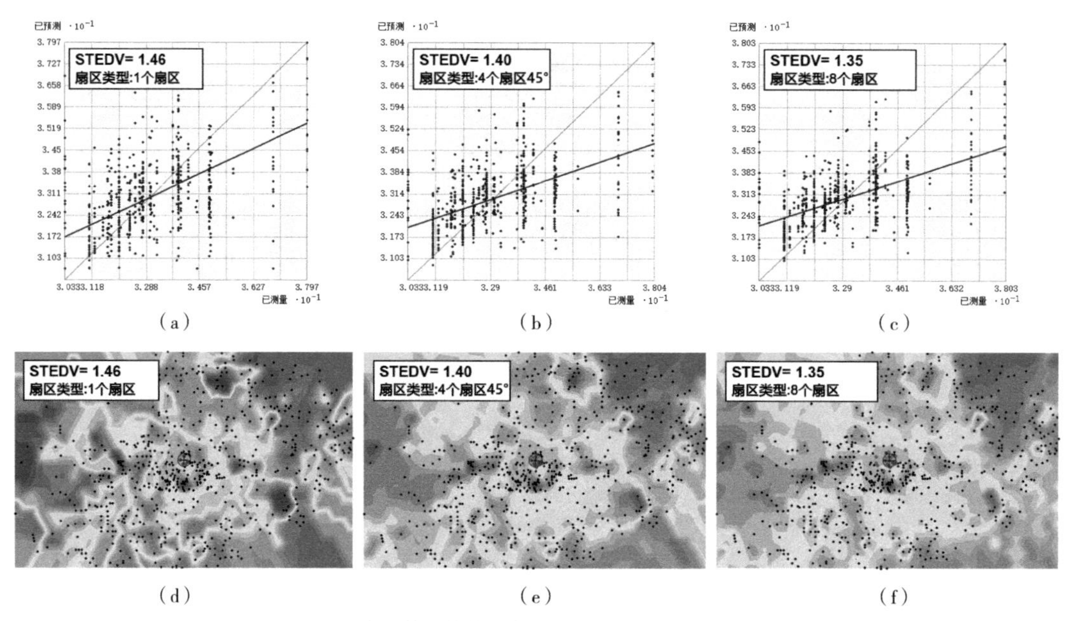

图 5-6　不同扇区数量的普通克里金插值法的交叉验证结果分析图

5.1.3　西安市气象单因子空间分布图

通过对实测获取的夏季同时性气象数据及冬季归一化后的气象数据进行赋值及插值处理，得到西安市主城区 2732 个地块的夏季日间平均温度、湿度，夏季日间极值温度、湿度，夏季夜间平均温度、湿度，夏季夜间极值温度、湿度 8 类夏季气象数据，冬季晴朗天气下夜间温度、湿度 2 类气象数据，再依托地理信息系统在城市空间上进行表达，得到 10 类气象单因子空间分布图（第 6 章分析结果表明：冬季日间热环境受城市空间元素影响较小，故本节对冬季日间热环境的空间分布情况不做推导）。

1. 西安市夏季昼夜气象单因子空间分布图

从图 5-7（a）可以看出，夏季日间空气平均温度从 29.2℃波动至 37.7℃，平均值为 35.5℃，空间上呈现“西高东低、内高外低”的总体特征，温度较高区域位于老城中心（密集商业住宅区），城市西北、西部及北偏东（工业集中区），城市东部旧工业区；同时低温区域出现在城市东北部及东南部城市边缘，这些区域分布了大片绿地及水体湖泊，为城市边缘的温度调节起到了有益的作用。西安城北片区的日间平均温度也较低，该区域多由新建高层小区构成，配套有较为完善的开放空地和绿地体系，且楼宇间布局稀疏，人口分布均匀，不会产生严重的热岛效应。

从图 5-7（b）可以看出，夏季日间极值温度从 35.2℃波动至 42.7℃，平均值为 40.5℃，与日间平均温度的空间分布规律类似，但高温区域明显更加聚集，如城市北偏东北部区域，该区域以工业加工制作及贸易为主，日间排放大量人为热导致温度直接升高，且建筑分布密

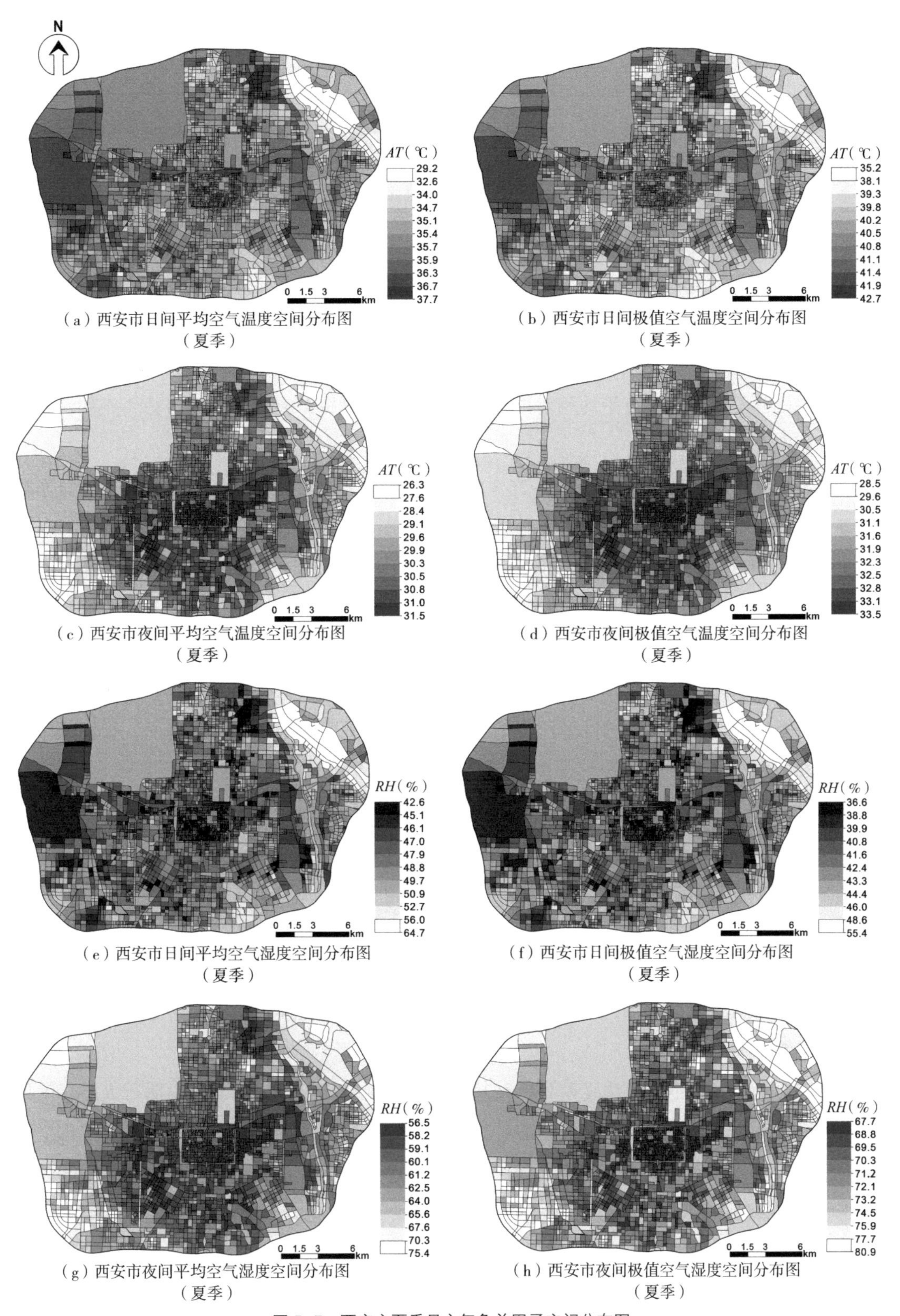

（a）西安市日间平均空气温度空间分布图（夏季）

（b）西安市日间极值空气温度空间分布图（夏季）

（c）西安市夜间平均空气温度空间分布图（夏季）

（d）西安市夜间极值空气温度空间分布图（夏季）

（e）西安市日间平均空气湿度空间分布图（夏季）

（f）西安市日间极值空气湿度空间分布图（夏季）

（g）西安市夜间平均空气湿度空间分布图（夏季）

（h）西安市夜间极值空气湿度空间分布图（夏季）

图 5-7　西安市夏季昼夜气象单因子空间分布图

集、下垫面多为不透水表面，绿化率极低，热量难以消散、共同集聚导致形成了面状高温包围区域。

从图 5–7（e）和图 5–7（f）可以看出，夏季日间空气平均湿度从 42.6% 波动至 64.7%，平均值为 48.3%；夏季日间极值空气湿度从 36.6% 波动至 55.4%，平均值为 42.1%。均呈现“西低东高、内低外高”的空间分布特征，与夏季日间温度基本呈现镜像空间格局。湿度较高的区域出现在城市东北部及东南部城市边缘，这是由于城市东北方位地势平坦，是西安市夏季城市进风口，水域充沛（浐河与灞河），大面积开放水体所带来的湿润空气在主导风向的推动下，顺河流进一步向东南方位延伸，与东南曲江池人工水域共同形成了较大面积的高值湿度区。除此之外，一些零星分布在城市各处的公园、绿地，绿化覆盖丰富的住区湿度也较高。整体来说，西安市夏季城市平均相对湿度较低，这与水域资源有限，气候炎热干燥的区域气象背景相符合。

对于夜间平均温度来说，温度从 26.3℃波动至 31.5℃，平均值为 30.1℃，其空间分布格局与日间平均温度具有差异，呈现出了明显的“内高外低”的总体特征，高温区域极具聚集，温度从城市中心向外围逐渐递减，如图 5–7（c）所示。不同于日间情况，夜间人为及商业活动主要聚集于城市中心，且人口及建筑分布集中，排热量大，而城市西部及边缘区域，夜间停止了工业生产，居住人口较少，无集中排热现象，其热源的产生主要来自该区域日间不透水面材质吸收的热量，在夜间大量释放，从而导致的间接升温，但是城市外围周边村庄的大片农田绿地抵消了夜间这些区域产生的热岛效应，为其带来明显的降温效果，促使城市外围温度相对较低。对于夜间极值温度来说，整体从 28.5℃波动至 33.5℃，平均值为 32.2℃，其空间分布规律与平均温度基本保持一致，如图 5–7（d）所示，此处不再赘述。

夜间平均湿度、极值湿度与夜间平均温度、极值温度呈现镜像关系，湿度高值区域与温度低值区域基本重合，分布于城市外围区域，如图 5–7（g）、（h）所示。大面积水系及农田绿地为夜间城市带来了湿润的空气，使城市周边区域湿度提升。虽然夜间平均湿度最高达到 75.4%，但由于西安地处关中腹地，静风频发，夏季风速较低，湿润空气难以在主导风向的推动下，延伸到高温城市内部，不能改善城市中心高温干燥的气候现象，城市中心夜间平均湿度最低仅 56.5%。

总体上，西安市不同地块夏季昼夜间热环境在水平空间上差异明显，说明行人层高度处的热环境较敏感，易受建筑布局与形态、植被水体、人口交通排放以及地形地势等城市空间因素影响。后文将通过城市空间规划指标与热环境参数的耦合机制分析，量化城市空间元素对热环境的影响程度。

2. 西安市冬季气象单因子空间分布图

对于冬季夜间空气温度来说，温度从 –2.4℃波动至 9.4℃，差异显著，平均值为 2.0℃，

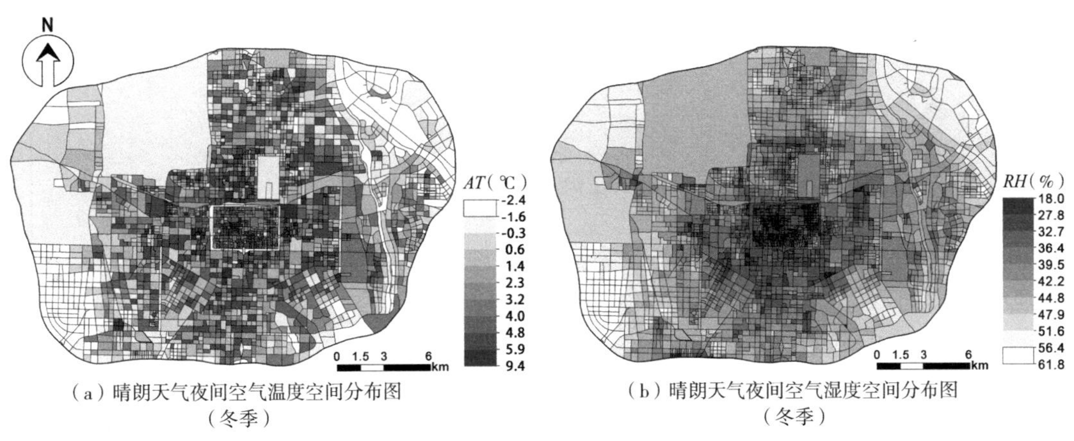

（a）晴朗天气夜间空气温度空间分布图（冬季）

（b）晴朗天气夜间空气湿度空间分布图（冬季）

图5–8　西安市冬季夜间晴朗天气气象单因子空间分布图

其空间分布格局呈现出了明显的“城内高边缘低”的总体特征，且高温区域面积较大，几乎波及城市三环道路以内范围，而三环外温度骤减，形成了明显的内外温度阶层，如图5–8（a）所示。不同于夏季夜间情况，冬季由于逆温层效应明显，城市人为活动聚集的区域，热岛效应更加剧烈，分布的范围更加广阔，而城市中心由于夜间商业及娱乐活动仍未停止，且人口及建筑分布集中，排热量大，成为城内冬季温度最高的区域。相反，城市边缘地区居住人口较少，建筑稀疏，且分布有大量水域和绿地，排热量小，促使城市外围温度相对较低。

对于夜间空气湿度来说，由18%波动至61.8%，平均值为41.7%，整体来说，西安市冬季夜间湿度较低，属于寒冷干燥气候特征，其空间分布规律与温度大体呈镜像关系，不同的是，夜间湿度较低的区域聚集于城市中心，面积较小，湿度由城市二环外向城市外围逐渐递增，如图5–8（b）所示。

5.1.4　西安市气象单因子空间分布图的验证

通过赋值及空间插值方法将实际测量点的气象信息预测到整个主城区后，需要对预测的结果进行验证。本研究采用的验证方法是：使用获取的西安市市区内数个气象站（图5–9）对应时刻的气象数据与空间插值计算后的相同位置预测值进行对比分析，如图5–10所示，6个插值结果与气象站监测值的R^2均大于0.57，相关系数均大于0.75（$p < 0.01$），并在0.01水平（双侧）上显著相关，结果较好（由于气象站温度监测仪器与本研究测量仪器不同，两类监测数据间可能会有偏差，故仅关注两组数据的拟合趋势）。因此，西安市单气象因子分布图可以较好地反映热环境的分布状况，与实际气候条件具有较好的一致性。

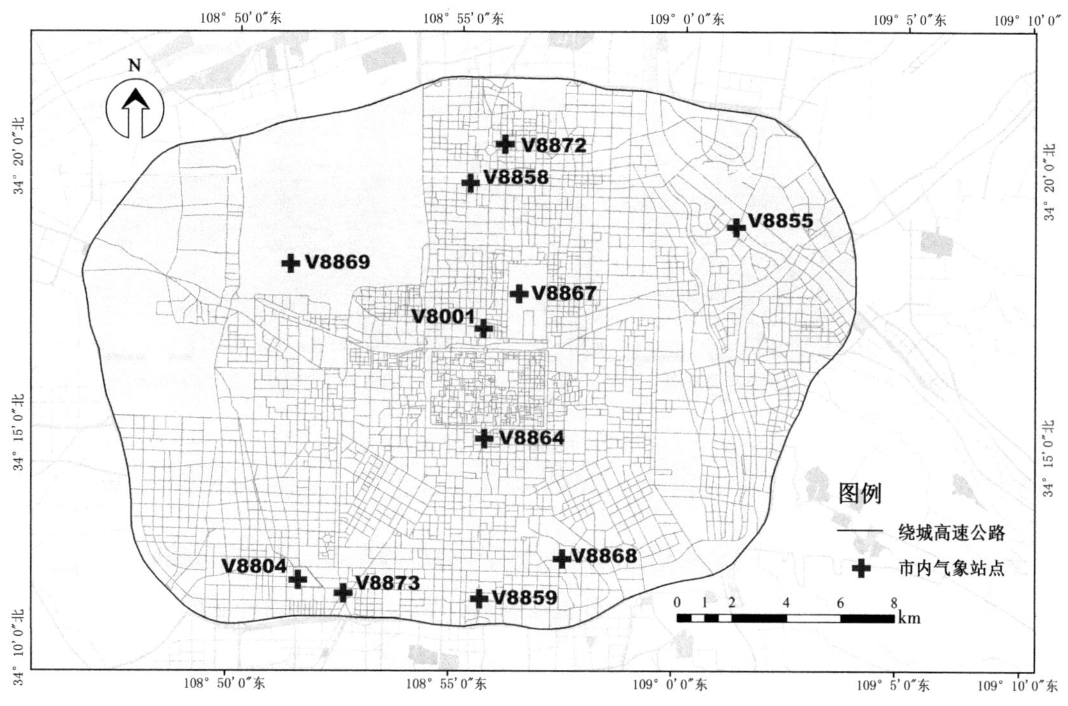

图 5-9　西安市主城区内气象站点空间分布图

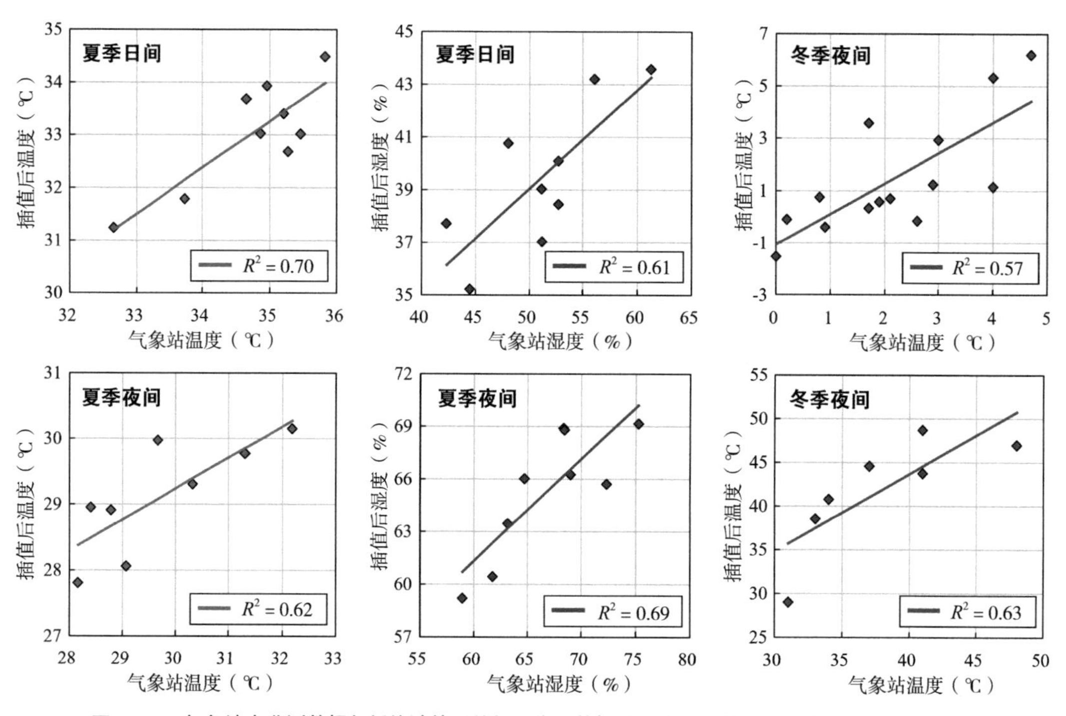

图 5-10　气象站点监测数据与插值计算后的相同位置数据对比分析（获取的湿度监测数据有缺失）

5.2　西安市城市热环境时空分布特征分析

5.2.1　西安市夏季昼夜热环境空间结构分析

城市热核是城市温度较高地块高度聚集的区域，也是人流活动密集、城市功能丰富的区域，而图 5-7 及图 5-8 的温度空间分布图只能描述气象单因子的整体分布状况，对是否有聚集特性判断不足。本节引入 ArcGIS 中局部空间自相关工具，为了便于统计首先将矢量图形转换成 300m × 300m 的栅格网络，对日间和夜间平均温度进行空间聚类分析，聚集成三类："高 - 高"值聚类区、"低 - 低" 值聚类区以及其他没有显著聚集性的区域。如图 5-11（a）及（c）所示，昼夜间平均温度局部自相关结果具有显著差异，日间高值聚集区呈现出多片区分散的空间布

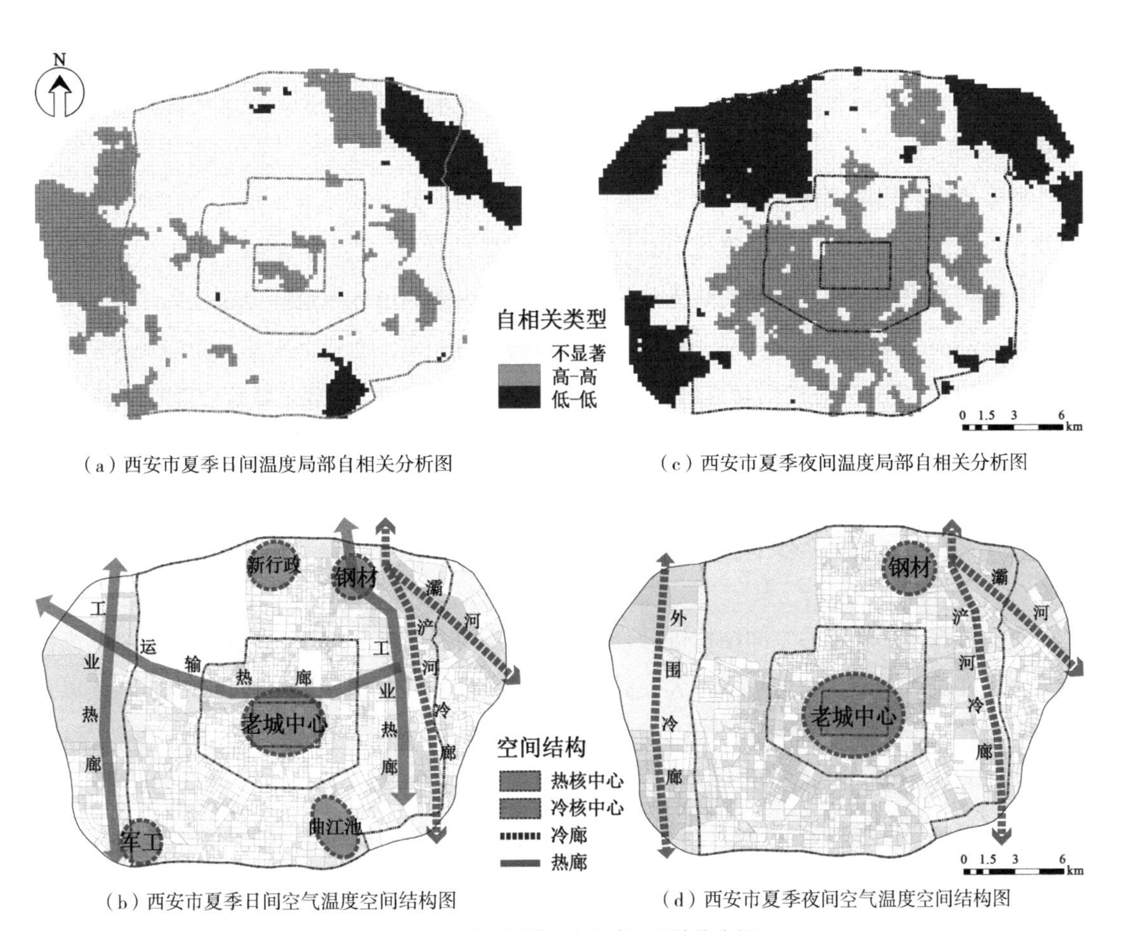

（a）西安市夏季日间温度局部自相关分析图

（c）西安市夏季夜间温度局部自相关分析图

（b）西安市夏季日间空气温度空间结构图

（d）西安市夏季夜间空气温度空间结构图

图 5-11　西安市夏季昼夜温度空间结构分析图

局模式，而夜间高值聚集区呈现出“一大一小”的格局，大区围绕老城中心连成片状，并向城市南端外围区域蔓延，小区位于城市东北边缘。

结合局部自相关空间聚类结果和昼夜平均温度空间分布图，可以看出西安市日间温度整体呈现“多心多廊式”空间结构，共形成3个高温热核、2个低温冷核、3条高温热廊和2条低温冷廊。

3个高温热核是老城中心核、东北部钢材中心核以及西南部军工生产中心核，包含了三种功能类型：①高密度商业住宅混合老城区；②集中工业加工批发市场区；③军工企业生厂区。3条高温廊道是西部自北向南连通的城市边缘工业廊道、城市东部南北向工业廊道以及自西向东的城市运输廊道。2条低温廊道沿着流经主城区的两条水系蔓延展开，这与西安市绿地总体规划中灞河生态规划带的区位相吻合。大面积水体依托城市东北主导风向，将湿润的水气沿河流流经走势输送至城市东南区域，为城市降温，但受到东部工业廊道的高温阻隔，其降温的影响范围局限于东部外围区域。2个低温冷核位于北郊新行政中心区域和东南部旅游休闲区域，它们共同特点是周围建筑稀疏，附近配套有城市公园或大面积水域，但影响范围有限，仅能聚集成低温团状空间。总体来说，西安市日间温度空间分布格局不均衡，高热片状及线状空间贯穿分布于城市各处，而低热片区及低温廊道出现在城市外围，城区内部的热环境状况难以得到改善。

西安市夜间温度整体呈现“双心多廊式”空间结构，共形成一大一小2个高温热核中心以及3条低温冷廊。其中2个热核中心与日间热核空间位置一致，但老城中心热核在夜间波及的高热面积更加广阔，内城的热岛效应更加严重。夜间高值区域空间分布连成片状，未能形成明显的高温廊道；低温浐河及灞河廊道与日间保持一致，而西部南北走向的外围工业廊道，由于夜间停止工业生产活动且居住人口稀少，空气温度降低，形成了城市边缘的低温冷廊。总体来说，夜间温度空间格局与西安单中心团块状布局形式更加吻合。

5.2.2 西安市冬季夜间热环境空间结构分析

对冬季夜间热环境的空间结构进行分析，冬季夜间温度局部自相关结果显示：夜间高值区域聚集在城市内部，面积范围较大，低值区域向城市外围蔓延，在西北、东北、西南以及东南方位均有分布，如图5–12所示。结合夜间温度分布图，可以发现西安市冬季温度整体呈现“单心双廊式”空间结构，共形成1个面积较大的高值热核中心以及2条低温冷廊，其中高值热核中心在城市三环范围内均匀分布，影响范围广阔，说明相比夏季，冬季热岛效应更加严重。低温浐河及灞河廊道、西部南北走向的外围工业廊道与夏季保持一致。总体来说，冬季温度空间格局与西安单中心团块状布局形式仍然吻合。

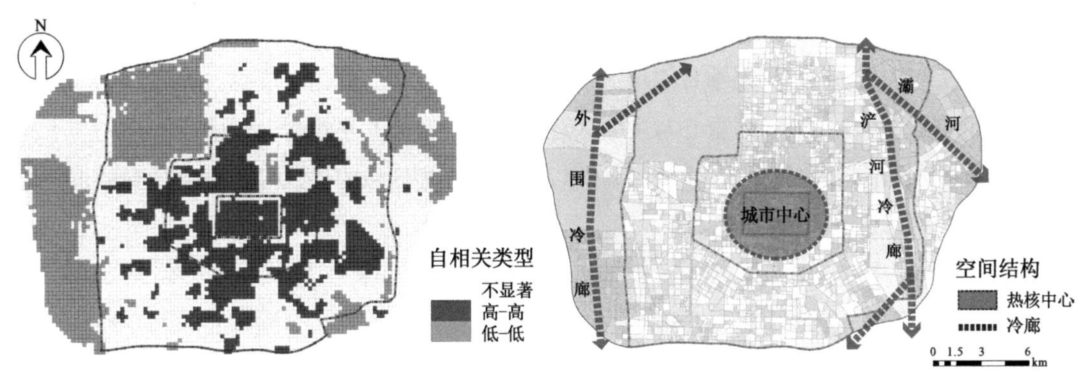

（a）西安市冬季夜间温度局部自相关分析图　（b）西安市冬季夜间空气温度空间结构图

图 5-12　西安市冬季夜间温度空间结构分析图

5.2.3　西安市夏季昼夜热环境空间结构解析

1. 西安市夏季热岛及干岛重心迁移分析

本节对主城区建设用地的几何中心（重心）、昼夜高温区（强热岛）以及低湿区（强干岛）的重心位置进行提取，分析重心位置是否重叠以及时空迁移情况。从图 5-13 可以看出：夏季日间强热岛重心与日间强干岛重心，夏季夜间强热岛重心与夜间强干岛重心几乎重合，说明同时段强热岛与强干岛的空间分布特征基本一致。

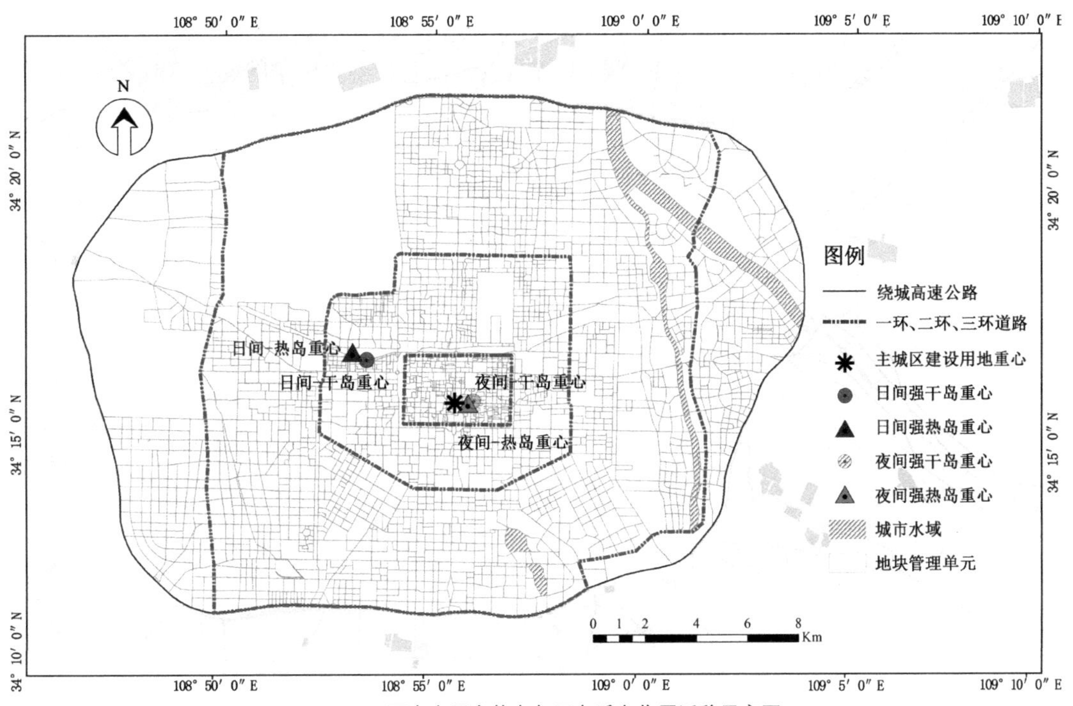

图 5-13　西安市昼夜热岛与干岛重心位置迁移示意图

夏季日间强热岛及强干岛重心距主城区建设用地重心较远，直线距离为4.9km，位于建成区重心的西北侧，这是因为夏季日间城区西北部区域温度高，热岛效应强，导致强热岛重心西移。而夜间强热岛、强干岛重心与主城区建设用地的重心几乎重合，说明夜间热岛与干岛的空间分布与城市建成区分布基本一致，所以夜间强热岛区域的形成可能也会受到城市中心热岛聚集与叠加效应的双重影响。

2. 西安市夏季温度圈层分析

以城市建设用地重心为圆心，500m为间隔半径，构建多环缓冲区圈层，再与主城区昼夜平均温度分布图进行空间连接，计算每个圈层的平均温度值。本研究范围内共构建30个圈层，将昼夜平均温度在空间上划分成5级，如图5-14所示。

（1）日间平均温度呈现“高低值相间的U形圈层空间结构”。

根据各圈层到城市重心的距离远近，将圈层划分为核心环（0~3000m）、内环（3000~7000m）、中环（7000~10000m）、外环（10000~12500m）、边缘环（＞12500m）5类。核心环内各圈层的平均温度最高，属于强热岛区，地理空间上属于旧城中心区域，对应的用地性质复杂丰富，有商业、办公、居住及公共管理等，建筑布局紧凑密集，人口密度大，城市聚集效应明显。与之相邻的内环，温度在35.4~35.6℃，较为稳定，未出现随距离衰减的趋势，地理空间上位于一环与二环路之间，以商业居住及科研教育为主，建筑密度适中。中环位于二环与三环之间，各圈层平均温度波动明显，高低值相间，因为该区用地性质复杂，中环西部区域以商业办公为主，东部以工业装备为主，南北以住区为主，其功能分布不均导致该环的温度出现分异情况，甚至形成了一个弱热岛圈层。与之相邻的外环圈层呈现出了小幅递增的趋势，这与外环边缘的圈层分布有密集工业加工区域有关。边缘环内除西侧工业区域温度较高外，其余圈层的温度最低。总体来说，日间圈层温度空间布局呈现复杂趋势。

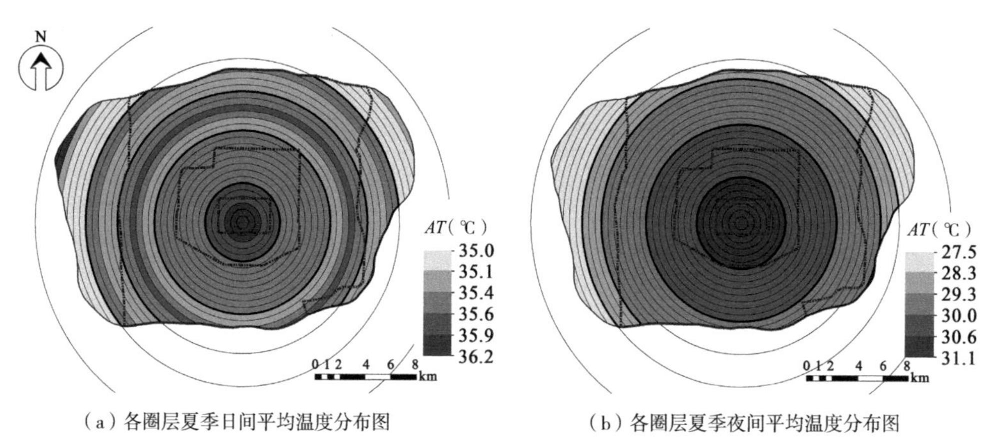

（a）各圈层夏季日间平均温度分布图　（b）各圈层夏季夜间平均温度分布图

图5-14　西安市各圈层夏季昼夜平均温度空间分布图

（2）夜间平均温度呈现“单中心圈层空间结构”。

夜间的空气温度自核心环圈层向边缘环圈层逐步递减，如图 5-14（b）所示，高温区域分布广阔，环绕城市中心形成封闭热核，城市热岛波及区域基本与建设用地范围保持一致，说明夜间城市热环境空间布局情况与城市物质空间结构具有显著相关性。

3. 西安市夏季温湿度空间分布图剖面分析

本节在纵向延伸方向对西安最为突出的南北中轴剖线的热环境特征进行解析。

西安中轴线全长 20km，是主城区的交通大动脉，由南至北涵盖了长安路、南大街、北大街、北关正街等主要纵向城市干道。同时，它也是一条重要的历史轴线，自西汉起便已有雏形，后经过历史变迁及重修新建形成了如今的南北中轴线，如图 5-15 所示，轴线上分布有很多重要节点，反映了南北向扩展的城市热环境状况。

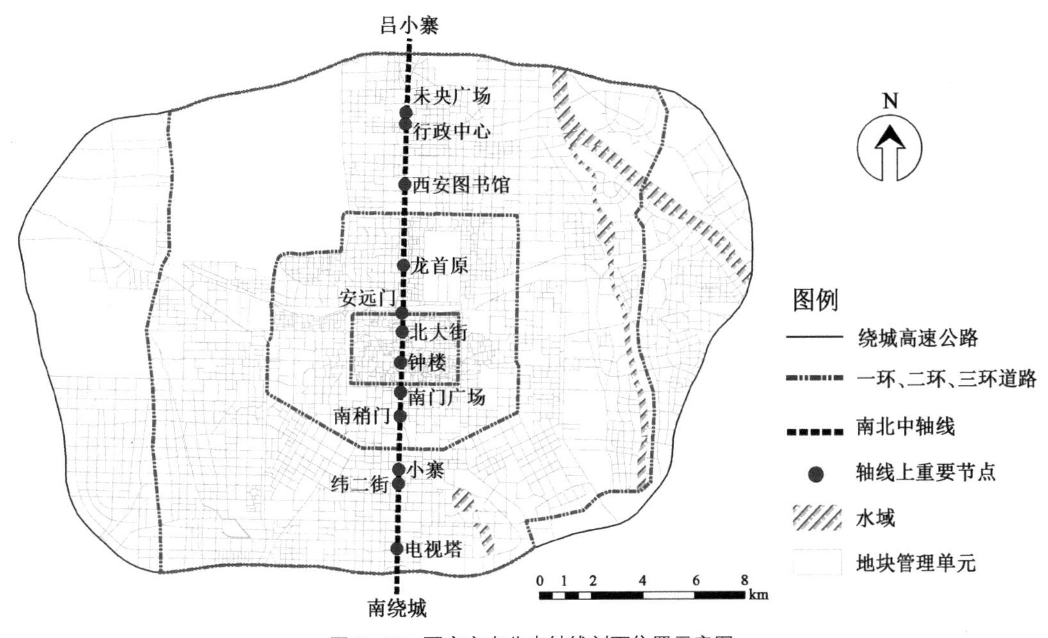

图 5-15　西安市南北中轴线剖面位置示意图

利用 ArcGIS 的剖面分析工具，将南北轴线上各地块的截面数据提取出来，按照不同时间段进行统计，绘制剖面温湿度折线图，如图 5-16 所示。对于日间温度来说，轴线中心以南方向的温度远高于以北方向，峰值出现在小寨商圈与纬二街之间，这是由于沿轴线向南方向是南郊商业最为繁华的地段之一，轴线两侧连成商业片区，导致交通压力极大，产生大量人为热量，使得这些节点日间平均温度过高。轴线中部位置，南门广场及钟楼广场之间出现了第二个温度波峰，这里商业密集，建筑布局紧凑，加之城市中心聚集效应，共同促使温度升高。以钟楼广场节点为界线，沿轴线向北，温度逐渐降低，除了安远门交通枢纽节点外，基本低

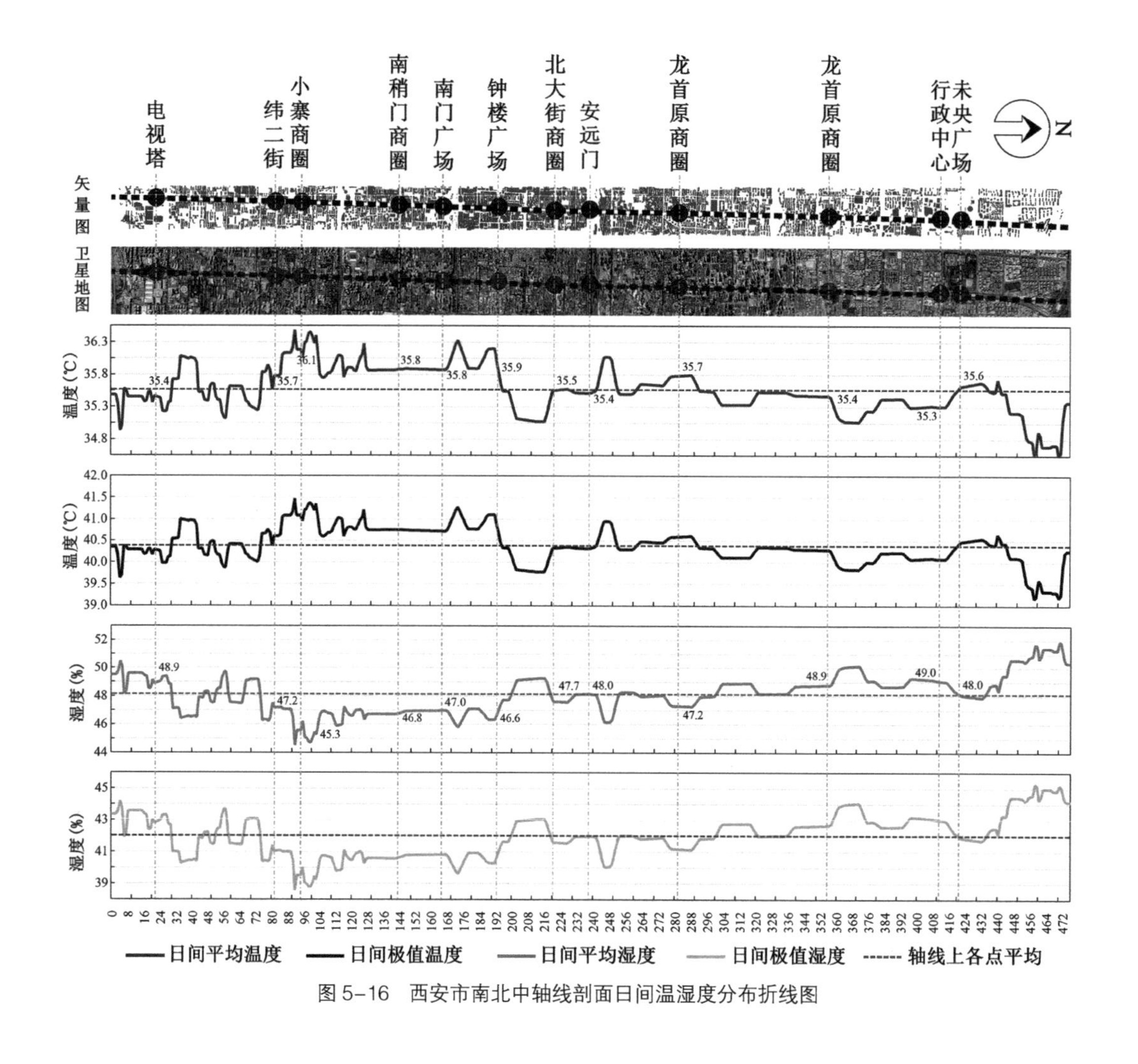

图 5-16　西安市南北中轴线剖面日间温湿度分布折线图

于轴线温度均值，且在靠近北段末端，跌至温度值谷底。日间轴线湿度分布与温度保持镜像关系，呈现“南低北高”的趋势。

对于夜间温度来说，其分布特征依旧保持“南高北低”的整体格局，如图 5-17 所示。虽轴线上并未出现明显的峰值节点，但仍然可以看出，小寨商圈节点附近夜间温度较高，且在电视台节点与小寨商圈之间，出现了沿轴线大幅震荡的波动趋势，可能与夜间这些区域散热量大，人口分布集中有关。小寨商圈节点以北的轴线上，夜间温度逐渐降低，这与北郊轴线附近人口密度相对较低、高层楼宇布局稀疏、绿化覆盖充裕有关。夜间湿度与温度依旧保持镜像关系，此处不再赘述。

本节主要对西安夏季热环境的空间结构进行解析，而冬季热环境空间结构与夏季夜间具有相似性，此处不再赘述。

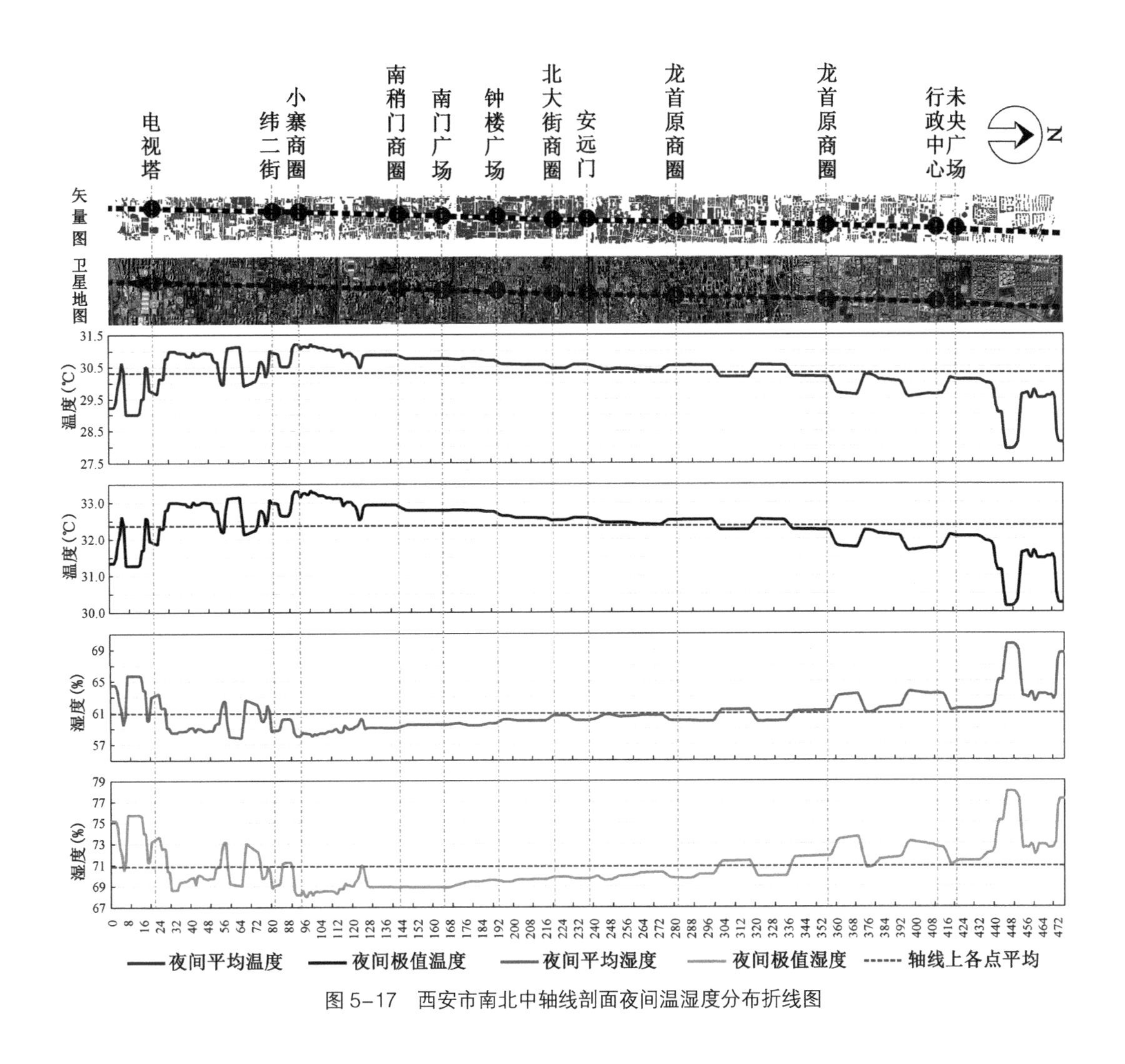

图 5-17　西安市南北中轴线剖面夜间温湿度分布折线图

5.2.4　基于局地气候分区系统的热环境特征分析

本节利用 5.1.2 节得到的西安市不同地块的热环境数据，对不同局部气候分区类型的热环境特征进行量化分析，验证是否不同局部气候分区所表征的热环境具有显著差异。通过 ArcGIS 将热环境数据按照局地气候分区分级进行统计，归纳各类局地气候分区的温湿度的均值以及热岛、干岛强度信息，如图 5-18、图 5-19 所示。

对于日间平均温度及热岛强度来说，在各局地气候分区中平均温度排序为：LCZ-7（轻质低层）> LCZ-3（高密低层）> LCZ-8（大体量低层）> LCZ-2（高密中层）> LCZ-6 Ⅱ（中密低层）> LCZ-F（裸土沙地）> LCZ-E（硬质地表）> LCZ-5 Ⅱ（中密中层）> LCZ-1（高密高层）> LCZ-6（低密低层）> LCZ-5（低密中层）> LCZ-D Ⅱ（低矮农田）

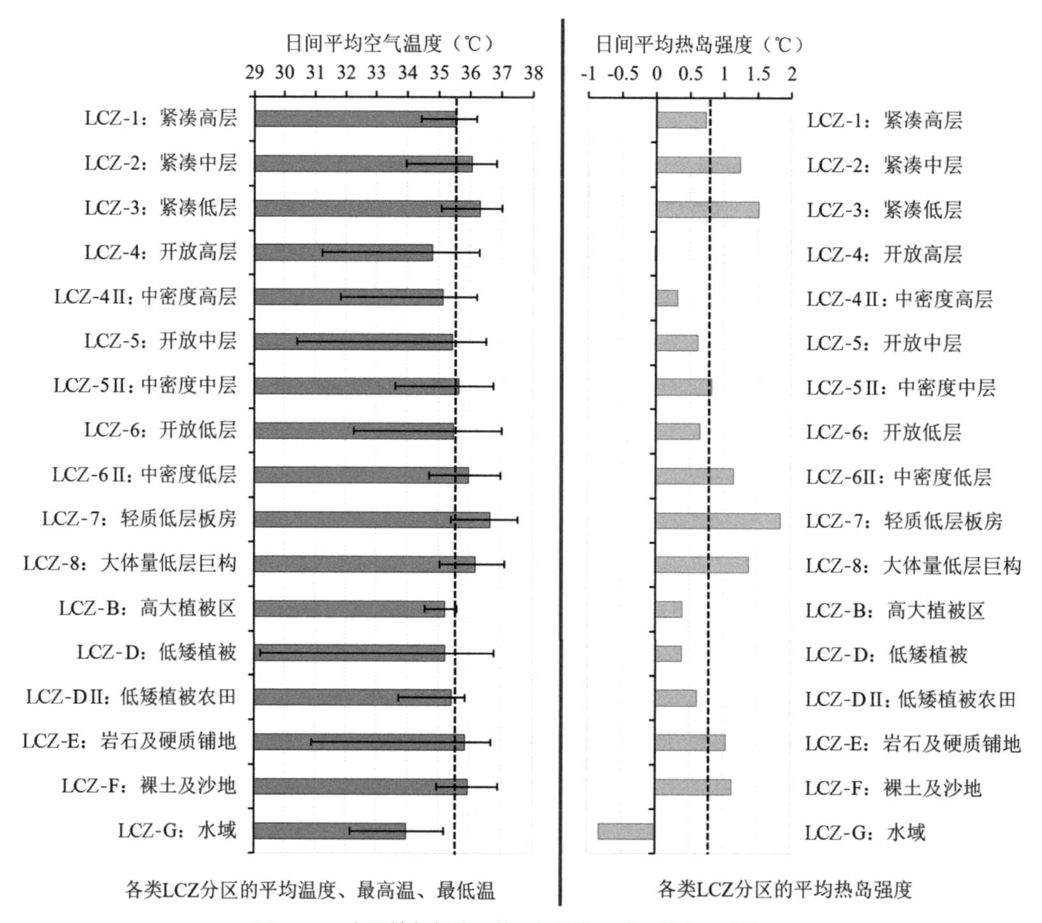

图 5–18　各局地气候分区的日间平均温度及热岛强度情况

> LCZ–B（低密树林）> LCZ–D（低矮植被）> LCZ–4 Ⅱ（中密高层）> LCZ–4（低密高层）> LCZ–G（水域）。所有类型中，LCZ–7 气温最高，空间上主要分布在东北部钢材热核附近（见图 5–11），多以轻质或钢材等导热材料为建筑外表面；其次是 LCZ–3，这些区域多位于老城内核及西部工业热廊沿线，建筑稠密，绿化覆盖极低，开阔空间狭窄难以散热。相反，LCZ–4 是所有建筑类型中温度最低的分区，多以新建高层小区为主，楼宇之间被阴影覆盖，避免了阳光直射，且周围配套以丰富的绿化和水系，能够在一定程度上对区域产生降温作用。

对于无建筑的局地气候分区（LCZ–B~LCZ–G）来说，LCZ–F 区域的温度最高，其下垫面以裸土沙地为主，用地性质一般是城市已征待建用地，绝对开阔但却完全暴露于阳光直射下，裸土中的水分快速蒸发，导致地表迅速升温，热量间接散发于空气中。其次 LCZ–E 区域的温度也较高，一般是以硬质铺地为主的开阔地带，材质在阳光暴露下升温明显且无遮蔽物为地表遮挡，使日间温度不断上升；相反地表被植被覆盖的 LCZ–B 及 LCZ–D 区域，由于植被蒸腾作用吸收多余热量，从而降低这些区域的环境温度，且 LCZ–D Ⅱ 日间温度略高于 LCZ–D，

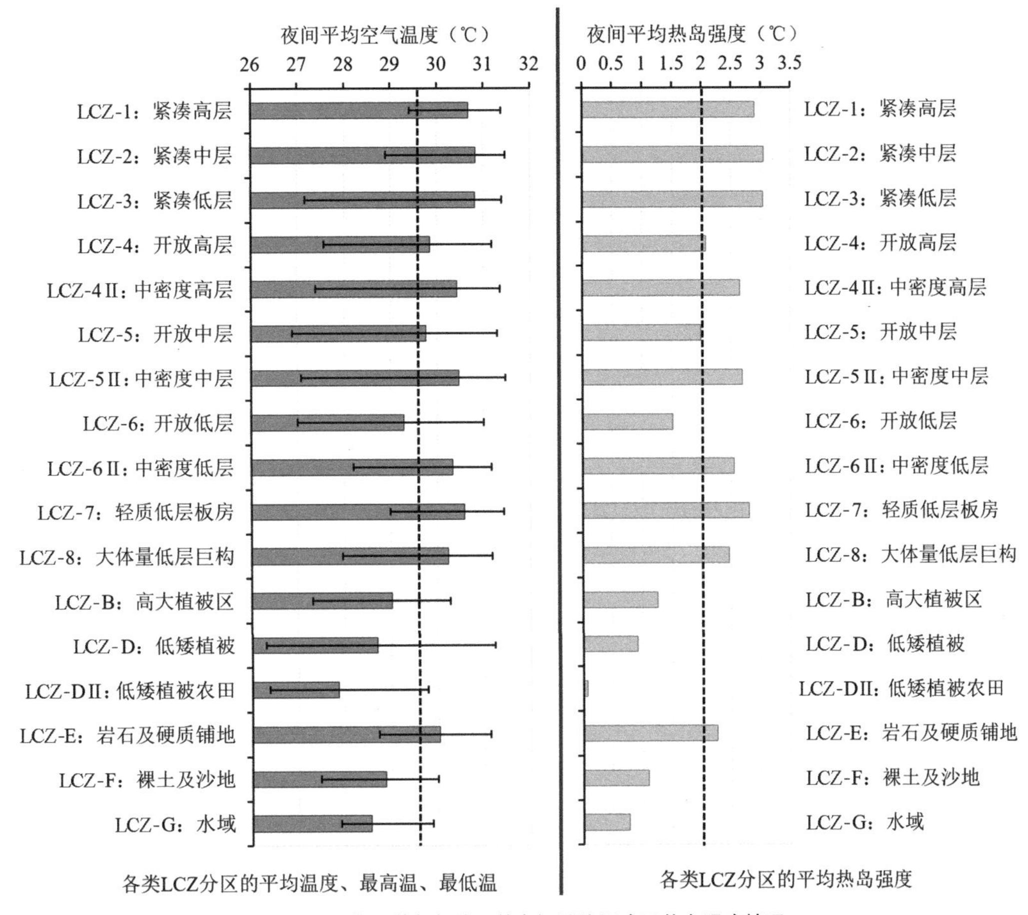

图 5-19　各局地气候分区的夜间平均温度及热岛强度情况

可能由于农田相对低矮植被的绿化率稍低，其降温效果略差。LCZ-G 是 17 类局地气候分区中日间平均温度低于背景气象站（泾河）的唯一分区，日间具有冷岛效应。

对于夜间平均温度及热岛强度来说，在各局地气候分区中平均温度排序为：LCZ-2（高密中层）> LCZ-3（高密低层）> LCZ-1（高密高层）> LCZ-7（轻质低层）> LCZ-5 Ⅱ（中密中层）> LCZ-4 Ⅱ（中密高层）> LCZ-6 Ⅱ（中密低层）> LCZ-8（大体量低层）> LCZ-E（硬质地表）> LCZ-4（低密高层）> LCZ-5（低密中层）> LCZ-6（低密低层）> LCZ-B（低密树林）> LCZ-F（裸土沙地）> LCZ-D（低矮植被）> LCZ-G（水域）> LCZ-D Ⅱ（低矮农田），如图 5-19 所示。夜间与日间温度体现在不同局地气候分区间的差异上略有不同，LCZ-2、LCZ-3、LCZ-1 三类高密度建筑区域夜间气温均值远高于其他区域，第 6 章证明：建筑密度是影响夜间温度的重要因素，建筑密集意味着人为排热量增大，植被相对稀疏，所以导致局地温度升高。LCZ-7 夜间气温也较高，在空间上与夜间钢材热核相对应。相反，建筑密度低，场地开阔的区域，如 LCZ-4、LCZ-5、LCZ-6 其夜间温度较低。

LCZ–D Ⅱ是所有类型中夜间温度最低的分区，甚至低于 LCZ–B。这是由于夜间除了植物进行蒸腾作用外，空阔的农田相较于密林来说，天空可视度视角更大，更利于通风，起到了降温作用。

极值温度与平均温度在各局地气候分区中的分布特征类似。湿度与温度呈镜像关系，各局地气候分区类型的昼夜平均湿度、干岛强度统计图见附录 B，此处不再赘述。

通过以上研究证明了不同局地气候分区之间的热环境特征具有显著差异，也间接验证了局地气候分区系统在西安市的适用性，日后可以运用局地气候分区图和气象因子空间分布图分析城市形态与热岛强度在主城区范围内的空间分布，并针对热点区域提出缓解热岛效应的规划策略。

5.2.5 基于城市用地性质的热环境特征分析

土地用地性质是我国控制性详细规划中的基本规定内容，对城市内部的发展起着决定性的作用。本节利用 4.1.2 节得到的西安市不同地块的热环境数据，对不同用地性质类型的气候特征进行量化分析，探求热环境与城市控规管理之间的直接关系。使用上节相同的计算方法，结果如图 5–20 及图 5–21 所示。

对于日间平均温度来说，如图 5–20（a）所示，虽然各用地性质类型之间的温度差异较小，但仍可以看出工业用地温度最高，居住和商业用地高于市区整体平均水平，且这两种用地由于分布广泛（居住用地占全市 57%，商业用地占 14%），建筑形态及组合模式构成多样，因此两者的温度跨越范围（最高值与最低值的区间范围）较其他用地更为广阔。医疗用地考虑交通便捷性和历史悠久性大多分布于城市中心，其周围建筑密集，人流量大，绿化覆盖率较低，其日间温度较高。而被期望能够对温度进行调节的绿地及水体用地，由于其在主城区的构成比例较低，两者之和仅占 11%，对城市整体气温的调节作用有限，因此西安整体夏季日间平均温度很高。

夏季日间除水体用地之外，其余所有用地都产生了热岛效应，如图 5–20（b）所示，其中工业用地的平均热岛强度为 1.2℃，夏季整体平均热岛强度均值为 0.6℃，居住用地最接近总体均值状况，间接说明西安市居住热环境水平在城市整体环境中持平。

对于日间平均湿度来说，如图 5–20（c）所示，各用地性质类型之间的湿度差异较大，其中水体和绿地用地的平均湿度远高于其他类型，植物的蒸腾作用增加了附近区域空气的湿度。此外绿地的温度跨越范围最大，说明研究区内绿地的布局形式多样，但整体来说多数绿地其空气相对湿度都较高。

对于夜间平均温度来说，如图 5–21（a）所示，与日间不同，各用地性质类型之间的温度

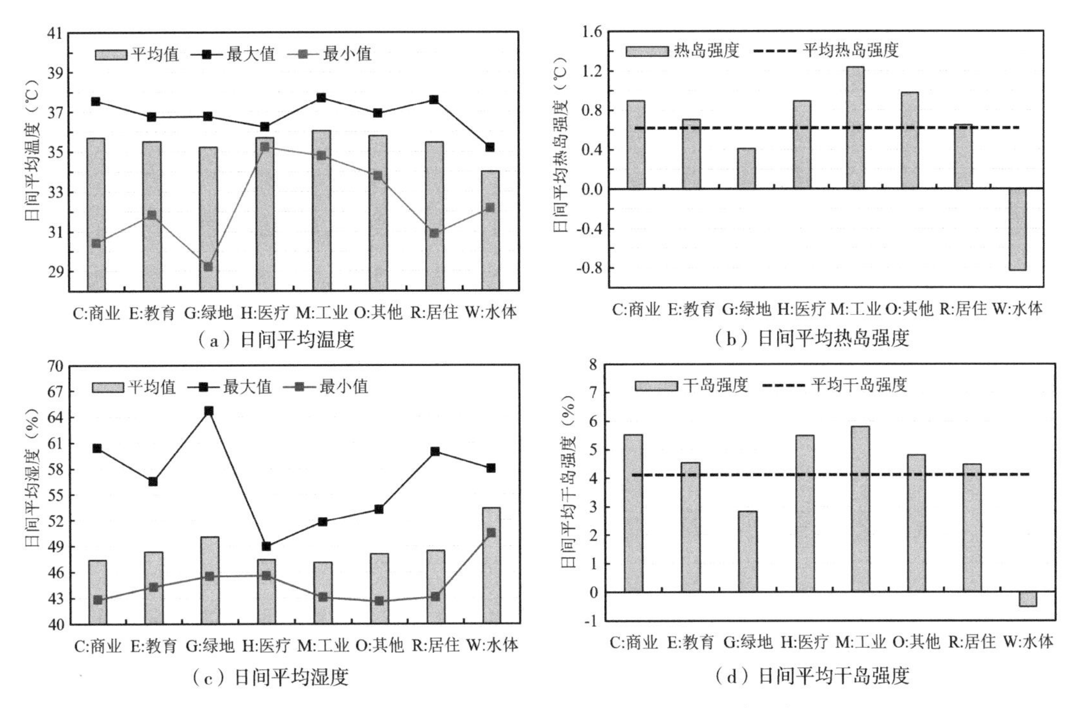

（a）日间平均温度

（b）日间平均热岛强度

（c）日间平均湿度

（d）日间平均干岛强度

图 5-20　各类型用地的日间温湿度及热岛与干岛强度示意图

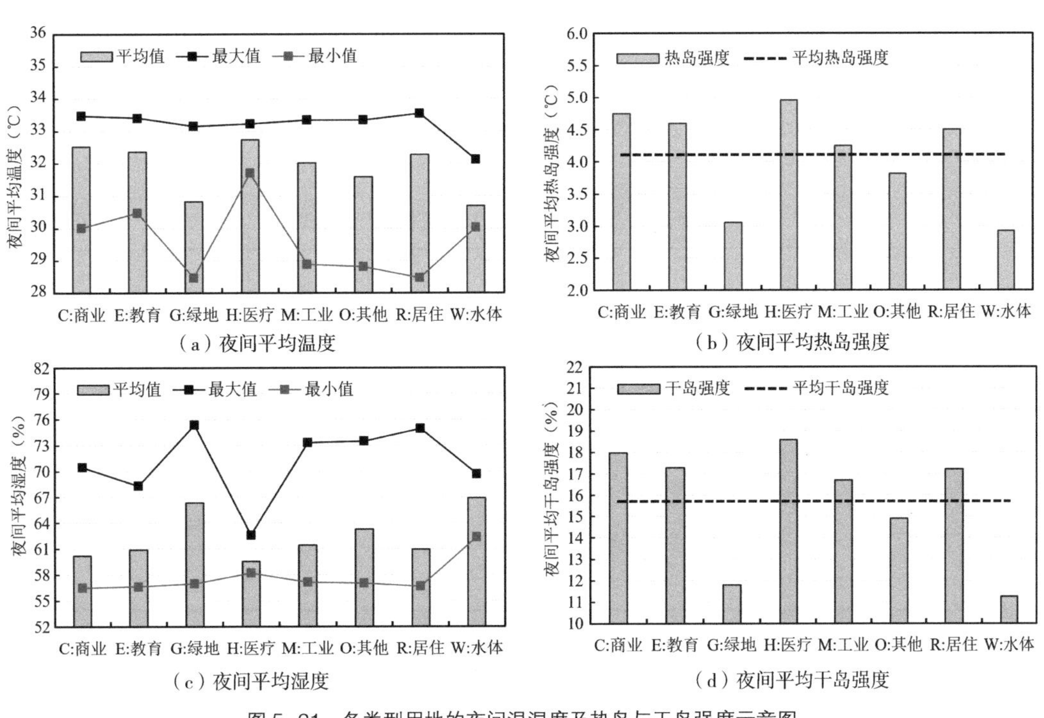

（a）夜间平均温度

（b）夜间平均热岛强度

（c）夜间平均湿度

（d）夜间平均干岛强度

图 5-21　各类型用地的夜间温湿度及热岛与干岛强度示意图

差异较大，医疗用地类型夜间温度最高，其次是商业用地，远高于市区整体平均水平。绿地和水体是夜间平均温度最低的两种用地类型，且绿地的温度区间范围跨越仍然较广，这是由于城市用地规划中绿地包含了草地、灌木以及乔木等各种不同绿植种类，虽然绿地易形成城市冷岛，但不同类型绿植其夜间降温的效果和程度不同，所以绿地温度的极大值与极小值相差迥异。湿度与温度依然呈现镜像关系，如图 5–21（c）所示，水体与绿地的平均湿度最高。

此外，城市夜间热岛效应极强，远高于日间情况，如图 5–21（b）所示，所有用地类型的夜间热岛均值为 4.1℃，商业、教育、医疗、工业以及居住用地的热岛强度均高于城市热岛均值水平，说明夜间热环境受城市化影响极大。昼夜间温湿度极值的分布特征与平均温度和湿度类似，此处不再赘述。

5.2.6 城市热岛空间等级划分方法

涉及城市热岛的界定问题，即温度的空间等级划分方式，并没有明确的标准，在最佳分割点和分级数的确定方面，通常主观性较大，难以与其他相似城市进行平行比较。本节借鉴陈松林等学者（2009）界定城市热岛等级的方法，在 ArcGIS 平台中使用四种空间分级方法，针对温度空间分布情况进行对比研究，比较在最佳分割点及分级数上的优劣，从而寻找出适合本研究的分级方法，为后文对气象因子分级和划分城市气候分区提供标准。本节以日间平均温度为例，具体过程如下：

依托 ArcGIS 平台，使用等间距法、自然间断法、分位数法和均值 – 标准差法四种空间分级方法将研究区温度场分别划分为 3 级、4 级、5 级、6 级（陈松林 等，2009），如表 5–1 所示。

温度等级划分及高温区界定（陈松林 等，2009）　　表5–1

等级数	温度等级	高温区
3 级	高温区、中温区、低温区	高温区
4–Ⅰ级	高温区、次高温区、中温区、低温区	高温区、次高温区
4–Ⅱ级	高温区、次高温区、中温区、低温区	高温区
5 级	高温区、次高温区、中温区、次中温区、低温区	高温区、次高温区
6–Ⅰ级	特高温区、高温区、次高温区、中温区、次中温区、低温区	特高温区、高温区
6–Ⅱ级	特高温区、高温区、次高温区、中温区、次中温区、低温区	特高温区、高温区、次高温区

相等间隔法是将数据值的范围分割成数个等距的子范围。本研究指定间隔数为 3、4、5、6 四种，将基于数值范围自动确定分类间隔。

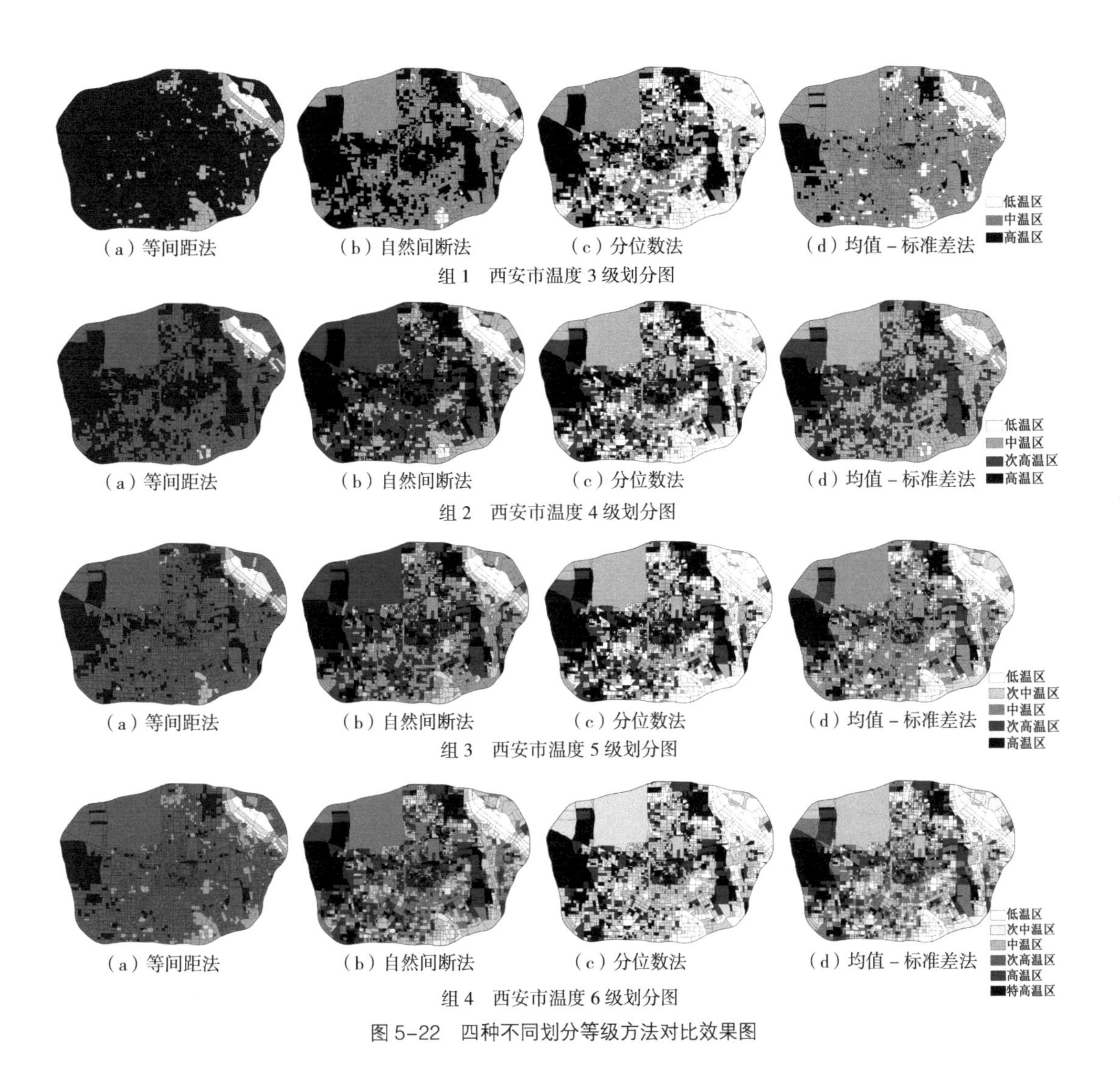

组 1　西安市温度 3 级划分图

组 2　西安市温度 4 级划分图

组 3　西安市温度 5 级划分图

组 4　西安市温度 6 级划分图

图 5-22　四种不同划分等级方法对比效果图

自然间断点法是基于数据中固有的自然分组来识别数据的分类间隔，对最合适的相似值进行分组，使组间差异最大化。对于研究设置的4种类别，将边界设置在数据值差异较大的位置，作为分类的临界值。

分位数法是使每类都含有相等数量的要素，分位数为每种类型分配数量相等的数据值，不存在空类，也不存在数值过多或过少的类（安芬 等，2019）。

均值标准差方法用于显示特征属性值和平均值之间的差异。首先计算整个研究区域内温度的平均值和标准偏差，然后使用与标准偏差成比例的等效范围来创建分类间隔（杜国明 等，2019），一般来说，高于均值的区域较易被界定为高值区或高温区。

使用不同划分方法将温度划分成不同等级，如图 5-22 所示。以分五类为例，若按等间距和自然间断法分级，高温区的范围过大；若按分位数分级，低温区的范围过大，而均值－标准差法在整个热场分布上较合理，高温区零星分布、中温区面积最大，与实际热环境最为吻合。

为了定量、科学地对比四种方法分类效果的优劣，这里引用高温强度（高温区平均温度与除高温区以外区域的平均温度之比）和高温区面积比例（高温区面积之和与整个研究区面积之比）两个指标进行对比分析，如图 5–23 所示，在所有分级数上，利用等间距法和自然间断法界定的高温面积比例最大，且随着分级数的不同，四种方法计算的高温面积均出现波动情况，等间距法和自然间断法的波动最为剧烈。同样等间距法对于高温强度的波动变化也最为剧烈，所以这两种方法对分级数的依赖性较大，敏感度较高，稳定性低，故予以排除。虽然分位数和均值 – 标准差法对于分级数量的变化敏感度均较低，但是使用分位数法将要素以同等数量分组到每个类中，分类后的地图常常产生误导性，可能将属性类似的要素划分到不同的类别中，或者将属性值差异较大的要素置于同类中，故本研究对热环境空间等级的划分采用均值 – 标准差法。

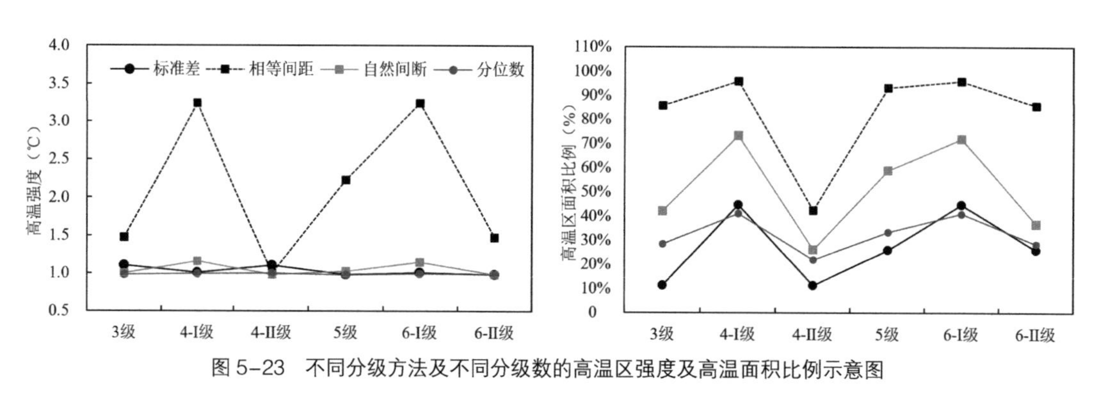

图 5–23　不同分级方法及不同分级数的高温区强度及高温面积比例示意图

5.3　西安市城市热环境现状可视化表达

本节基于气象单因子空间分布图，引入气候舒适度评价指标，将温度与湿度两项单因素气象分布图叠加计算，推导城市气候舒适度空间分析图，再利用均值 – 标准差法为昼夜气候舒适度空间分析图合理分级，最后叠加分类从而推导城市气候分析图，实现对西安市热环境现状的可视化表达，确定城市气候级别及分析单元，形成对城市气候环境的定量分析和总体评估。

5.3.1　城市热环境因子空间分类叠加方法

本研究引用《人居环境气候舒适度评价》GB/T 27963—2011 中对于气候舒适性的评价体系，使用温度、湿度两个指标进行温湿指数的计算。

在国际上，温湿指数是衡量高温气候状况下，人体承受热负荷的状况（朱涯 等，2018），温湿指数计算公式：

$$THI = AT - 0.55 \times (1 - RH) \times (AT - 14.4) \tag{5-1}$$

式中：THI 为温湿指数，其取值范围和感觉描述见表5-2；AT 为某一时段的平均气温（℃）；RH 为某一时段的空气相对湿度，用百分数表示。

气候舒适度（温湿指数）等级划分（《人居环境气候舒适度评价》GB/T 27963—2011） 表5-2

等级	温湿指数	感觉程度	健康人群感觉的描述
1	＜14.0	寒冷	感觉很冷，不舒服
2	14.0~25.4	冷	偏冷，较不舒服
3	17.0~25.4	舒适	感觉舒适
4	25.5~27.5	热	有热感，较不舒服
5	＞27.5	闷热	闷热难受，不舒服

由于主城区内所有地块均处于同一个局地气候范围内，使用温湿指数划分舒适度时大部分地块处在一至两种等级之内，不能很好地区分出地块之间差异。所以本研究仅使用温湿指数的计算方法，沿用均值–标准差的划分办法将空间分成5级，分别赋值1，2，3，4，5，即从低到高为：舒适度差，舒适度次中，舒适度中，舒适度次优，舒适度优，如图5–24所示。

按照气候舒适度评价等级的标准，在冬季温湿指数值越高，舒适度越高。但纵观整个研究区，冬季夜间温湿指数最高为13.9，最低为1.1，全城都处于同一个等级内（小于14为寒冷），差距并不显著。再分析测点冬季温度与PM10污染物的关系（该数据来源于课题组），如图5–25（a）所示，虽然 R^2 仅为0.13，但仍可以看出冬季温度与污染物浓度属于正向相关关系，即温度越高，污染物浓度越大，说明温度变高对空气品质产生了不利影响，西安地区冬季空气污

（a）西安市夏季日间气候舒适度空间分级图　（b）西安市夏季夜间气候舒适度空间分级图

图5–24 西安市夏季昼夜气候舒适度空间分级图

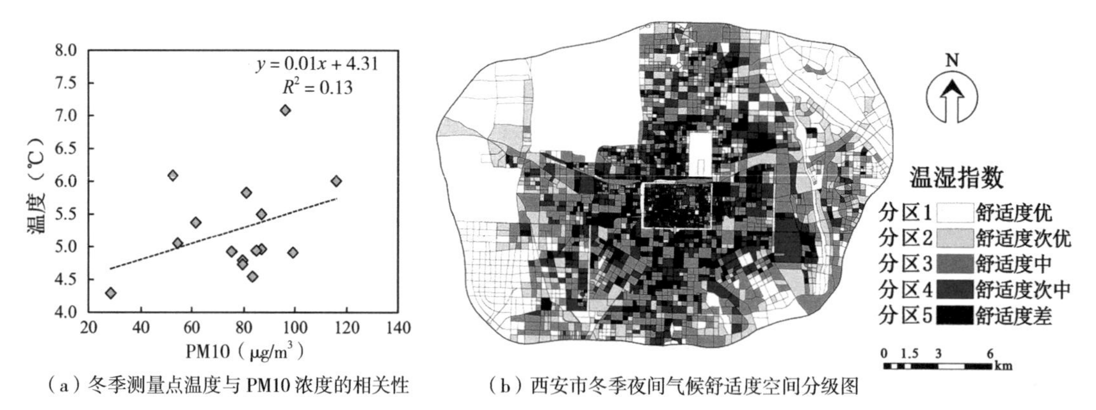

（a）冬季测量点温度与 PM10 浓度的相关性　（b）西安市冬季夜间气候舒适度空间分级图

图 5-25　西安市冬季气候舒适度情况

染问题远比冬季热岛问题严重。因此，针对西安市冬季，我们认为温度越高，气候舒适度越差。同样按照日间分级方法，将冬季气候舒适度在空间上划分成 5 级，如图 5-25（b）所示。

最后，将夏季昼夜气候舒适度空间分级图，在 ArcGIS 平台上进行两两项空间几何运算，得到 9 类空间等级，其合并规则及划分标准如表 5-3 所示，再进行空间可视化表达，推导出西安市夏季城市气候分析图。而冬季气候舒适度分级图无须叠加，即图 5-25（b），将其视作冬季气候分析图。

城市气候分区合并规则及划分标准（夏季）　表5-3

城市气候级别	日间舒适度级别	夜间舒适度级别	划分标准及分区描述
城市气候分区 1	优	优	凉，低热负荷区域，具有良好通风潜力
城市气候分区 2	优	次优	稍凉，低热负荷区域，一般具有良好通风潜力，多被自然地表覆盖，建筑稀疏
	次优	优	
城市气候分区 3	优	中	微凉，较低热负荷区域，通风潜力较好。自然地表覆盖区域多为城市公园、周边农田等，分布有零星建筑，人口较稀疏
	中	优	
	次优	次优	
城市气候分区 4	优	次中	适中，一般热负荷区域，通风潜力一般。具有较多的开放区域，一般靠近自然地表覆盖区域，在市域范围内一般趋近外围，热舒适度适中，城市化程度适中
	次中	优	
	次优	中	
	中	次优	
城市气候分区 5	优	差	适中，一般热负荷区域，通风潜力一般。属于城市化程度高与城市化程度低区域的过渡地带，面积占比较大，通常由中等规模的建筑物组成，自然地被覆盖较少，人工绿化程度适中，人口密度适中
	差	优	
	次优	次中	
	次中	次优	
	中	中	

续表

城市气候级别	日间舒适度级别	夜间舒适度级别	划分标准及分区描述
城市气候分区 6	次优	差	稍热，稍高热负荷区域，通风潜力一般。属于城市化程度略高地带，通常靠近城市中心，由中等规模建筑物组合构成，人工绿化程度一般，人口密度稍高
	差	次优	
	中	次中	
	次中	中	
城市气候分区 7	次中	次中	稍热，稍高热负荷区域，通风潜力稍差。属于城市化程度较高地带，通常位于城市中心附近，建筑物较密集，人口密集
	差	中	
	中	差	
城市气候分区 8	差	次中	较热，高热负荷区域，通风潜力差。城市中心区域，建筑密度大，绿化程度低
	次中	差	
城市气候分区 9	差	差	非常热，高热负荷、通风潜力差

5.3.2 城市气候分析图

从西安市夏季城市气候分析图（图 5-26）可以看出，需要进行保护的气候区（分区 1、分区 2、分区 3）主要位于西安东北浐灞生态区，北部高层新建住宅小区及新行政中心区域、东南部曲江遗址公园区、西南方位与城区接壤的自然村落等。除北部新行政中心为办公、居住用地外，这些区域基本为绿地用地，绿化面积大，建筑密度低，可视作市区的“冷岛”来源，属于夏季气候舒适度较高的区域。

相反必须采取修补行动的气候区（分区 7、分区 8、分区 9），主要分布于老城中心、东北部钢材加工区，东部纺织城工业片区，以及城市中心热核向外围蔓延过渡的区域。除老城中心为商业和居住的混合用地外，其余区域均属于配套服务城市的轻型加工工业区域，建筑密度较高，排热量大。因此，可将它们可视作西安夏季热环境质量提升的重点演绎区域，需要进行相应的城市环境监控并采取有效措施。

西安市西部及西北部区域属于工业区，绿化率较低，建筑密度较高，硬质铺地面积也较大，夏季温度较高，属于城市气候分区 6 和城市气候分区 7，其影响范围也较大，从西部一直向城市中心形成带状蔓延热廊，也需要进行改善或采取修补行动。

此外，西安城市气候中质区（分区 5、分区 6）所占面积适中，主要均匀穿插分布于城市外围气候高级别区和城市内部的低级别区，属于中间过渡区域，其用地性质构成复杂，包含居住、商业、教育科研等用地类型。建筑布局组合方式多样复杂，绿化覆盖率相对老城中心略有提升，可针对部分区域进行集中改善。

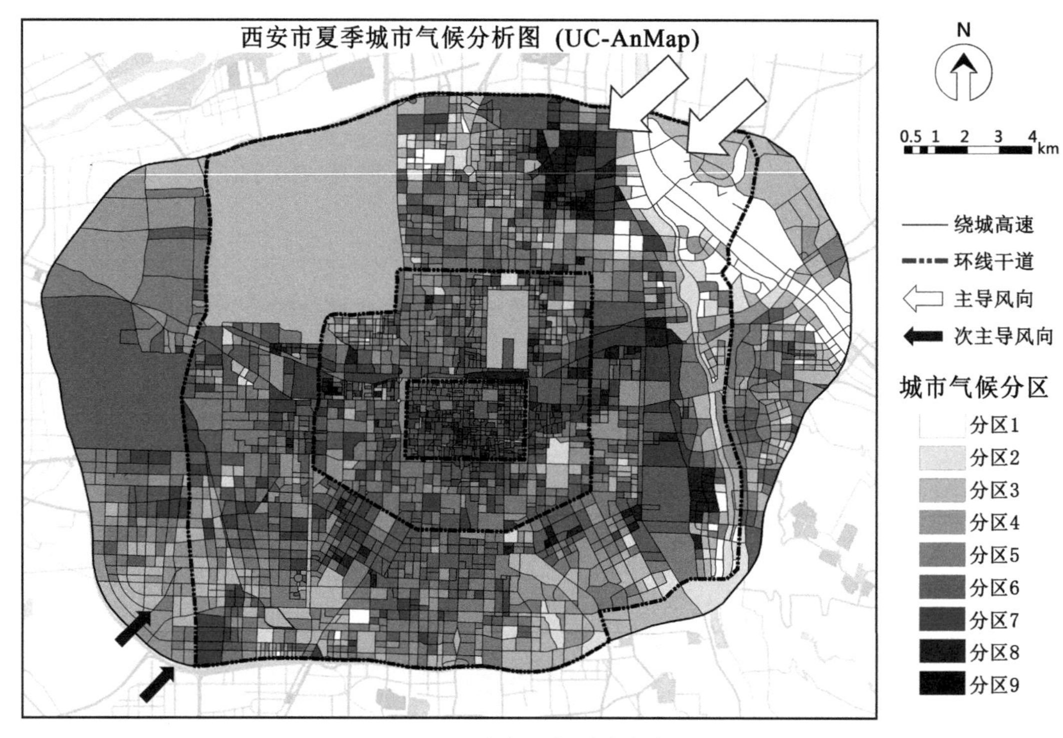

图 5-26　西安市夏季城市气候分析图

冬季城市气候分析图，如图 5-25（b）所示，与夏季有相似之处。需要进行保护的气候区（分区 1、分区 2）依然位于城市外围，但明显气候舒适度高的区域面积更大；相反，必须采取修补行动的城市气候区（分区 5、分区 4）分布于市中心并且波及城市二环内区域，面积集中且影响范围较大。冬季气候舒适度阶层差异明显。

总体来说，西安主城区属于典型的单中心团块式布局模式，城市中心的核心功能区建筑密度高、人口密集、绿化及水体设施配套不足，整体气候舒适性较差，外围气温较低的区域对内部热环境的改善效果有限。下一步应针对城市气候舒适度差的区域，进行改善或采取修补行动，如针对东北部钢材加工热核组团进行温度调节，完善城市中心绿化配套设施等，提升以上区域的人居环境质量。通过缩小不舒适区面积，扩大中值区范围，从而提升主城区整体的气候舒适度。

5.4　本章小结

本章基于气象观测数据与城市空间规划数据，利用赋值及插值技术对城市热环境质量的空间分布现状进行图示化表述，剖析了城市热环境的空间格局特征，并以此为基础制定了城市气象因子空间分级与叠加原则，最后引入气候舒适度评价指标，为西安市绘制城市气候分析图，主要结论如下：

（1）通过赋值方法将气象数据与城市特征数据在 ArcGIS 平台中进行整合，再利用空间插值技术推导计算了不同时间、不同季节的气象单因子空间分布图。

（2）从聚集程度、重心位置、圈层格局、剖面格局 4 个视角探讨热环境时空格局特征，结果表明：①通过 Moran's I 指数的聚集性分析，得出夏季日间温度高值聚集区呈现出多片区分散的空间布局模式，属于“多心多廊式”空间结构；夏季夜间温度高值聚集区呈现“一大一小”的布局模式，属于“双心多廊式”空间结构；冬季夜间温度属于“单心双廊式”空间结构。②夏季强热岛与干岛重心随时间变化发生迁移，夜间热岛与干岛重心几乎与主城区建设用地重心重合，日间受西部工业区域的影响，重心向西北方位迁移。③夏季日间平均温度呈现“高低值相间的 U 形圈层空间结构”；夜间平均温度呈现“单中心圈层空间结构”。④西安中轴线以南方向的夏季日间平均温度远高于以北方向，其峰值出现在南郊商业繁华地段；对于夜间温度来说，其分布特征依旧保持“南高北低”的整体格局，但轴线上并未出现明显的峰值节点，变化幅度较小。

（3）对局地气候分区不同类型的夏季热环境特征进行量化分析，结果表明 LCZ–7（轻质低层）的日间温度最高、湿度最低；LCZ–G（水域）的日间温度最低、湿度最高；LCZ–2（高密中层）的夜间温度最高、湿度最低；LCZ–D Ⅱ（低矮农田）的夜间温度最低、湿度最高。证明了不同局地气候分区之间的热环境特征具有显著差异，间接验证了局地气候分区系统在西安市的适用性。

（4）对不同用地性质的夏季热环境特征进行量化分析，结果表明工业用地类型日间温度最高，除水体用地之外，其余所有用地都呈现出日间热岛现象；医疗用地类型夜间温度最高，绿地和水体是夜间平均温度最低的两种类型。总体上，研究区夏季夜间热岛效应极强，远高于日间情况。

（5）引入气候舒适度评价指标，将温度与湿度两项气象单因子分布图叠加计算，利用均值 – 标准差法为气候舒适度分级，最后叠加分类从而推导城市气候分析图，实现西安市热环境现状的可视化表达，确定城市气候级别及分析单元，形成对城市气候环境的定量分析和总体评估。

第6章

城市空间规划可控指标对热环境的影响机制分析

城市空间形态对城市内部热环境有重要影响（孙欣，2015），城市规划要素中任何一个指标同热环境都可能具有相关关系，直接或间接地影响城市局地气候环境。因此探讨城市空间指标对热环境的影响机制，有助于寻找它们之间的客观规律，对城市合理布局、改善气候舒适性具有重要意义。

本章首先将本书3.1节计算的68个城市空间规划可控指标（以下简称“城市空间指标”）与累年实测得到的不同季节、不同时期的热环境参数分别进行两两要素之间的相关性分析、一元线性回归分析，筛选出部分重要城市空间指标；随后将这些指标通过统计模型进行多要素的综合研究，提出多重因素对城市气候的共同作用机制，推导多指标与气象观测值之间的定量关联方程，比较不同城市空间指标对不同热环境参数的贡献程度，为后续全面评价城市热环境、提出基于气候舒适度优化的规划指标调控策略提供基础与依据。

6.1 城市空间指标与热环境参数的相关性分析

将第4章处理得到的测量样本的日间平均温湿度、极值温湿度、夜间平均温湿度、极值温湿度8类夏季热环境参数，以及雾霾天气日间平均温湿度、晴朗天气日间平均温湿度、雾霾天气夜间温湿度、晴朗天气夜间温湿度8类冬季热环境参数与本书3.1节计算的7组城市规划控制方向下的68个指标进行两两相关性分析。以探讨城市空间指标与不同时间、不同季节、不同天气状况下的空气温度、相对湿度等热环境参数之间的关系。

6.1.1 夏季热环境参数与城市空间指标的相关性分析

相关性分析结果如表6–1所示。对于夏季热环境参数来说，有56个指标至少与一个夜间或日间的热环境参数在显著性0.05水平上具有相关关系，即82%的城市空间指标具有研究意义。具体来说，夏季热环境参数与城市空间指标的相关性具有以下特点：

（1）同时期的温度、湿度系列参数与城市空间指标的相关性具有镜像关系。如建筑密度（*BD*）与日间平均温度的相关系数为0.466，与日间平均湿度的相关系数为–0.584；绿化率（*GCR*）与日间极值温度的相关系数为–0.418，与日间极值湿度的相关系数为0.500；到市中心的距离（*DTD*）与夜间平均温度的相关系数为–0.432，与夜间平均湿度的相关系数为0.387。

（2）昼夜间热环境参数与城市空间指标的相关系数具有显著差异。如建筑高度（*BH*）与日间平均温度、极值温度、极值湿度在显著性0.05或0.01水平上具有相关性，但与夜间参数不具有相关性，相关系数极低；围护系数（*EN*）与夜间平均温度、极值温度相关系数为0.401和0.444，但与日间参数不具有显著相关性，表明一天中不同时间影响城市热环境的空间指标不同。

城市空间指标与夏季热环境参数的皮尔逊相关系数 表6–1

指标	日间平均温度	日间极值温度	夜间平均温度	夜间极值温度	日间平均湿度	日间极值湿度	夜间平均湿度	夜间极值湿度
总体形态布局类								
BD	0.466**	0.497**	0.627**	0.554**	−0.584**	−0.544**	−0.547**	−0.435**
BH	−0.370*	−0.427**	0.016	0.005	0.294	0.367*	−0.108	−0.062
FAR	−0.029	−0.036	0.283	0.321*	−0.105	−0.030	−0.191	−0.189
GCR	−0.416**	−0.418**	−0.479**	−0.395*	0.555**	0.500**	0.448**	0.305
RD	0.243	0.231	0.356*	0.347*	−0.371*	−0.325*	−0.327*	−0.280
下垫面结构与性能								
ISF	0.485**	0.502**	0.610**	0.520**	−0.617**	−0.568**	−0.613**	−0.474**
LSF	−0.058	−0.174	−0.306	−0.319*	0.101	0.153	0.341*	0.357*
WSF	−0.307	−0.303	−0.173	−0.103	0.363*	0.325*	0.173	0.070
GSF	−0.446**	−0.453**	−0.601**	−0.519**	0.571**	0.522**	0.599**	0.471**
PSF	0.236	0.216	0.337*	0.271	−0.294	−0.236	−0.378*	−0.274
FSF	0.320*	0.406**	0.062	−0.033	−0.252	−0.360*	−0.092	0.044
P_{R}	−0.448**	−0.474**	−0.567**	−0.511**	0.556**	0.524**	0.478**	0.390*
P_{SHC}	−0.504**	−0.516**	−0.546**	−0.449**	0.631**	0.576**	0.536**	0.394*
LST	0.624**	0.641**	0.186	0.057	−0.638**	−0.653**	−0.216	−0.066
SA	0.484**	0.487**	0.168	0.073	−0.480**	−0.502**	−0.166	−0.032
街区内部形态								
SVF	0.703**	0.667**	−0.457**	−0.488**	−0.668**	−0.666**	0.357*	0.344*
RFD	−0.225	−0.330*	0.003	0.106	0.131	0.249	−0.015	−0.118
ROU	0.092	−0.009	0.285	0.331*	−0.213	−0.079	−0.282	−0.307
TER	−0.160	−0.234	−0.180	−0.133	0.187	0.246	0.115	0.012
ELE	−0.248	−0.287	0.067	0.141	0.155	0.200	−0.269	−0.404**
DIS	0.230	0.247	0.439**	0.462**	−0.317*	−0.269	−0.377*	−0.372*
SHAPE	−0.073	−0.073	0.039	0.077	0.129	0.113	−0.067	−0.117
MAX_{BH}	−0.257	−0.353*	0.000	0.092	0.173	0.285	0.029	−0.039
EN	0.035	0.036	0.401*	0.444**	−0.159	−0.075	−0.307	−0.302
H/W	−0.337*	−0.379*	0.071	0.047	0.251	0.323*	−0.149	−0.082
到冷热源的距离								
DTD	−0.142	−0.036	−0.432**	−0.544**	0.282	0.109	0.387*	0.512**
DTI	−0.108	0.036	0.155	0.134	−0.070	−0.117	−0.207	−0.100
DTC	−0.065	−0.119	−0.532**	−0.582**	0.230	0.171	0.510**	0.545**
DTP	0.088	0.089	0.063	0.032	−0.149	−0.160	−0.096	0.000
DTR	−0.209	−0.127	−0.357*	−0.443**	0.296	0.144	0.233	0.311
DTW	0.007	0.054	−0.234	−0.313*	0.019	−0.038	0.183	0.307
人为排热								
HAH	0.352*	0.317*	0.189	0.200	−0.432**	−0.359*	−0.168	−0.174

续表

指标	日间平均温度	日间极值温度	夜间平均温度	夜间极值温度	日间平均湿度	日间极值湿度	夜间平均湿度	夜间极值湿度
TAH	0.242	0.097	0.481**	0.420**	–0.282	–0.152	–0.403**	–0.358*
BAH	0.149	0.114	0.481**	0.471**	–0.349*	–0.214	–0.478**	–0.427**
周围缓冲区特征								
BD_{750}	0.214	0.146	0.320*	0.390*	–0.329*	–0.230	–0.197	–0.222
FAR_{750}	0.016	–0.113	0.411**	0.493**	–0.135	0.016	–0.359*	–0.445**
LSF_{750}	0.012	0.029	–0.481**	–0.533**	0.143	0.053	0.429**	0.453**
WSF_{750}	–0.416**	–0.346*	–0.138	–0.141	0.385*	0.354*	0.129	0.126
GSF_{750}	–0.237	–0.195	–0.149	–0.170	0.209	0.156	0.105	0.083
FSF_{750}	0.353*	0.443**	–0.112	–0.196	–0.289	–0.409**	0.160	0.319*
BD_{500}	0.174	0.158	0.310	0.374*	–0.285	–0.211	–0.212	–0.226
FAR_{500}	–0.041	–0.140	0.378*	0.459**	–0.080	0.061	–0.325*	–0.400*
LSF_{500}	–0.039	–0.034	–0.513**	–0.565**	0.167	0.091	0.473**	0.502**
WSF_{500}	–0.390*	–0.350*	–0.093	–0.040	0.376*	0.340*	0.031	–0.051
GSF_{500}	–0.101	–0.093	–0.113	–0.123	0.093	0.042	0.064	0.030
FSF_{500}	0.341*	0.459**	–0.114	–0.203	–0.267	–0.409**	0.137	0.297
ISF_{500}	0.041	–0.028	0.324*	0.418**	–0.101	0.039	–0.217	–0.301
$COLD_{500}$	–0.145	–0.131	–0.295	–0.316*	0.183	0.108	0.231	0.203
FAR_{250}	0.030	–0.033	0.392*	0.449**	–0.129	0.016	–0.298	–0.353*
BD_{250}	0.212	0.247	0.359*	0.406**	–0.317*	–0.253	–0.266	–0.270
ISF_{250}	0.014	–0.012	0.335*	0.389*	–0.100	0.017	–0.261	–0.304
FSF_{250}	0.334*	0.452**	–0.136	–0.217	–0.224	–0.370*	0.149	0.294
GSF_{250}	–0.083	–0.101	–0.114	–0.111	0.089	0.040	0.061	0.017
WSF_{250}	–0.270	–0.314*	–0.085	0.017	0.282	0.281	0.060	–0.080
LSF_{250}	–0.027	–0.067	–0.426**	–0.479**	0.122	0.110	0.404**	0.446**
$COLD_{250}$	–0.115	–0.150	–0.260	–0.264	0.155	0.108	0.203	0.162
BD_{100}	0.248	0.278	0.504**	0.496**	–0.339*	–0.289	–0.414**	–0.385*
FAR_{100}	–0.009	–0.068	0.379*	0.429**	–0.103	0.048	–0.279	–0.323*
LSF_{100}	–0.090	–0.164	–0.297	–0.330*	0.150	0.170	0.274	0.331*
WSF_{100}	–0.260	–0.282	–0.065	0.031	0.279	0.262	0.052	–0.081
GSF_{100}	–0.060	–0.126	–0.163	–0.134	0.089	0.082	0.111	0.039
FSF_{100}	0.388*	0.492**	–0.074	–0.147	–0.326*	–0.463**	0.074	0.208
ISF_{100}	–0.028	–0.001	0.292	0.310	–0.045	0.029	–0.217	–0.230
$COLD_{100}$	–0.118	–0.205	–0.248	–0.218	0.166	0.162	0.192	0.123
景观格局指数								
LPI	0.192	0.258	0.370*	0.344*	–0.305	–0.245	–0.338*	–0.280
LSI	–0.293	–0.410**	–0.294	–0.276	0.377*	0.454**	0.249	0.178
SHDI	–0.056	–0.143	–0.343*	–0.372*	0.173	0.132	0.296	0.302
CONTAG	0.014	0.074	0.211	0.187	–0.108	–0.074	–0.229	–0.195

**：在 0.01 水平（双侧）上显著相关；

*：在 0.05 水平（双侧）上显著相关。

注：深灰、中灰与浅灰色分别代表与夜间热环境参数、日间热环境参数以及日间和夜间热环境参数，在 0.05 或 0.01 显著性水平上具有相关性的指标。

（3）与日间平均温度相关性最高的指标是天空可视度（*SVF*），相关系数为0.703；其次为地表温度（*LST*），相关系数为0.624。共有19个指标与日间平均温度具有相关关系（0.05显著水平上），如图6-1所示，与日间极值温度具有相关关系的指标共23个。此外，地表温度（*LST*）、铺地的比热容（P_{SHC}）、不透水面面积比（*ISF*）等下垫面性能指标与日间温度显著相关，说明日间温度受地表及下垫面的影响也较大。

（4）与夜间平均温度相关性最高的指标是建筑密度（*BD*），相关系数为0.627，其次为不透水面面积比（*ISF*），相关系数为0.61。相比日间平均温度，有更多的城市空间指标（30个）与夜间平均温度具有相关关系。如图6-2所示，对于夜间极值温度来说，有35个指标与夜间极值温度具有相关关系，其中到商圈的距离（*DTC*）与其相关性最强，其次是500m缓冲区的土壤比例（LSF_{500}），说明夜间温度受周围环境的影响较大。

（5）对于日间平均相对湿度及极值湿度来说，如图6-3所示，地表温度（*LST*）与其相关性最大，其次铺地的比热容（P_{SHC}）、不透水面面积比（*ISF*）等下垫面性能指标。地表温度通过热辐射和热传导作用间接影响了空气的温度和湿度，而下垫面的材质与性能又能间接影响

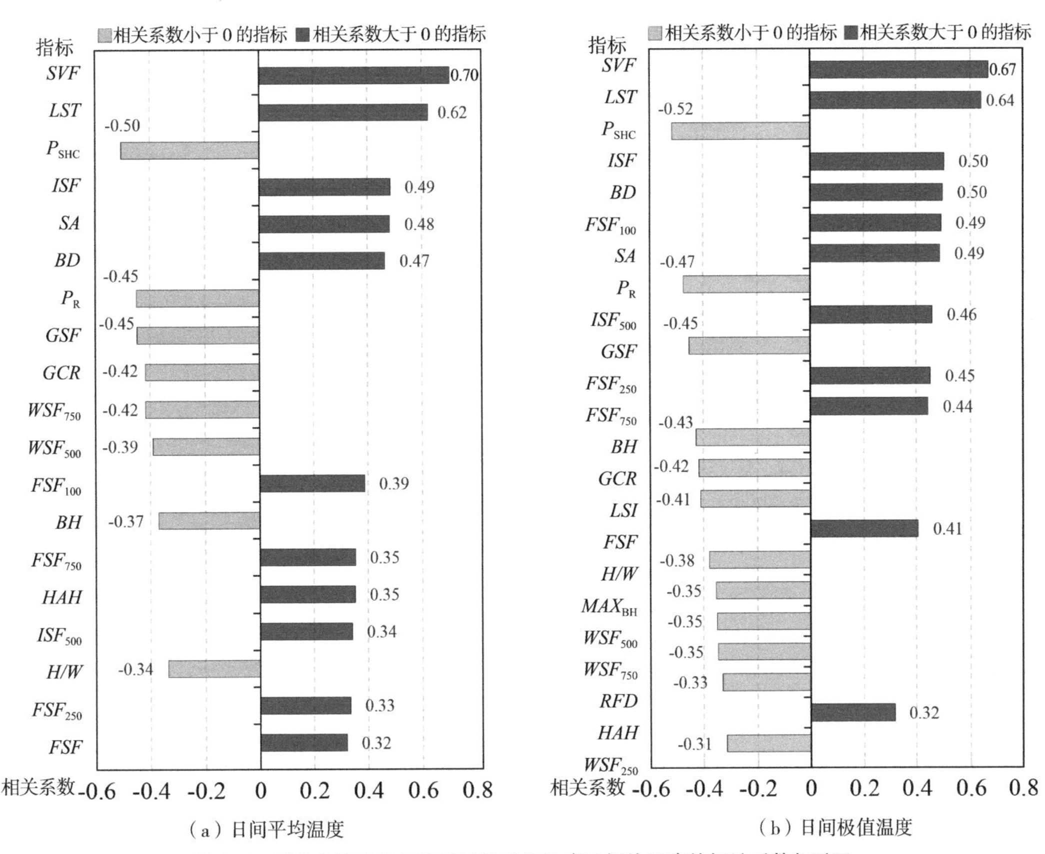

图6-1　城市空间指标与夏季日间平均温度及极值温度的相关系数条形图

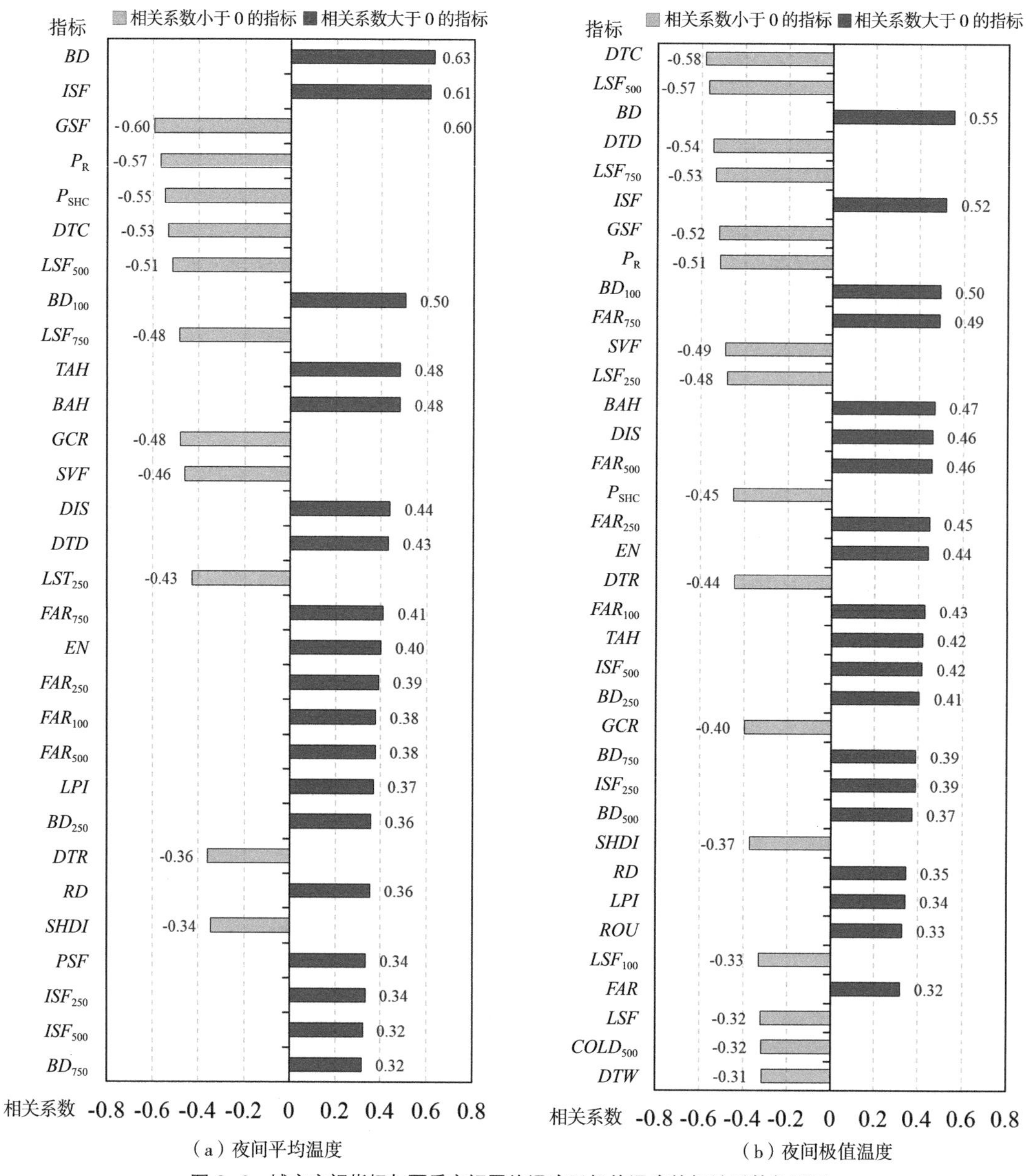

（a）夜间平均温度　　（b）夜间极值温度

图 6–2　城市空间指标与夏季夜间平均温度及极值温度的相关系数条形图

地表温度，它们之间存在相互影响的复杂关系。

（6）对于夜间平均相对湿度来说，与夜间平均温度类似，如图 6–4 所示，不透水面面积比（*ISF*）、绿地面积比例（*GSF*）、建筑密度（*BD*）等指标与其相关性较强；极值湿度与夜间极值温度类似，到商圈的距离（*DTC*）、到市中心的距离（*DTD*）和 500m 缓冲区的土壤比例（LSF_{500}）等均是相关性较强的指标。

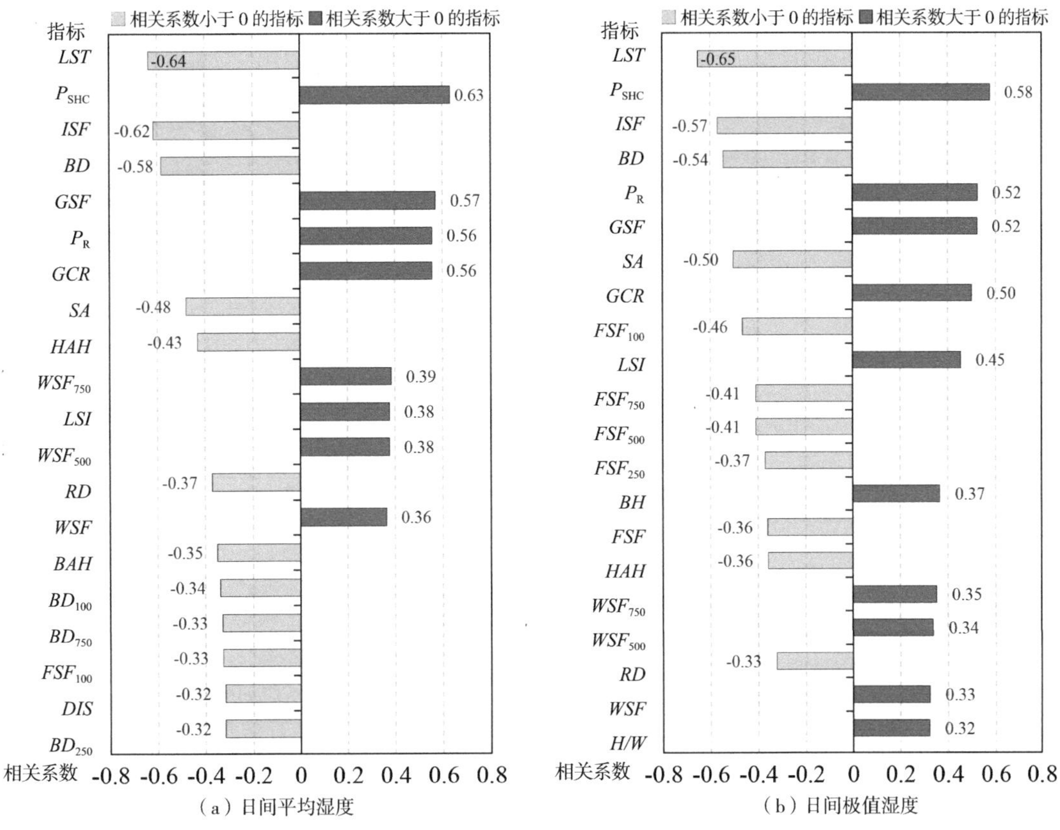

图6-3　城市空间指标与夏季日间平均湿度及极值湿度的相关系数条形图

6.1.2　冬季热环境参数与城市空间指标的相关性分析

对于冬季热环境参数来说，总体上与其具有相关性的指标数量不如夏季多，如表6–2所示，有47个指标至少与一个夜间或日间的热环境参数在显著性0.05水平上具有相关关系，即69%的城市空间指标具有研究意义。具体来说，冬季热环境参数与指标的相关性具有以下特点：

（1）昼夜间热环境参数与城市空间指标的相关系数具有极其显著差异，仅有7个指标与冬季日间热环境参数在0.05水平以上具有相关性，几乎没有城市空间指标与日间温度具有明显的相关性，如图6–5所示，说明冬季日间热环境受城市空间形态及下垫面因素的影响较小，这与前人研究保持一致（Yan et al.，2014），冬季日间温度和湿度更易受太阳辐射及大气污染物等因素的影响，所以大部分城市空间指标无法解释导致热环境空间差异产生的原因。相反有46个指标在至少0.05水平上与夜间温度和湿度指标具有相关性，说明夜间城市的热环境易受人为活动及空间布局等因素影响。

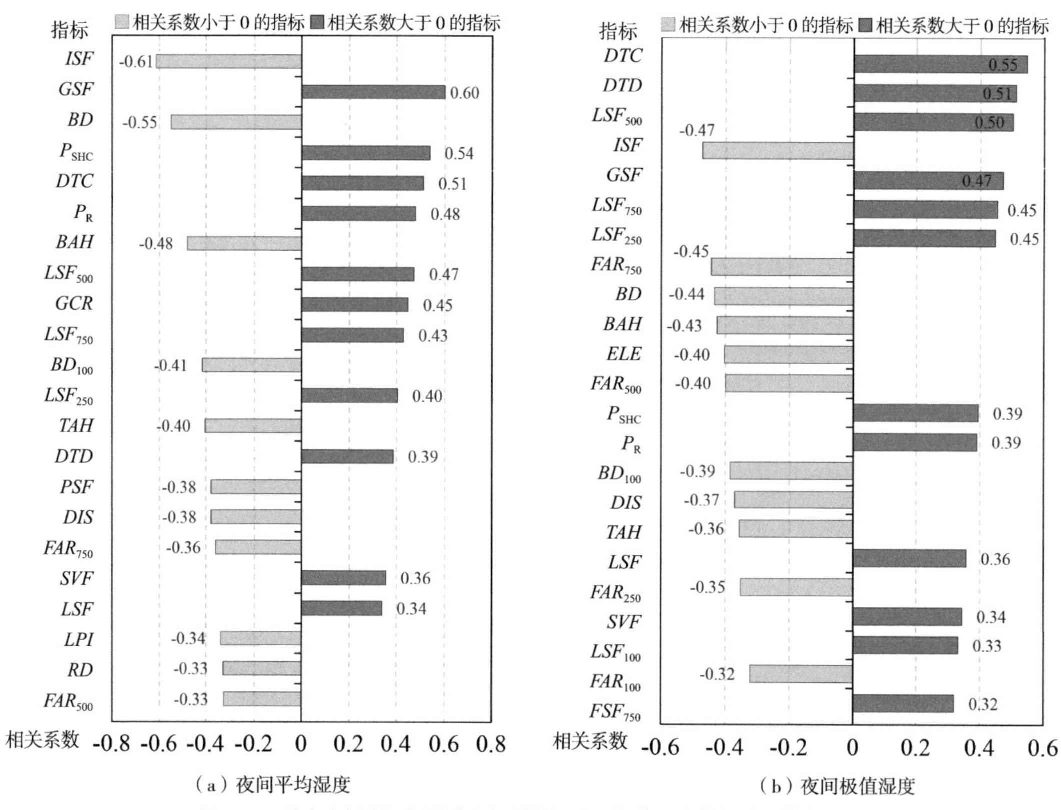

图 6–4　城市空间指标与夏季夜间平均湿度及极值湿度的相关系数条形图

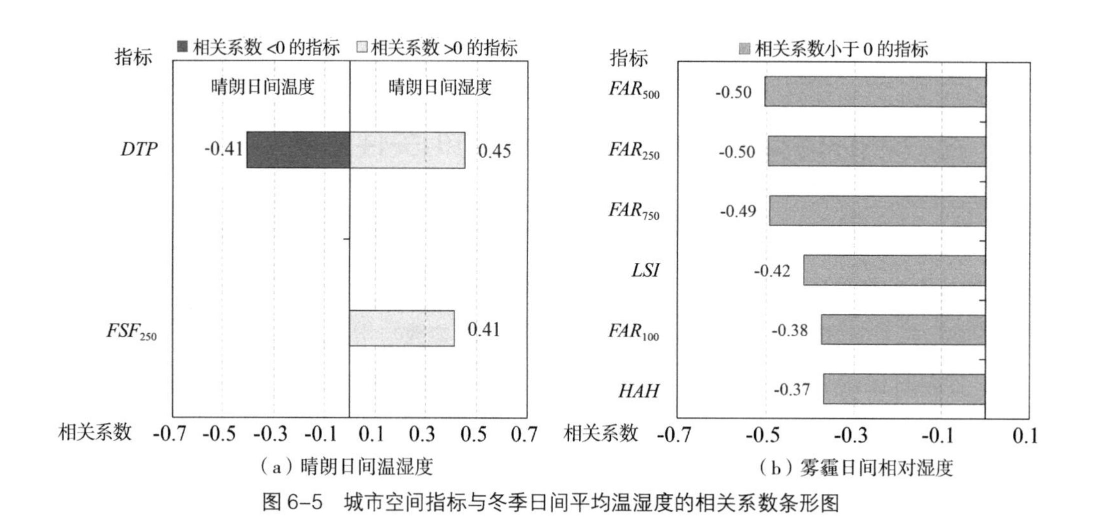

图 6–5　城市空间指标与冬季日间平均温湿度的相关系数条形图

（2）与雾霾夜间温度相关性最高的指标是铺地比热容（P_{SHC}），相关系数为 –0.685，其次为绿地率（*GSF*），相关系数为 –0.672。如图 6–6 所示，共有 31 个指标与雾霾夜间温度具有相关关系（0.05 显著水平上）。与晴朗夜间温度相关性最高的指标是粗糙度（*ROU*），相关系数为0.645，其次为100m建筑密度（BD_{100}），相关系数为0.642，共有33个指标与晴朗夜间温度具有相关关系（0.05显著水平上）。

城市空间指标与冬季热环境参数的皮尔逊相关系数　表6-2

指标	雾霾日间温度	雾霾日间湿度	晴朗日间温度	晴朗日间湿度	雾霾夜间温度	雾霾夜间湿度	晴朗夜间温度	晴朗夜间湿度
总体形态布局类								
BD	–0.229	–0.200	–0.096	–0.074	0.647**	–0.458*	0.638**	–0.484*
BH	–0.055	0.044	–0.066	–0.074	0.020	0.104	0.196	–0.036
FAR	–0.206	–0.207	–0.155	–0.089	0.641**	–0.436	0.521**	–0.295
GCR	0.245	–0.103	0.255	–0.036	–0.622**	0.482*	–0.502**	0.393*
RD	–0.148	–0.012	–0.185	0.097	0.663**	–0.389	0.575**	–0.470*
下垫面结构与性能								
ISF	–0.137	–0.118	–0.112	–0.215	0.668**	–0.436	0.612**	–0.408*
LSF	0.274	–0.110	0.086	0.181	–0.168	0.082	–0.254	0.127
WSF	–0.057	0.074	0.069	–0.123	–0.481*	0.278	–0.468*	0.392*
GSF	0.143	–0.035	0.150	0.079	–0.672**	0.473*	–0.430*	0.160
PSF	–0.005	0.089	–0.010	–0.301	0.097	–0.088	0.169	0.048
FSF	–0.152	0.070	0.132	–0.139	0.085	–0.191	–0.064	0.168
P_R	0.231	–0.016	0.141	–0.195	–0.622**	0.424	–0.499**	0.371
P_{SHC}	0.178	–0.041	0.145	–0.030	–0.685**	0.483*	–0.581**	0.369
LST	0.020	–0.286	0.081	–0.026	0.198	–0.145	0.149	–0.217
SA	0.048	–0.146	0.070	–0.221	0.439	–0.268	0.068	0.172
TER	0.337	–0.235	–0.004	–0.059	–0.598**	0.312	–0.149	0.161
ELE	0.254	–0.222	0.102	–0.226	0.080	–0.159	0.258	–0.205
街区内部形态								
SVF	0.297	0.198	0.148	0.104	–0.620**	0.492*	–0.523**	0.431*
RFD	0.092	–0.063	0.276	–0.334	–0.472*	0.404	0.125	–0.094
ROU	0.043	–0.021	0.143	–0.186	0.395	–0.380	0.645**	–0.466*
DIS	–0.218	–0.089	0.051	–0.076	0.334	–0.321	0.418*	–0.524**
SHAPE	0.046	0.036	0.176	–0.073	–0.243	0.053	–0.385	0.085
MAX_{BH}	0.020	–0.175	0.193	–0.393	–0.316	0.246	0.141	–0.051
EN	–0.270	–0.201	–0.093	–0.111	0.629**	–0.488*	0.545**	–0.444*
H/W	–0.042	0.017	–0.088	–0.071	0.071	0.024	0.171	–0.026
到冷热源的距离								
DTD	0.016	0.165	0.138	–0.071	–0.375	0.232	–0.488*	0.447*
DTI	0.225	–0.061	–0.120	0.073	0.521*	–0.319	–0.005	0.117

续表

指标	雾霾日间温度	雾霾日间湿度	晴朗日间温度	晴朗日间湿度	雾霾夜间温度	雾霾夜间湿度	晴朗夜间温度	晴朗夜间湿度
DTC	–0.165	0.131	0.028	–0.020	–0.385	0.353	–0.299	0.286
DTP	–0.083	–0.264	0.451*	–0.408*	0.343	–0.462*	0.052	–0.013
DTR	0.076	–0.181	0.053	–0.086	0.272	–0.383	–0.402*	0.451*
DTW	–0.275	0.259	–0.024	0.137	0.260	–0.047	0.024	0.195
人为排热								
HAH	0.012	–0.370*	0.075	–0.151	0.494*	–0.246	0.400*	–0.071
TAH	–0.071	0.030	–0.119	0.071	0.465*	–0.228	0.530**	–0.518**
BAH	–0.245	–0.128	–0.083	–0.080	0.412	–0.165	0.475*	–0.244
周围缓冲区特征								
BD_{750}	–0.082	–0.247	0.169	–0.281	0.365	–0.200	0.542**	–0.530**
FAR_{750}	0.101	–0.493**	0.046	–0.229	0.322	–0.264	0.496**	–0.428*
LSF_{750}	–0.061	–0.026	0.259	0.215	–0.227	0.302	–0.451*	0.490*
WSF_{750}	0.279	0.055	–0.233	0.044	–0.026	–0.042	–0.297	0.100
GSF_{750}	0.128	–0.174	–0.169	–0.070	–0.401	0.199	–0.289	0.069
FSF_{750}	–0.190	0.157	0.302	–0.331	–0.085	–0.014	–0.096	0.126
BD_{500}	–0.043	–0.213	0.168	–0.254	0.417	–0.253	0.526**	–0.508**
FAR_{500}	0.108	–0.504**	0.084	–0.239	0.435	–0.358	0.523**	–0.431*
LSF_{500}	–0.178	0.002	0.261	–0.102	–0.124	0.143	–0.376	0.322
WSF_{500}	0.353	0.211	–0.041	0.153	–0.186	0.140	–0.318	0.157
GSF_{500}	0.083	–0.169	–0.215	–0.088	–0.451	0.260	–0.251	0.030
FSF_{500}	–0.135	0.135	0.367	–0.312	–0.086	0.029	–0.088	0.147
ISF_{500}	–0.108	–0.275	0.165	–0.166	0.461*	–0.280	0.455*	–0.371
$COLD_{500}$	0.052	–0.141	–0.164	–0.094	–0.470*	0.289	–0.359	0.126
FAR_{250}	–0.003	–0.496**	–0.009	–0.243	0.606**	–0.544*	0.512**	–0.389*
BD_{250}	–0.155	–0.222	0.057	–0.228	0.480*	–0.307	0.515**	–0.417*
ISF_{250}	–0.149	–0.290	0.115	–0.192	0.584**	–0.398	0.413*	–0.264
FSF_{250}	–0.130	0.115	0.412*	–0.301	–0.077	0.019	–0.068	0.141
GSF_{250}	0.194	–0.070	–0.167	–0.013	–0.556*	0.343	–0.211	–0.039
WSF_{250}	0.165	0.241	0.006	0.147	–0.424	0.432	–0.282	0.139
LSF_{250}	–0.267	–0.003	0.168	–0.042	–0.046	0.115	–0.391*	0.380
$COLD_{250}$	0.117	–0.043	–0.125	–0.007	–0.578**	0.398	–0.340	0.105
BD_{100}	–0.194	–0.304	–0.027	–0.236	0.478*	–0.347	0.642**	–0.545**
FAR_{100}	–0.103	–0.375*	–0.110	–0.185	0.560*	–0.490*	0.439*	–0.298
LSF_{100}	–0.231	0.096	0.301	0.037	0.001	0.062	–0.434*	0.378
WSF_{100}	0.162	0.263	–0.003	0.125	–0.582**	0.558*	–0.345	0.231
GSF_{100}	0.261	–0.121	–0.190	0.025	–0.517*	0.246	–0.169	–0.177
FSF_{100}	–0.061	0.105	0.242	–0.110	–0.482*	0.472*	–0.060	0.139
ISF_{100}	–0.213	–0.240	0.148	–0.242	0.581**	–0.345	0.386	–0.173
$COLD_{100}$	0.187	–0.074	–0.130	0.038	–0.517*	0.282	–0.318	0.005
景观格局指数								
LPI	0.098	–0.131	0.109	–0.163	–0.381	0.278	–0.311	0.246

续表

指标	雾霾日间温度	雾霾日间湿度	晴朗日间温度	晴朗日间湿度	雾霾夜间温度	雾霾夜间湿度	晴朗夜间温度	晴朗夜间湿度
LSI	0.011	–0.415*	0.028	–0.278	–0.003	–0.097	0.087	0.034
LPI	–0.135	–0.253	–0.082	–0.277	0.515*	–0.336	0.541**	–0.372
SHDI	0.237	–0.023	0.292	0.008	–0.437	0.261	–0.487*	0.379

**：在 0.01 水平（双侧）上显著相关；

*：在 0.05 水平（双侧）上显著相关。

注：深灰、中灰与浅灰色分别代表与夜间热环境参数、日间热环境参数以及日间和夜间热环境参数，在 0.05 或 0.01 显著性水平上具有相关性的指标。

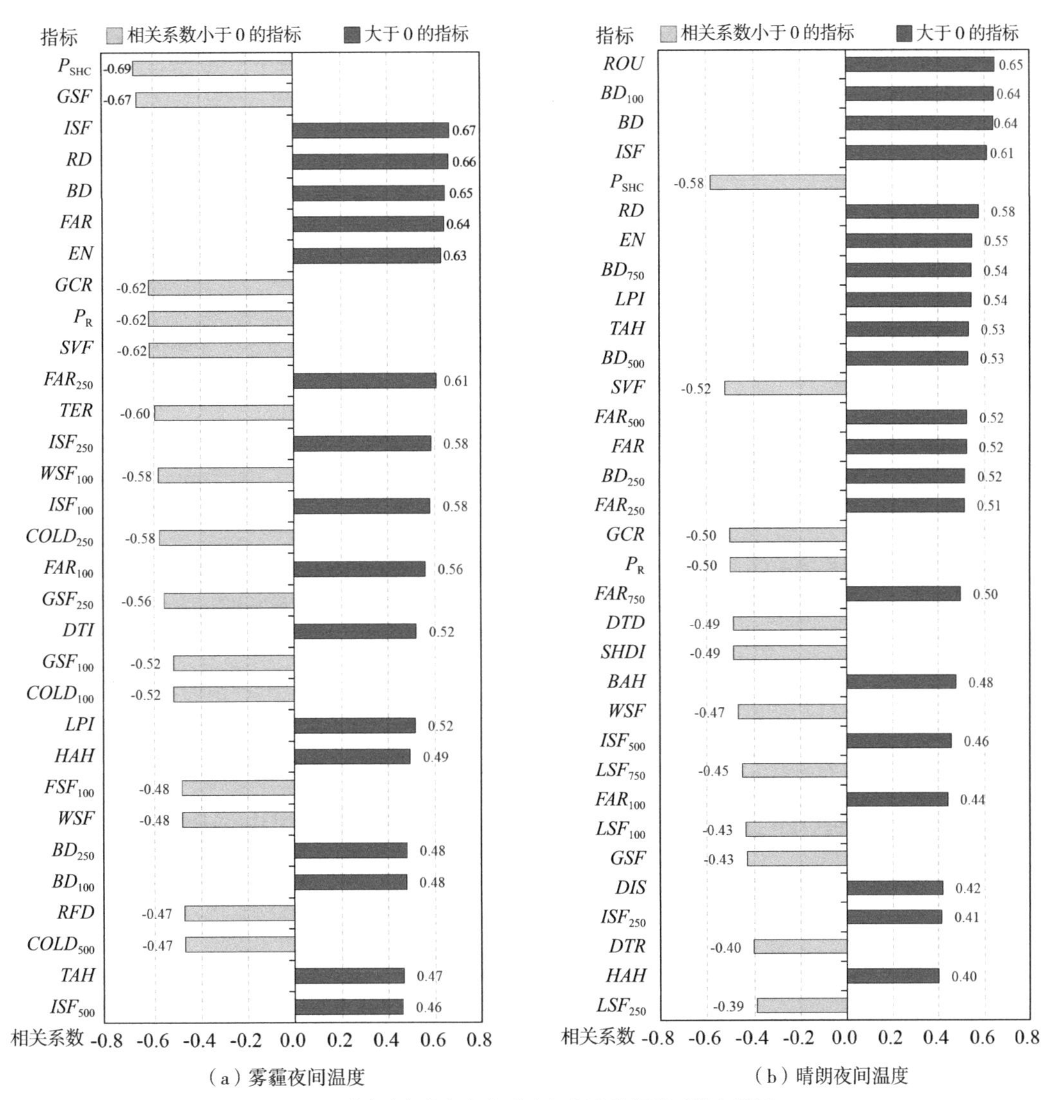

（a）雾霾夜间温度　　（b）晴朗夜间温度

图 6–6　城市空间指标与冬季夜间温度的相关系数条形图

无论晴朗天气还是雾霾天气，夜间热环境与城市空间指标关系更加密切，且缓冲区类指标占比最大，约 50%，说明夜间地块自身的热环境更易受周围区域的影响。

与雾霾夜间湿度具有相关关系的指标共 11 个，如图 6–7 所示，相关性最大的指标是 100m 水体率（WSF_{100}），相关系数为 0.558，其次是 250m 容积率（FAR_{250}）以及天空可视度。与晴朗夜间湿度具有相关关系的指标共 20 个，相关系数最大的是 100m 建筑密度（BD_{100}），其次是 750m 建筑密度（BD_{750}）以及建筑离散度，总的来说，夜间湿度与城市空间指标的相关关系不强，无相关系数大于 0.6 的指标。

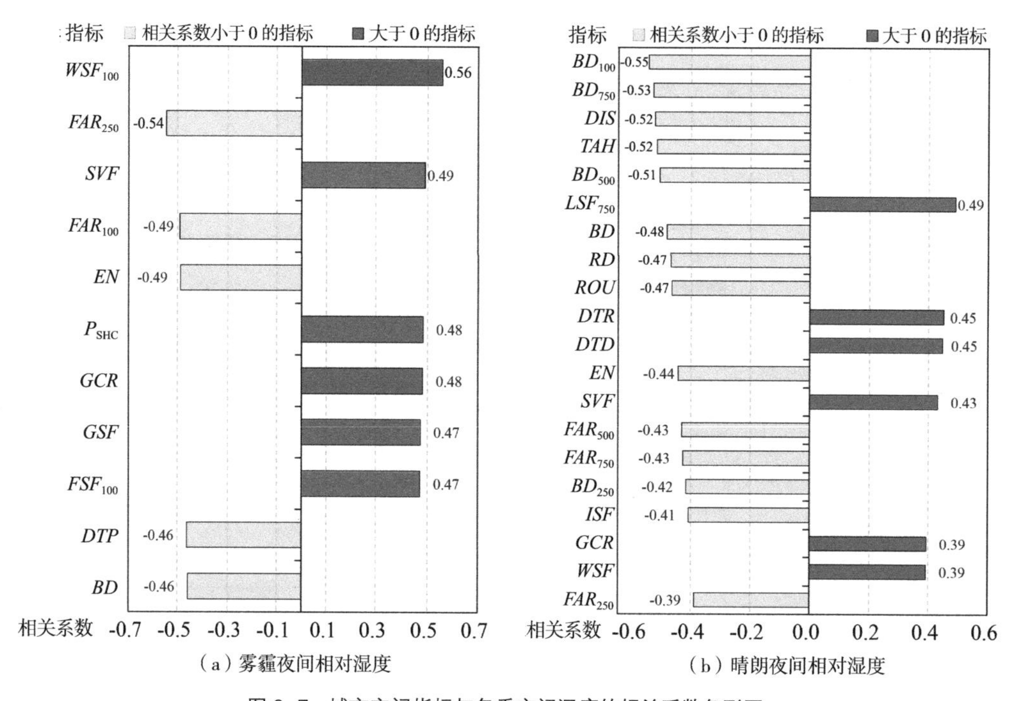

图 6–7　城市空间指标与冬季夜间湿度的相关系数条形图

6.2　城市空间指标与热环境参数的一元回归分析

6.2.1　夏季热环境参数与城市空间指标的一元回归分析

根据上节相关性分析结果，将与夏季热环境参数在 0.01 水平上显著相关的城市空间指标筛选出来，如表 6–3 所示，这些指标视为影响夏季热环境参数的重要指标。

与夏季热环境参数在0.01水平上显著相关的指标　　表6-3

热环境参数	城市空间指标
日间平均温度	SVF、LST、P_{SHC}、ISF、SA、BD、P_{R}、GSF、GCR
日间极值温度	SVF、LST、P_{SHC}、ISF、BD、FSF_{100}、SA、P_{R}、ISF_{500}、GSF、FSF_{250}、FSF_{750}、BH、GCR、LSI
夜间平均温度	BD、ISF、GSF、P_{R}、P_{SHC}、DTC、LSF_{500}、BD_{100}、LSF_{750}、TAH、BAH、GCR、DTD、LSF_{500}、ISF、GSF、LSF_{750}、LSF_{250}、FAR_{750}、BD、BAH、ELE
夜间极值温度	DTC、LSF_{500}、BD、DTD、LSF_{750}、ISF、GSF、P_{R}、BD_{100}、FAR_{750}、SVF、LSF_{250}、BAH、DIS、FAR_{500}、P_{SHC}、FAR_{250}、EN、DTR、FAR_{100}、TAH、ISF_{500}
日间平均湿度	LST、P_{SHC}、ISF、BD、GSF、P_{R}、GCR、SA、HAH
日间极值湿度	LST、P_{SHC}、ISF、BD、P_{R}、GSF、SA、GCR、FSF_{100}、LSI、FSF_{750}、FSF_{500}
夜间平均湿度	ISF、GSF、BD、P_{SHC}、DTC、P_{R}、BAH、LSF_{500}、GCR、LSF_{750}、BD_{100}、LSF_{250}、TAH
夜间极值湿度	DTC、DTD、LSF_{500}、ISF、GSF、LSF_{750}、LSF_{250}、FAR_{750}、BD、BAH、ELE

将部分重要指标提取出来，与热环境参数进行两两一元回归分析。

从图 6-8（a）可以看出，对于日间平均温度、日间极值温度来说，天空可视度是最强的影响因子，解释了约 50% 日间平均温度的差异，在街区范围内，控制其他因素不变，天空可视度值每增加 10%，日间平均气温将增加 0.35℃，日间极值温度将增加 0.40℃。地表温度也

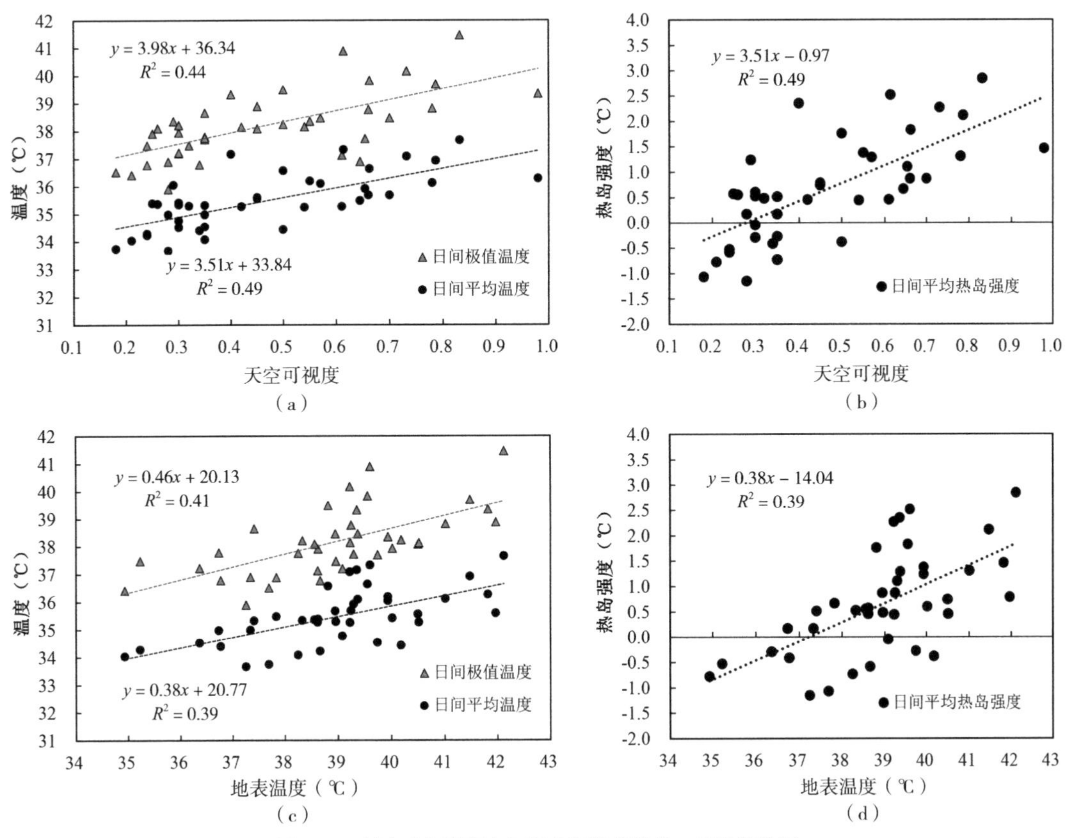

图 6-8　城市空间指标与日间热环境参数的一元回归分析

是影响日间空气温度较为重要的指标，解释了约 40% 日间空气温度的变化，如图 6–8（c）所示，地表温度每增加 1℃，日间平均气温将增加 0.38℃，日间极值温度将增加 0.46℃。

建筑密度与日间空气温度具有正向相关关系（图 6–9），在西安这种静风天气下，建筑密度的增高意味着人为排热的增加，产生的热量也不易扩散出去，导致温度增高；铺装比热容指标与日间空气温度具有负相关关系，比热容越大代表材质的储热性能越强，热量越不易释放，升温效果越不明显。

此外，图 6–9（b）展示了建筑高度与温度的关系，尽管 R^2 相对较低，但仍能发现高度与日间气温存在负向相关关系。建筑物高度的增加会影响日间阴影情况和室外通风状况。随着高度的增加，更多的地面和立面区域会被阴影化，从而使得白天升温的效果不明显。

对于夜间热环境参数来说，建筑密度是影响夜间平均温度的最强因子，如图 6–10（a）所示，解释了约 40% 夜间平均温度的差异，在街区范围内，控制其他因素不变，建筑密度每增加 10%，夜间平均气温将增加 0.44℃，夜间平均湿度将减少 1.41%。绿地面积比例也是较强的影响因子，如图 6–10（b）所示，在街区范围内，每增加 10%，夜间平均温度将下降 0.27℃，

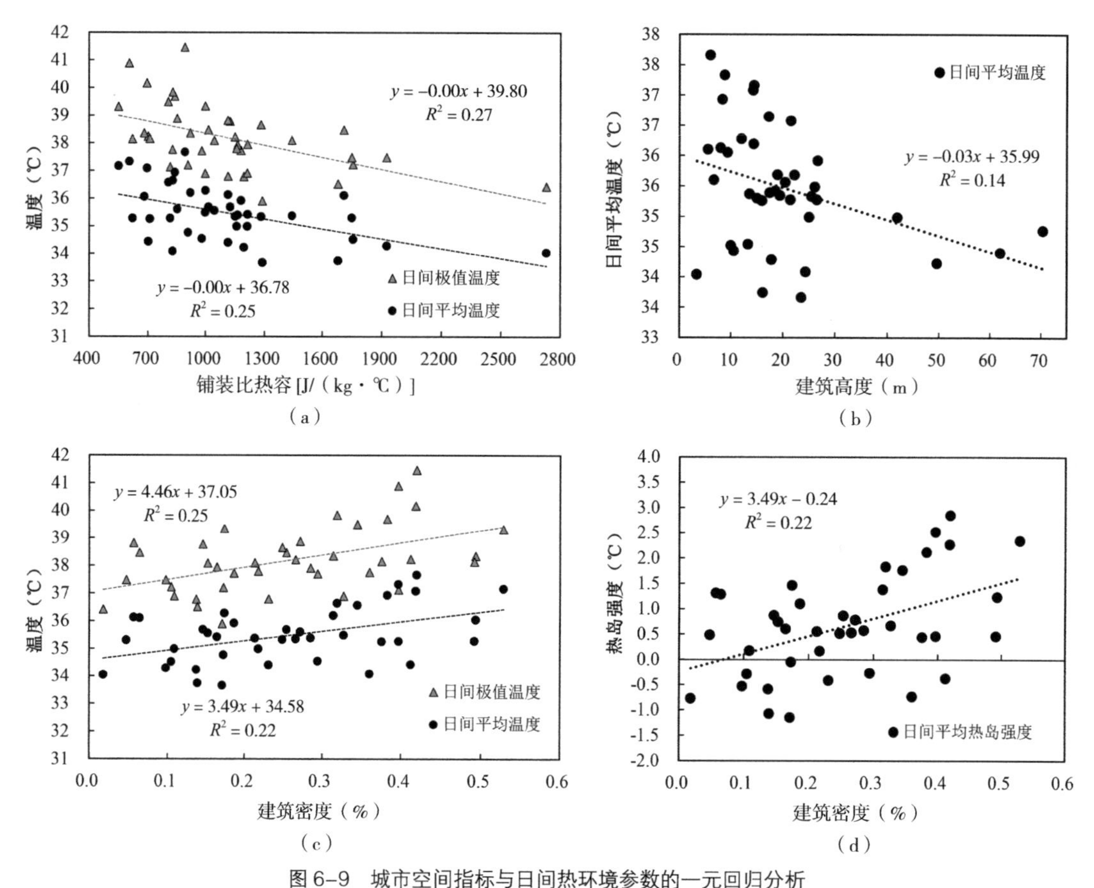

图 6–9　城市空间指标与日间热环境参数的一元回归分析

夜间平均相对湿度将增加 1.01%。

夜间极值空气温度与到城市商圈的距离呈负相关关系，如图 6–10（c）所示，即距离越近，温度越高，根据回归拟合方程，在街区范围内，到商圈的距离每增加 1km，夜间极值温度将下降 0.46℃。这是因为此时夜间活动尚未停止，城市商圈附近人流车流量大，建筑密度高，产热较多，影响了周围区域的热环境，使温度升高。此外，夜间极值温湿度还受到周围缓冲区特征的影响，如图 6–10（d）所示，500m 缓冲区土壤面积比例与极值温度呈负相关关系，因为土壤作为透水下垫面，在夜间不会向空气中释放多余的热量，从而不会促使环境温度升高。

这些都与前人的研究保持一致，即建筑物和不透水表面面积的增加，加剧城市热岛效应（Chun et al.，2014），造成空气温度升高，而植被可以通过日间遮阴和蒸腾的综合作用促使空气温度下降，相对湿度升高（Steeneveld et al.，2014；van Hove et al.，2015）。

根据《城市居住区热环境设计标准》JGJ 286—2013，城市居住环境应满足夏季日间平均热岛强度不得高于 1.5℃的阈值标准。基于该标准，根据图 6–8（b）、（d）和图 6–9（d）的拟合方程，当夏季街区的热岛强度值低于 1.5℃时，计算出街区建筑密度不应大于 49.8%，天空可视度不应大于 0.7，地表温度不应高于 40.9℃的阈值。

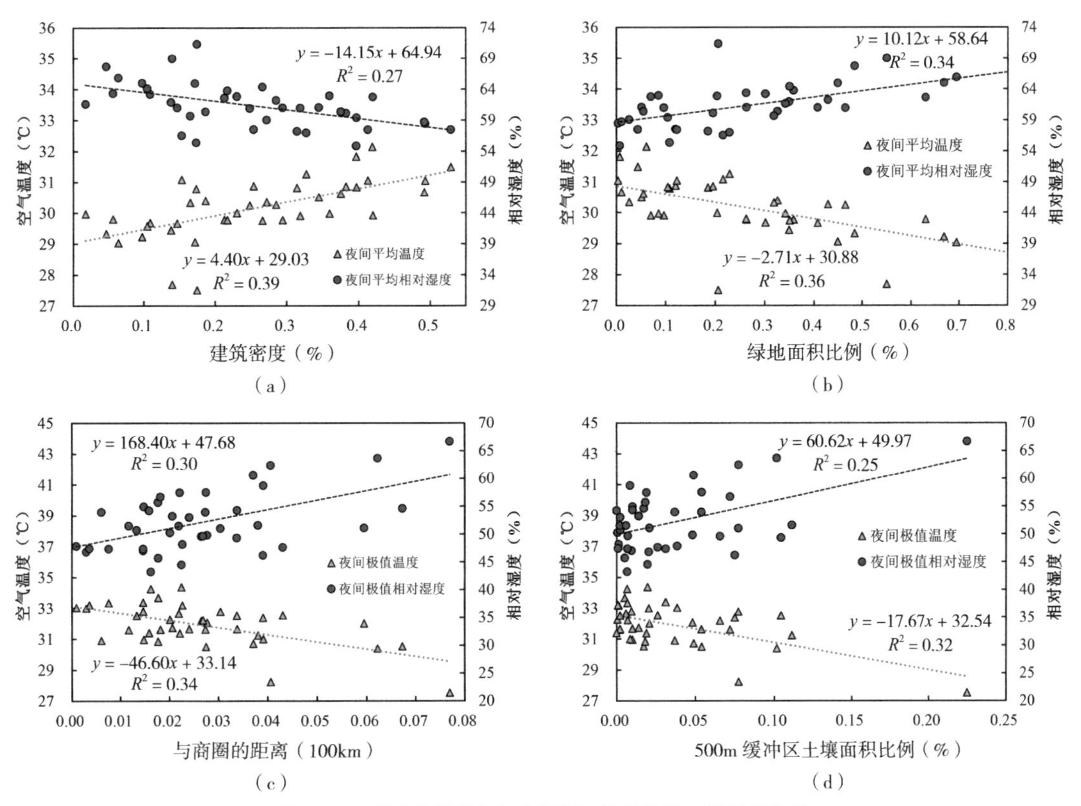

图 6–10　城市空间指标与夜间热环境参数的一元回归分析

6.2.2 冬季热环境参数与城市空间指标的一元回归分析

根据上节相关性分析结果，将与冬季热环境参数在 0.01 水平上显著相关的城市空间指标筛选出来，如表 6–4 所示，这些指标是影响冬季热环境参数的重要指标。

与冬季热环境参数在0.01水平上显著相关的指标　　表6–4

热环境参数	城市空间指标
雾霾夜间温度	P_{SHC}、GSF、ISF、RD、BD、FAR、EN、GCR、P_R、SVF、FAR_{250}、TER、ISF_{250}、WSF_{100}、ISF_{100}、$COLD_{250}$
晴朗夜间温度	ROU、BD_{100}、BD、ISF、P_{SHC}、RD、EN、BD_{750}、LPI、TAH、BD_{500}、SVF、FAR_{500}、FAR、BD_{250}、FAR_{250}、GCR、P_R、FAR_{750}
晴朗夜间湿度	BD_{100}、BD_{750}、DIS、TAH、BD_{500}
雾霾日间湿度	FAR_{500}、FAR_{250}、FAR_{750}

将部分重要指标提取出来，与冬季热环境参数进行两两一元回归分析。从图 6–11（a）可以看出，对于雾霾夜间温度来说，铺装比热容是最强的影响因子，解释了约 50% 雾霾夜间温度的差异。粗糙度是影响晴朗天气下夜间温度的最强因子，粗糙度越大意味着城市下垫面越粗糙，风流经该区域时阻力越大，导致风速降低，间接影响热环境，如图 6–11（b）所示，若控制其他因素不变，粗糙度每增加 10%，夜间温度将增加 0.32℃。

不透水面面积比（ISF）及 100m 缓冲区建筑密度（BD_{100}）与夜间空气温度具有正向相关关系，如图 6–11（c）、（e）所示，在西安这种冬季逆温层效应和静风频发的天气下，不透水面面积比与建筑密度的增高意味着建筑及人为排放产生的热量愈发不易扩散，直接导致温度增高，加剧城市热岛效应。

绿地面积比例与雾霾夜间温度呈负相关关系，如图 6–11（d）所示，植被夜间冷却速率及降温效率高，所以夜间气温会随着植被覆盖的增加而降低。

对于冬季日间热环境参数来说，仅有 3 项缓冲区类指标与其具有较显著的相关关系，如表 6–4 所示，这 3 项均为缓冲区类容积率指标，说明容积率是影响冬季日间热环境较为重要的参数，容积率的增大意味着建筑密度与建筑高度的双重增加，会容纳更多的人口，产生更多的废热，从而使得温度增高，而温度与湿度具有镜像关系，所以容积率与冬季日间空气相对湿度呈负相关关系，如图 6–11（f）所示。

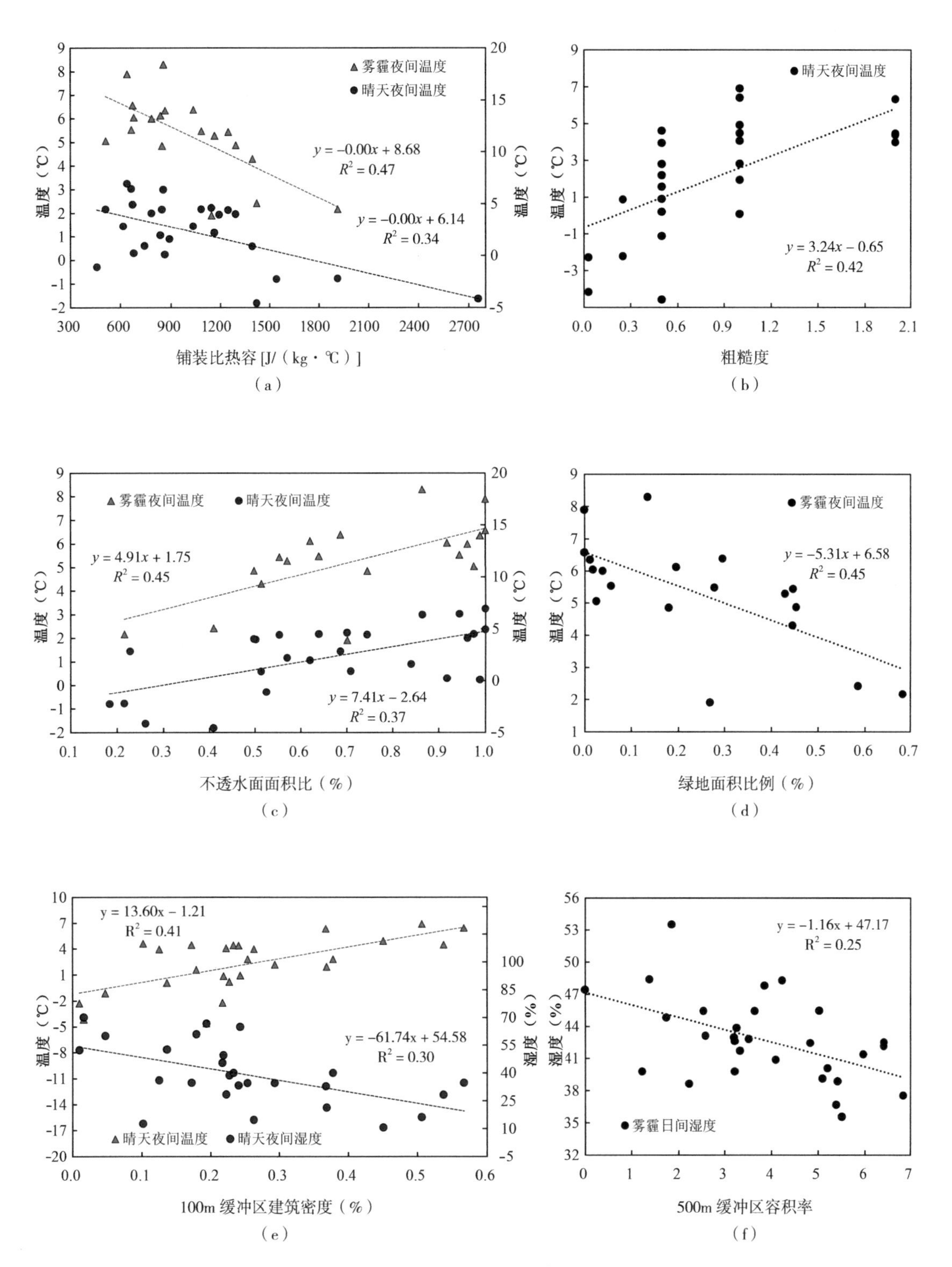

图 6-11　城市空间指标与冬季热环境参数的一元回归分析

6.3 城市空间指标与热环境参数的多元回归分析

6.3.1 夏季热环境参数与城市空间指标的多元回归分析

运用最小二乘法将 8 个夏季热环境参数分别作为因变量，取表 6–3 中的重要城市空间指标作为自变量（已通过异常值检验），采用逐步多元回归的方式，来确定它们对热环境参数的解释能力。8 个回归模型如表 6–5 所示。

不同夏季热环境参数的回归模型统计表　　表6–5

	调整R^2	标准估计误差	德宾–沃森检验	拟进入方程自变量个数	最终显著自变量个数
日间平均温度	0.566	0.663	2.101	19	2
日间极值温度	0.589	0.771	1.972	23	2
夜间平均温度	0.554	0.630	1.423	30	2
夜间极值温度	0.504	0.974	1.181	35	2
日间平均湿度	0.512	2.096	1.394	20	2
日间极值湿度	0.503	2.058	1.512	21	2
夜间平均湿度	0.503	2.644	0.985	22	2
夜间极值湿度	0.598	3.383	1.840	23	3

8 个回归方程的 F 检验均高度显著（$Sig. < 0.001$），均通过德宾 – 沃森检验，它们的调整 R^2 均在 0.5 之上，温度的标准估计误差在 1℃以下，湿度的标准估计误差在 2%~3%，说明模型预测结果能力良好。表 6–6 显示了 8 个回归方程的各项自变量的 t 检验均显著（$Sig. < 0.05$），各自变量 *VIF* 值均小于 10，说明模型内的自变量不存在多重共线性问题。

根据标准化偏回归系数的绝对值大小来比较每个指标对各自热环境参数的影响程度，绝对值越大，影响程度越高。对日间温度来说，天空可视度的标化系数最大，说明夏季街区的温度主要受太阳辐射的影响，其次是下垫面铺装的反射率，反射率越大表明材质反射短波辐射的能力越强，接收到的热量越少，所以温度就越低，反射率与温度呈现负相关关系。对于夜间温度来说，绿地面积比例的标化系数值最大，说明在夜间公园及大面积绿地会在很大程度上改善城市热岛效应，起到降温作用。对于日间湿度来说，土壤面积比例是最重要的影响因子，铺装反射率次之。

总体而言，天空可视度、铺装反射率和土壤面积比例这三个指标对日间热环境参数的影响较大，被选用的次数最多。绿地面积比例、到商圈的距离这两个指标对夜间热环境参数影响较大，被选用的次数相对较多。所以在城市规划中，这些对热环境有重要影响的指标应予以重视。

各类回归方程中显著的自变量的标准化偏回归系数一览表　　表6–6

因变量	显著的自变量	标准系数	*Sig.*	*VIF*
日间平均温度	天空可视度	0.637	0.000	1.047
	铺装反射率	–0.313	0.006	1.047
日间极值温度	天空可视度	0.539	0.000	1.095
	铺装反射率	–0.364	0.001	1.051
夜间平均温度	500m 缓冲区土壤面积比例	–0.466	0.000	1.007
	绿地面积比例	–0.562	0.000	1.007
夜间极值温度	绿地面积比例	–0.516	0.000	1.023
	到商圈的距离	–0.442	0.000	1.023
日间平均湿度	土壤面积比例	–0.508	0.000	1.132
	铺装反射率	0.383	0.003	1.132
日间极值湿度	土壤面积比例	–0.536	0.000	1.132
	铺装反射率	0.341	0.007	1.132
夜间平均湿度	不透水面面积比	–0.530	0.000	1.046
	到商圈的距离	0.399	0.001	1.046
夜间极值湿度	到商圈的距离	0.439	0.000	1.035
	绿地面积比例	0.460	0.000	1.045
	相对高程比	–0.427	0.000	1.029

尽管 8 个回归方程的调整 R^2 均大于 0.5，但是对于每个回归模型来说，可进行预测的自变量太少，自变量个数最多为 3 个（夜间极值湿度），导致每个方程中某几个指标的权重过大，而这些指标本身并不属于城市规划中重点控制的指标，很多与热环境参数紧密相关的重要指标（见表 6–3），在进行逐步回归分析时，被剔除出模型外。这是由于城市空间指标自身之间存在一定的相关性（以影响夜间平均温度的指标为例，表 6–7 为指标的共线性诊断结果，多数指标的 *VIF* 值大于 10，证明它们之间具有明显的共线性问题），而纳入逐步回归模型的变量虽然能够克服多重共线性问题，但是计入模型的指标过少，无法综合反映城市空间指标对城市热环境的影响作用。

上文列举出的众多已证明与热环境参数有显著相关关系的重要指标，虽不是每个指标都能够对热环境参数进行解释，但是通过多因素的综合分析能够更好地探究它们之间的内在联系，得知多种指标对城市热环境的影响程度和权重排序，从而基于城市空间规划视角对热环境进行综合评价，为城市热环境的定量研究提供数据支撑。

与夜间平均温度具有相关性指标的共线性诊断结果　　表6–7

	非标准化系数		标准系数	t	$Sig.$	共线性统计量	
	B	标准误差	$Beta$			容差	VIF
（常量）	3.354	14.530		0.231	0.820		
SVF	2.313	0.806	0.463	2.871	0.009	0.413	2.423
LST	0.098	0.138	0.162	0.713	0.484	0.208	4.817
P_{SHC}	0.002	0.002	1.006	1.355	0.190	0.020	51.264
ISF	9.857	4.874	2.366	2.022	0.057	0.008	127.475
SA	77.160	27.413	1.011	2.815	0.011	0.083	12.012
BD	7.283	7.225	0.971	1.008	0.325	0.012	86.416
P_R	–1.484	18.103	–0.064	–0.082	0.935	0.017	57.207
GSF	8.649	3.990	1.799	2.167	0.042	0.016	64.131
GCR	8.557	3.222	1.080	2.656	0.015	0.065	15.382
WSF_{750}	0.310	16.842	0.004	0.018	0.985	0.228	4.394
WSF_{500}	5.263	20.109	0.072	0.262	0.796	0.144	6.958
FSF_{100}	7.687	6.584	0.637	1.168	0.257	0.036	27.690
BH	0.023	0.062	0.326	0.374	0.712	0.014	70.639
FSF_{750}	1.517	7.235	0.095	0.210	0.836	0.053	18.997
TAH	0.090	0.048	0.263	1.887	0.074	0.554	1.806
ISF_{500}	1.155	1.466	0.170	0.788	0.440	0.231	4.320
H/W	–0.203	1.072	–0.154	–0.189	0.852	0.016	61.893
FSF_{250}	–2.637	8.004	–0.193	–0.329	0.745	0.031	31.808
FSF	–6.776	2.888	–0.592	–2.347	0.029	0.169	5.917

6.3.2　冬季热环境参数与城市空间指标的多元回归分析

同样，将冬季雾霾夜间温度、晴朗夜间温度、晴朗夜间湿度、雾霾日间湿度 4 组热环境参数分别视作因变量，取表 6–4 中的重要城市空间指标作为自变量，采用逐步多元回归的方式，来确定它们对热环境参数的解释能力。4 个回归模型如表 6–8 所示。

不同热环境参数的回归模型统计表　　表6-8

	调整R^2	标准估计误差	德宾-沃森检验	拟进入方程自变量个数	最终显著自变量个数
雾霾夜间温度	0.703	0.930	1.733	16	3
晴朗夜间温度	0.558	2.102	1.968	14	2
晴朗夜间湿度	0.374	13.398	1.529	5	2
雾霾日间湿度	0.226	3.510	1.515	6	1

4个回归方程的F检验均高度显著（$Sig. < 0.001$），且均通过德宾-沃森检验，它们的调整R^2差异较大，雾霾夜间温度参数的拟合效果最高，温度的标准估计误差也较小，低于1℃，说明该模型的预测结果能力较好。但其他三个热环境参数的拟合效果较差，且温湿度的标准估计误差均较大。表6-9显示了4个回归方程的各项自变量的t检验均显著（$Sig. < 0.05$），各自变量VIF值均小于10，说明模型内的自变量不存在多重共线性问题。

对雾霾夜间温度参数来说，铺装比热容的标化系数最大，对气温的影响最大。其次是容积率，容积率表征了某区域的建筑发展模式，容积率越大意味着建筑面积越大，人为散热量越大，导致温度升高。

总体而言，对冬季热环境参数来说，可以进行解释的城市空间指标不多，可见冬季城市气候受多种因素的共同影响，城市形态及规划方面特征对其影响力一般，且主要集中在建筑密度、容积率以及缓冲区性能等几个指标，在城市规划管控中需对这些指标予以重视。

各类回归方程中显著的自变量的"标准化偏回归系数"一览表　　表6-9

因变量	显著的自变量	标准系数	*Sig.*	*VIF*
雾霾夜间温度	铺装比热容	-0.440	0.007	1.214
	容积率	0.387	0.015	1.193
	100m缓冲区水体面积比例	-0.350	0.022	1.130
晴朗夜间温度	粗糙度	0.469	0.004	1.176
	建筑密度	0.456	0.004	1.176
晴朗夜间湿度	100m建筑密度	-0.391	0.033	1.184
	车辆排热量	-0.389	0.034	1.184
雾霾日间湿度	500m缓冲区容积率	-0.504	0.005	1.000

6.4 基于主成分回归的城市空间指标对热环境参数的影响分析

空气温度及湿度信息采集不易，本书样本量虽远高于城市气象站设置数量，但仍属于小样本数据，而自变量（城市空间指标）较多，为了保证统计的有效性，逐步回归中筛选掉一些有较大解释作用的自变量，造成信息损失，模型的精度和预测效果变差，且城市空间指标普遍存在多重共线性问题，严重影响多元线性回归模型的参数估计，扩大模型误差，破坏了模型的稳健性（张恒喜 等，2001），不能满足模型的基本假设，对于这种数据情况，主成分回归法是可以处理样本容量相对较小、自变量多、变量间存在严重多重共线性问题的有效方法。

6.4.1 基于城市空间指标的夏季热环境主成分回归模型

主成分回归（PCR）是对普通最小二乘法估计的一种改进，它的参数估计是一种有偏估计。马西（W. F. Massy）于 1965 年根据多元统计分析中的主成分分析提出了主成分回归（何晓群 等，2015）。主成分分析是在损失很少信息的前提下将多个指标利用正交旋转变换为几个综合指标的多元统计分析方法。通常把转化生成的综合指标称为主成分，其中每个主成分都是原始变量的线性组合，且每个主成分之间互不相关（王学民，2017）。主成分分析是主成分回归的一个中间结果，并非目标本身，即可以将被解释变量转换为独立的若干主成分进行回归，再根据主成分与解释变量之间的对应关系，推导原回归模型的估计方程（谢远玉 等，2019）。这样在研究复杂问题时，只需考虑几个主成分，以免丢失过多信息，满足多元线性回归模型的基本假设，从而揭示影响城市内部热环境差异的原因，同时使指标的共线性问题得到解决，提高分析效率。

一般来说，进行主成分分析较理想的条件是满足样本量 n 很大（$n \geqslant 50$）或样本量是指标数量的 5 倍，这样可使协方差矩阵 $\boldsymbol{S}$ 值比较稳定（王学民，2017），分析结果一般不会随样本量的变化而改变，使结论更加可信，但实际应用中往往因重要数据收集困难，不能达到理想的样本量需求。而主成分分析不同于判别分析，在计算过程中不涉及协方差矩阵 $\boldsymbol{S}$（样本相关矩阵 $\boldsymbol{R}$）的逆矩阵，故理论上是允许样本量 n 小于等于指标数量 p，只是模型可能会敏感，需要反复增减指标最终求得较为稳定的结果。

本书利用 IBM SPSS 23 软件进行数据的主成分回归分析，主成分回归模型的建立过程主要包含以下几个步骤：

（1）原始数据标准化处理及共线性分析；

（2）巴特利特球形检验及 *KMO* 检验；

（3）计算数据相关矩阵 **R** 的特征根、特征向量及方差贡献率；

（4）主成分的筛选；

（5）建立主成分特征函数；

（6）使用主成分代替原始变量进行多元线性回归。

1. 夏季夜间平均温度的主成分回归

在做主成分分析前，首先需对标准化处理后的变量（表 6–10）进行 *KMO* 和巴特利球体检验，用于检查变量间的相关性和偏相关性，其取值在 0~1 之间，*KMO* 越接近于 1，变量间的相关性越强，偏相关性越弱，主成分分析的效果越好。当 *KMO* 在 0.5 以下，则不适合应用主成分分析法，应考虑重新设计变量结构或者采用其他统计分析方法。本研究参考表 6–3 中列举出的影响夜间平均温度的重要城市空间指标，对其中明显具有相似性的指标进行取舍，代入主成分分析模型进行反复试验，使得它们通过 *KMO* 及巴特利特检验（表 6–11），最终确定了写入夜间热环境参数主成分回归模型的 21 个规划指标。

写入夜间热环境参数主成分回归模型的规划指标　　表6–10

描述性统计			共线性诊断
城市空间规划指标	平均值	标准差	*VIF*
建筑密度（*BD*）	0.26	0.13	85.83
绿化率（*GCR*）	0.26	0.13	61.06
道路密度（*RD*）	0.11	0.05	32.43
不透水水面面积比（*ISF*）	0.70	0.24	610.22
绿地率（*GSF*）	0.27	0.21	84.18
硬质铺装率（*PSF*）	0.35	0.16	119.93
下垫面材质比热容（P_{SHC}）	1112.62	428.12	77.61
到三环和绕城的距离（*DTR*）	0.06	0.03	85.33
到市中心的距离（*DTD*）	0.06	0.03	130.51
到最近商圈的距离（*DTC*）	0.03	0.02	12.77
到最近水体的距离（*DTW*）	0.03	0.02	18.85
建筑离散度（*DIS*）	3.80	2.43	33.38
围护系数（*EN*）	0.92	0.60	47.32
750m 建筑比例（BD_{750}）	0.24	0.08	61.46
500m 不透水面面积比（ISF_{500}）	0.70	0.15	59.18

续表

描述性统计			共线性诊断
城市空间规划指标	平均值	标准差	*VIF*
250m 容积率（FAR_{250}）	4.04	2.02	77.91
250m 土壤面积比例（LSF_{250}）	0.04	0.05	66.10
100m 建筑密度（BD_{100}）	0.25	0.14	30.45
最大斑块指数（*LPI*）	72.41	16.09	46.18
香农多样性指数（*SHDI*）	0.55	0.24	35.67
建筑排热量（*BAH*）	194.77	158.38	23.68

KMO及巴特利特球形检验结果 表6-11

KMO 取样适切性量数		0.754
巴特利特球形度检验	近似卡方	999.648
	自由度	210.00
	显著性	<0.001

对 21 个变量进行主成分分析，抽取特征根经验值 $\lambda > 0.7$ 的成分作为主成分，如表 6–12 所示，也可以辅助碎石图，如图 6–12（a）所示，可以看出所提取的 3 个主成分（Z_1，Z_2，Z_3）的方差累积贡献率为 73.85%，包含了原始 21 个变量约 74% 的信息量。

方差贡献率及主成分得分 表6-12

主成分	方差贡献率						主成分得分		
	初始特征根			提取主成分方差贡献率					
	特征根	方差贡献率（%）	累积贡献（%）	特征根	方差贡献率（%）	累积贡献（%）	1	2	3
1	9.96	47.41	47.41	9.96	47.41	47.41	0.09	0.05	–0.08
2	4.41	21.01	68.42	4.41	21.01	68.42	–0.07	–0.14	0.01
3	1.14	5.44	73.85	1.14	5.44	73.85	0.07	0.04	0.12
4	0.99	4.69	78.55				0.07	0.14	–0.22
5	0.81	3.85	82.40				–0.06	–0.15	0.25
6	0.67	3.20	85.60				0.02	0.17	–0.27
7	0.64	3.05	88.65				–0.07	–0.12	0.15
8	0.50	2.40	91.05				–0.07	0.12	–0.01
9	0.41	1.95	93.00				–0.07	0.13	0.12
10	0.32	1.51	94.50				–0.06	0.12	0.29

续表

主成分	方差贡献率						主成分得分		
	初始特征根			提取主成分方差贡献率					
	特征根	方差贡献率（%）	累积贡献（%）	特征根	方差贡献率（%）	累积贡献（%）	1	2	3
11	0.28	1.33	95.84				0.00	0.12	0.54
12	0.23	1.10	96.94				0.08	−0.05	0.07
13	0.19	0.92	97.86				0.08	0.00	0.13
14	0.17	0.80	98.67				0.06	−0.14	−0.07
15	0.12	0.58	99.24				0.07	−0.12	0.18
16	0.07	0.32	99.57				0.07	−0.09	0.04
17	0.03	0.16	99.73				−0.05	0.09	0.22
18	0.02	0.11	99.84				0.08	−0.05	0.09
19	0.02	0.09	99.94				0.08	0.05	0.22
20	0.01	0.05	99.98				−0.08	−0.01	−0.26
21	0.00	0.02	100.00				0.08	0.05	0.14

夏季夜间平均温度的主成分回归模型系数　　表6–13

模型		非标准化系数		标准系数	*t*	*Sig.*	共线性统计量	
		系数	标准误差	*Beta*			容差	*VIF*
	（常量）	30.156	0.095		318.474	0		
	Z_1	0.589	0.096	0.624	6.137	0	1.000	1.000
	Z_3	−0.449	0.096	−0.477	−4.684	0	1.000	1.000

对三个主成分做 Z_y 的最小二乘回归分析，结果如表 6–13 所示，经过逐步回归，有两个主成分（Z_1 及 Z_2）代表的新变量在模型中显著（Z_1 及 Z_3），得到主成分回归模型：

$$Z_y = 0.589Z_1 + (-0.449Z_3) + 30.156 \quad (6\text{–}1)$$

再使用 21 个原始变量的标准化数据以及表 6–12 中的主成分得分和主成分回归模型，将标准化变量替换为初始变量，代入公式（6–2）、式（6–3）:

$$y = Z_y\sqrt{D_y} + y_{avg} \quad (6\text{–}2)$$

$$x = Z_x\sqrt{D_x} + x_{avg} \quad (6\text{–}3)$$

式中：y 表示原始因变量，x 表示原始自变量，Z_y 表示标准化后的因变量，$\sqrt{D_y}$表示夜间所有样本温度的标准差，y_{avg} 表示夜间所有样本温度的均值，$\sqrt{D_x}$表示某一指标的所有样本取值的标准差，x_{avg} 表示某一指标的所有样本取值的均值。

最终得到经过主成分回归后的原始变量的回归方程：

$$Y = 0.664X_1 - 0.433X_2 - 0.213X_3 + 0.629X_4 - 0.756X_5 + 0.924X_6 - 0.00028X_7 - 0.890X_8 - 2.787X_9 - 9.302X_{10} - 10.973X_{11} + 0.005X_{12} - 0.015X_{13} + 0.741X_{14} - 0.348X_{15} + 0.0085X_{16} - 2.410X_{17} + 0.043X_{18} - 0.003X_{19} + 0.283X_{20} - 0.0001X_{21} + 30.8 \quad (6\text{–}4)$$

式中：X_1 为建筑密度，X_2 为绿化率，X_3 为道路密度，X_4 为不透水水面面积比，X_5 为绿地率，X_6 为硬质铺装率，X_7 为铺装比热容，X_8 为与主干道的距离，X_9 为与市中心的距离，X_{10} 为与最近商圈的距离，X_{11} 为与最近水体的距离，X_{12} 为建筑离散度，X_{13} 为围护系数，X_{14} 为 750m 建筑密度，X_{15} 为 500m 不透水面面积比，X_{16} 为 250m 容积率，X_{17} 为 250m 土壤面积比例，X_{18} 为 100m 建筑密度，X_{19} 为最大斑块指数，X_{20} 为香农多样性指数，X_{21} 为建筑排热量。

对夜间平均温度主成分回归方程进行显著性检验，$F = 29.8$，P 值小于 0.01，说明该组数据在 $\alpha = 0.01$ 水平上具有统计显著性，方程的拟合优度 R^2 为 0.62。再对 Z_1、Z_3 进行显著性和多重共线性检验，t 检验对应的 P 值都远小于 0.01，$VIF = 1.000$，自变量间的多重共线性已消除。图 6–12（b）为基于建模样本的回代，即将所有样本的 21 个城市空间指标值代入回归模型中，将预测的夜间平均温度与实测值进行对比，均方根误差（$RMSE$）为 0.57℃，建立的模型模拟精度较高。

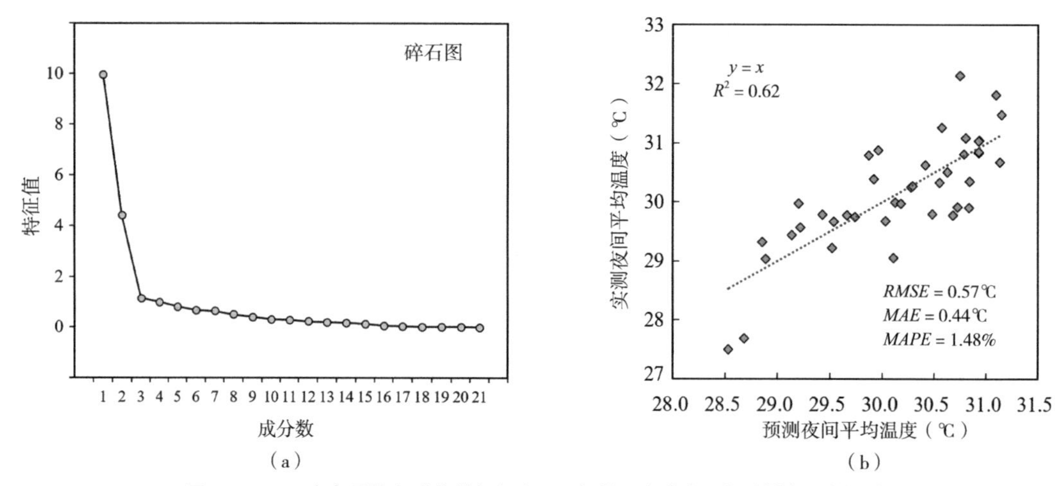

图 6–12　21 个变量的主成分特征根碎石图与基于主成分回归采样点回代检验

2. *夏季夜间极值温度的主成分回归*

运用相同的方法，对夜间极值温度进行主成分回归分析，筛选三个主成分，如图 6–13（a）所示，对三个主成分做 Z_y 的最小二乘回归分析，这三个主成分（Z_1、Z_2、Z_3）代表的新变量在模型中显著，得到主成分回归模型：

$$Z_y = 0.751Z_1 + 0.687Z_2 + (-0.363Z_3) + 30.900 \quad (6\text{–}5)$$

最后将标准化变量替换为初始变量，经过转换，得到原始变量的回归方程：

$$Y = 0.893X_1 - 0.432X_2 - 0.373X_3 + 0.789X_4 - 0.947X_5 + 1.114X_6 - 0.0003X_7 - 2.057X_8 - 4.801X_9 - 14.521X_{10} - 16.555X_{11} + 0.012X_{12} - 0.016X_{13} + 1.386X_{14} - 0.324X_{15} + 0.022X_{16} - 3.775X_{17} + 0.144X_{18} - 0.004X_{19} + 0.394X_{20} - 0.0002X_{21} + 32.82 \quad (6\text{-}6)$$

对夜间极值温度主成分回归方程进行显著性检验，F =18.76，P 值小于 0.01，说明该组数据在 α=0.01 水平上具有统计显著性，方程的拟合优度 R^2 为 0.61，再对 Z_1、Z_2、Z_3 进行显著性和多重共线性检验，t 检验对应的 P 值都远小于 0.01，VIF = 1.000，自变量间的多重共线性已消除。图 6–13（b）为基于建模样本的回代分析，预测温度与实测温度的 R^2 为 0. 61，均方根误差（$RMSE$）为 0.85℃，说明建立的模型模拟精度较高。

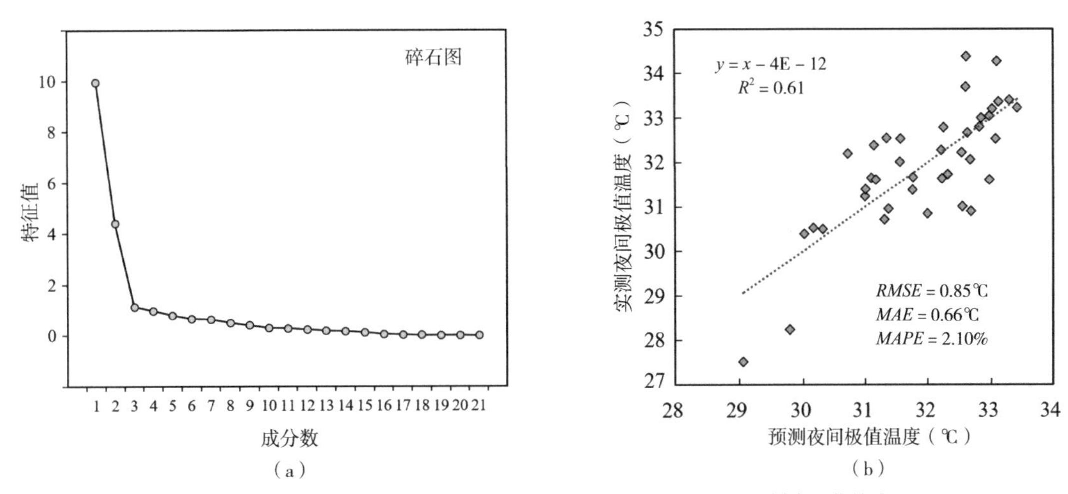

图 6–13　21 个变量的主成分特征根碎石图与基于主成分回归采样点回代检验

3. 夏季夜间平均湿度与极值湿度的主成分回归

同样，对夜间平均湿度与极值湿度进行主成分回归分析，最终得到它们经过主成分回归后的原始变量的回归模型：

$$Y = -2.614X_1 + 1.866X_2 + 1.240X_3 - 2.655X_4 + 3.216X_5 - 4.057X_6 + 0.001X_7 + 1.878X_8 + 9.728X_9 + 35.691X_{10} + 44.339X_{11} - 0.004X_{12} + 0.115X_{13} - 2.384X_{14} + 1.826X_{15} - 0.010X_{16} + 9.204X_{17} + 0.122X_{18} + 0.013X_{19} - 1.300X_{20} + 0.0005X_{21} + 58.66 \quad (6\text{-}7)$$

$$Y = -2.233X_1 + 2.190X_2 - 1.563X_3 - 1.940X_4 + 2.261X_5 - 2.668X_6 + 0.001X_7 + 1.344X_8 + 4.541X_9 + 16.630X_{10} + 16.424X_{11} - 0.030X_{12} - 0.116X_{13} - 0.994X_{14} + 0.751X_{15} - 0.022X_{16} + 4.357X_{17} - 0.470X_{18} - 0.002X_{19} - 0.143X_{20} - 0.0006X_{21} + 72.016 \quad (6\text{-}8)$$

对夜间平均湿度与极值湿度的主成分回归方程进行显著性等检验，检验均通过，且自变量间的多重共线性均已消除。图 6–14 为基于建模样本的回代分析，将预测的夜间湿度与实地

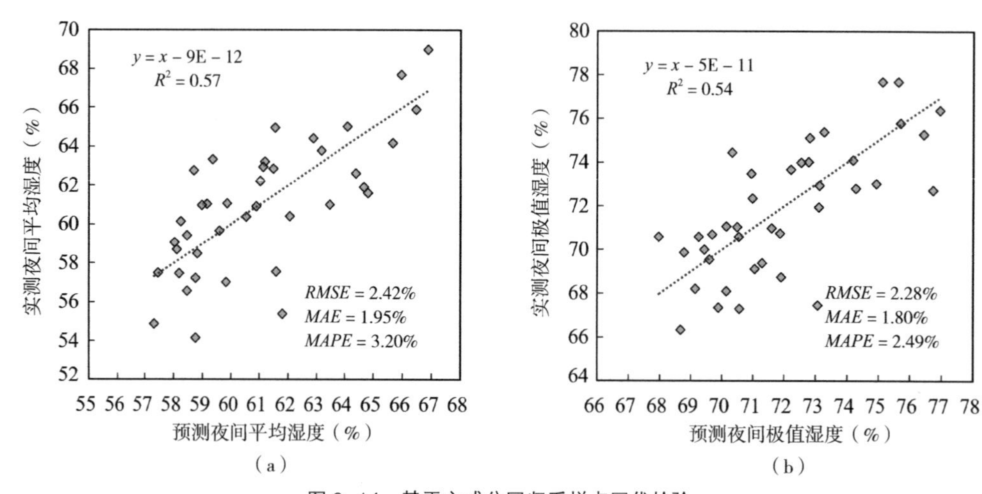

图 6–14　基于主成分回归采样点回代检验

测量的夜间湿度进行对比，R^2 为 0. 57 与 0.54，均方根误差（*RMSE*）为 2.42% 与 2.28%，建立的模型模拟精度均较高。

4. 夏季日间平均温度主成分回归

同样，以测量的夏季日间平均温度为函数，参考表 6–3 中列举出的影响日间平均温度的重要城市空间指标，对其中明显具有相似性的指标进行取舍，代入主成分分析模型进行反复试验，使得它们通过 *KMO* 及巴特利特检验（表 6–14），最终确定了写入日间热环境参数主成分回归模型的 20 个指标。数据标准化及共线性分析结果如表 6–15 所示，多个指标的方差膨胀因子 *VIF* 值大于 10，存在严重的共线性问题，适宜通过主成分分析法降低维度。

KMO及巴特利特球形检验结果　　**表6–14**

KMO 取样适切性量数		0.70
巴特利特球形度检验	近似卡方	906.11
	自由度	190.00
	显著性	<0.001

写入日间热环境参数主成分回归模型的规划指标　　**表6–15**

描述性统计			共线性诊断
城市空间规划指标	平均值	标准差	*VIF*
平均高度（*BH*）	14.11	74.11	74.11
建筑密度（*BD*）	0.13	98.13	98.13
地表温度（*LST*）	1.66	5.64	5.64
绿化率（*GCR*）	0.13	14.07	14.07

续表

描述性统计			共线性诊断
城市空间规划指标	平均值	标准差	*VIF*
不透水水面面积比（*ISF*）	0.24	119.02	119.02
绿地率（*GSF*）	0.21	56.50	56.50
下垫面材质反射率（P_R）	0.04	77.30	77.30
下垫面材质比热容（P_{SHC}）	435.31	67.57	67.57
地表反射率（*SA*）	0.01	14.51	14.51
新陈代谢排热量（*HAH*）	0.48	4.63	4.63
建筑排热量（*BAH*）	158.38	7.82	7.82
车辆排热量（*TAH*）	2.94	1.73	1.73
与最近商圈的距离（*DTC*）	0.02	2.70	2.70
高宽比（*H/W*）	0.76	68.26	68.26
错落度（*RFD*）	0.39	3.54	3.54
天空可视度（*SVF*）	0.20	2.71	2.71
水体比例（WSF_{750}）	0.01	4.03	4.03
工业比例（FSF_{750}）	0.06	1.95	1.95
水体比例（WSF_{500}）	0.01	9.51	9.51
景观形状指数（*LSI*）	0.48	4.19	4.19

对 20 个变量进行主成分分析，抽取特征根经验值 $\lambda > 0.7$ 的成分作为主成分，如表 6–16 所示，也可以辅助碎石图，如图 6–15（a）所示，可以看出所提取的 4 个主成分的方差累积贡献率为 72.52%，包含了原始 20 个变量约 73% 的信息量。

方差贡献率及主成分得分　　　　**表6–16**

主成分	方差贡献率						主成分得分			
	初始特征根			提取主成分方差贡献率						
	特征根	方差贡献率（%）	累积贡献（%）	特征根	方差贡献率（%）	累积贡献（%）	成分1	成分2	成分3	成分4
1	7.42	37.09	37.09	7.42	37.09	37.09	0.01	0.26	0.24	–0.06
2	2.96	14.78	51.87	2.96	14.78	51.87	–0.12	0.05	–0.13	0.07
3	2.44	12.21	64.08	2.44	12.21	64.08	–0.09	–0.17	0.08	–0.01
4	1.69	8.44	72.52	1.69	8.44	72.52	0.12	–0.04	–0.12	–0.01
5	0.99	4.93	77.45				–0.13	0.05	0.05	0.09
6	0.96	4.79	82.24				0.12	–0.03	–0.05	–0.20
7	0.86	4.32	86.57				0.11	–0.05	0.18	–0.04

续表

主成分	方差贡献率						主成分得分			
	初始特征根			提取主成分方差贡献率						
	特征根	方差贡献率（%）	累积贡献（%）	特征根	方差贡献率（%）	累积贡献（%）	成分1	成分2	成分3	成分4
8	0.74	3.72	90.29				0.12	–0.03	–0.05	0.04
9	0.47	2.36	92.65				–0.07	–0.15	0.26	0.03
10	0.37	1.87	94.52				–0.06	–0.04	–0.18	–0.03
11	0.35	1.74	96.26				–0.09	0.19	–0.04	0.03
12	0.29	1.45	97.71				–0.06	0.09	–0.03	0.00
13	0.17	0.86	98.57				0.04	–0.07	0.29	–0.02
14	0.12	0.61	99.18				0.00	0.26	0.25	–0.03
15	0.08	0.42	99.60				0.02	0.16	–0.13	–0.26
16	0.03	0.17	99.77				–0.07	–0.18	0.08	–0.10
17	0.03	0.14	99.91				0.06	0.04	0.05	0.46
18	0.01	0.04	99.95				–0.03	–0.17	0.07	0.02
19	0.01	0.03	99.98				0.06	0.02	–0.05	0.48
20	0.00	0.02	100.00				0.08	0.02	0.04	–0.12

主成分回归模型系数　　表6–17

模型		非标准化系数		标准系数	*t*	*Sig.*	共线性统计量	
		系数	标准误差	*Beta*			容差	*VIF*
	（常量）	35.466	0.106		335.277	0		
	Z_1	–0.615	0.107	–0.612	–5.744	0	1.000	1.000
	Z_3	–0.456	0.107	–0.454	–4.260	0	1.000	1.000

对 4 个主成分做 Z_y 的最小二乘回归分析，结果如表 6–17 所示，经过逐步回归，有两个主成分（Z_1 及 Z_2）代表的新变量在模型中显著，得到主成分回归模型：

$$Z_y = -0.615Z_1 + (-0.456Z_2) + 35.466 \tag{6-9}$$

使用 20 个原始变量的标准化数据以及得到的主成分得分（见表 6–16）和主成分回归模型，将标准化变量替换为初始变量，经过转换，最终得到经过主成分回归后的原始变量的回归模型：

$$Y = -0.008X_1 + 0.355X_2 + 0.080X_3 - 0.424X_4 + 0.229X_5 - 0.271X_6 - 1.003X_7 - 0.0001X_8 + 8.313X_9 + 0.117X_{10} - 0.0002X_{11} - 0.003X_{12} + 0.539X_{13} - 0.153X_{14} - 0.214X_{15} + 0.619X_{16} - 4.224X_{17} + 1.572X_{18} - 3.404X_{19} - 0.129X_{20} + 31.674 \tag{6-10}$$

式中：X_1 为平均高度，X_2 为建筑密度，X_3 为地表温度，X_4 为绿化率，X_5 为不透水面面积比，X_6 为绿地率，X_7 为铺装反射率，X_8 为铺装比热容，X_9 为地表反射率，X_{10} 为新陈代谢排热量，X_{11} 为建筑排热量，X_{12} 为车辆排热量，X_{13} 为到最近商圈的距离，X_{14} 为高宽比，X_{15} 为错落度，X_{16} 为天空可视度，X_{17} 为 750m 水体面积比例，X_{18} 为 750m 工业面积比例，X_{19} 为 500m 水体面积比例，X_{20} 为景观形状指数。

对日间平均温度主成分回归方程进行显著性检验，F =22.57，P 值小于 0.01，说明该组数据在 α=0.01 水平上具有统计显著性，方程的拟合优度 R^2 为 0.58，再对 Z_1、Z_2 进行显著性和多重共线性检验，t 检验对应的 P 值都远小于 0.01，VIF = 1.000，自变量间的多重共线性已消除。图 6–15（b）为基于建模样本的回代，即将所有样本的 20 个城市空间指标值代入回归模型中，预测温度与实测温度的 R^2 为 0. 58，均方根误差（$RMSE$）为 0.64℃，建立的模型模拟精度较高。

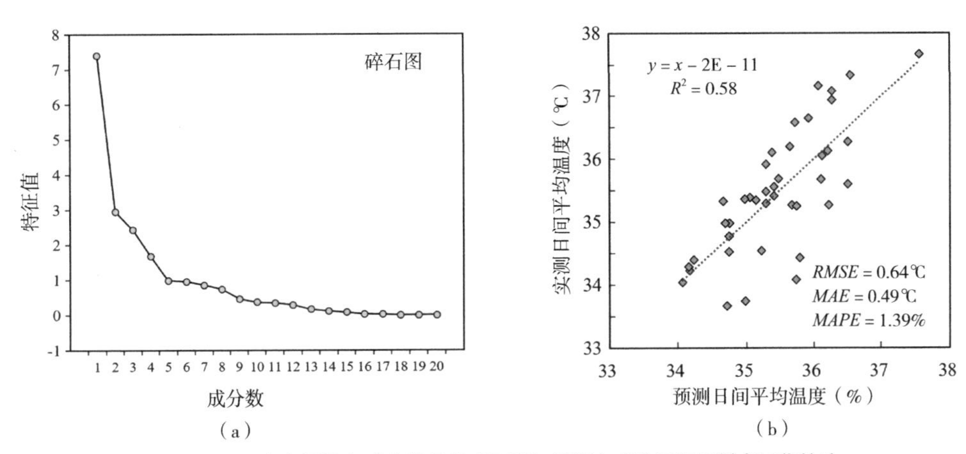

图 6–15　20 个变量的主成分特征根碎石图与基于主成分回归采样点回代检验

5. 夏季日间极值温度的主成分回归

运用相同的方法，对日间极值温度进行主成分回归分析，筛选了 4 个主成分，如图 6–16（a）所示，对 4 个主成分做 Z_y 的最小二乘回归分析，有两个主成分（Z_1、Z_2）代表的新变量在模型中显著，得到主成分回归模型：

$$Z_y = -0.746Z_1 - 0.623Z_2 + 38.186 \tag{6–11}$$

最后将标准化变量替换为初始变量，经过转换，得到原始变量的回归方程：

$$Y = -0.012X_1 + 0.402X_2 + 0.104X_3 - 0.489X_4 + 0.264X_5 - 0.318X_6 - 1.132X_7 - 0.0002X_8 + 10.851X_9 + 0.147X_{10} - 0.0003X_{11} - 0.006X_{12} + 0.935X_{13} - 0.209X_{14} - 0.288X_{15} + 0.812X_{16} - 5.351X_{17} + 2.010X_{18} - 4.218X_{19} - 0.159X_{20} + 33.233 \tag{6–12}$$

对日间极值温度主成分回归方程进行显著性检验，F = 34.86，P 值小于 0.01，说明该

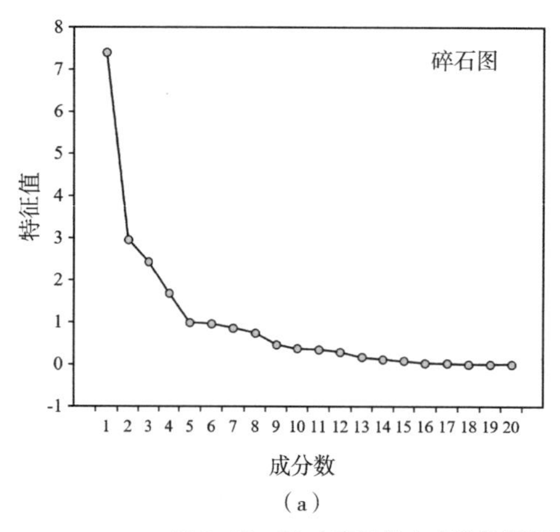

（a）

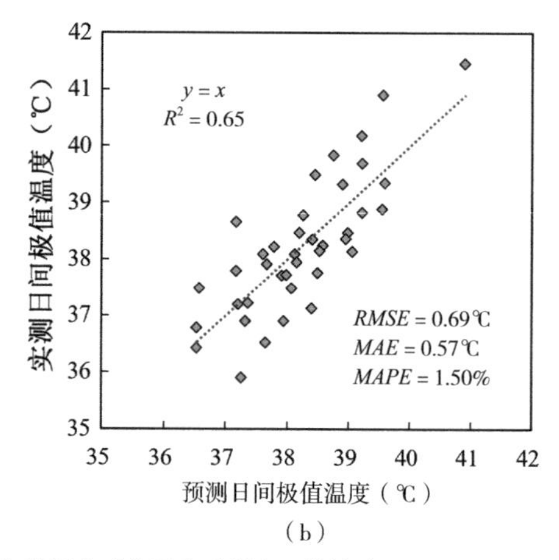

（b）

图 6–16　20 个变量的主成分特征根碎石图与基于主成分回归采样点回代检验

组数据在 α= 0.01 水平上具有统计显著性，方程的拟合优度 R^2 为 0.65，再对 Z_1、Z_2 进行显著性和多重共线性检验，t 检验对应的 P 值都远小于 0.01，VIF = 1.000，自变量间的多重共线性已消除。图 6–16（b）为基于建模样本的回代分析，预测温度与实测温度的 R^2 为 0.65，均方根误差（$RMSE$）为 0.69℃，说明建立的模型模拟精度较高。

6. 夏季日间平均湿度与极值湿度的主成分回归

同样，对日间平均湿度与极值湿度进行主成分回归分析，由于水体对湿度的影响较大，故添加到最近水体距离这一指标，共 21 个变量，最终得到它们经过主成分回归后的原始变量的回归模型：

$$Y = 0.022X_1 - 1.736X_2 - 0.205X_3 + 1.575X_4 - 0.925X_5 + 1.050X_6 + 5.155X_7 + 0.0005X_8 - 18.295X_9 - 0.430X_{10} - 0.0002X_{11} - 0.015X_{12} + 4.312X_{13} + 0.375X_{14} + 0.447X_{15} - 1.491X_{16} + 12.249X_{17} - 3.477X_{18} + 9.542X_{19} + 0.430X_{20} + 0.913X_{21} + 39.531 \tag{6-13}$$

$$Y = 0.021X_1 - 1.485X_2 - 0.256X_3 + 1.245X_4 - 1.127X_5 + 1.084X_6 + 3.834X_7 + 0.0008X_8 - 16.705X_9 - 0.183X_{10} + 0.0005X_{11} - 0.073X_{12} + 6.276X_{13} + 0.386X_{14} + 0.120X_{15} - 1.916X_{16} + 13.130X_{17} + 0.328X_{18} + 13.289X_{19} - 0.167X_{20} + 6.187X_{21} + 31.017 \tag{6-14}$$

对日间平均湿度与极值湿度的主成分回归方程进行显著性等检验，检验均通过，且自变量间的多重共线性均已消除。图 6–17 为基于建模样本的回代，将预测的日间湿度与实地测量的日间湿度进行对比，R^2 为 0.63 与 0.59，均方根误差（$RMSE$）为 1.81% 与 1.82%，说明建立的模型模拟精度较高。

由于冬季热环境参数与城市空间指标的相关关系普遍较弱，且研究样本量较小，通过主成分回归分析得到的模型精度较低，拟合程度较弱，不能较准确地解释各测点间冬季热环境的差异，故本节仅研究多因素对夏季热环境参数的共同影响机制。

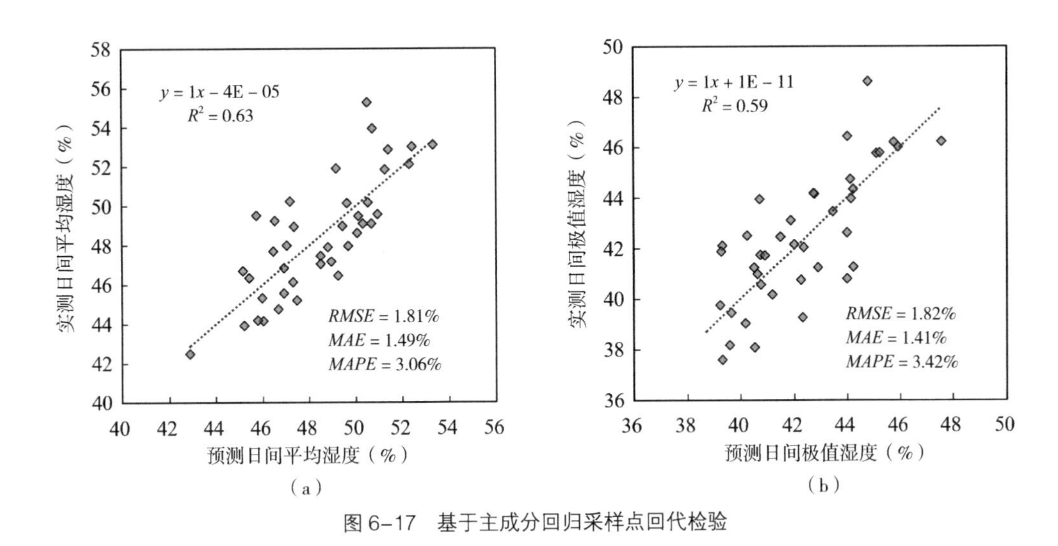

图 6-17　基于主成分回归采样点回代检验

6.4.2　基于主成分回归的城市空间指标重要性排序及权重分配

上节基于筛选的重要城市空间规划指标构建了不同热环境参数的主成分回归模型，本节对回归模型中各变量的标化系数值进行深度分析，衡量输入参数的敏感性，筛选出对模型输出贡献较大的指标，解析多影响因子对多热环境参数的重要程度，进而寻找导致西安市局地热环境空间差异的诱因。

1. 影响夏季夜间温度的城市空间指标权重排序

城市热环境受多种因素影响，本书已遴选了众多解释指标，虽然多输入参数（指标）的模型能更好地模拟真实系统过程，但势必也会导致参数不确定性增加，模型误差也随之增加。因此，对输入指标进行敏感性分析可帮助确定敏感参数，从而为改善气候环境提供更好的决策支持。

输入参数（指标）的敏感性判定有局部敏感性（微分分析、回归分析）和全局敏感性（FAST、RSA）分析方法两类。对于回归建模来说，参数敏感性可依托标准回归系数、皮尔逊相关系数等进行表征，即对参数重要性进行排序，寻找重要指标，该判定方法已在环境风险评估、水文、大气模拟中均有使用（陈卫平 等，2017）。对于本书来说，主成分回归模型中的每个指标的标化系数的大小即可用于表征输入参数的敏感性，即敏感性越高，指标对输出结果的重要程度越大。

以下以夏季夜间平均温度的回归模型为例，说明解析不同指标的重要程度排序方法，步骤如下：将表 6-12 中（6.4.1 节）每个指标的成分得分系数分别与表 6-13 中对应主成分回归模型的标准系数相乘，最后将每个指标的不同主成分相乘，结果相加，得到每个指标因子的重要性系数。如图 6-18（a）所示，到最近水体的距离这一指标的系数最大，即该参数敏感性

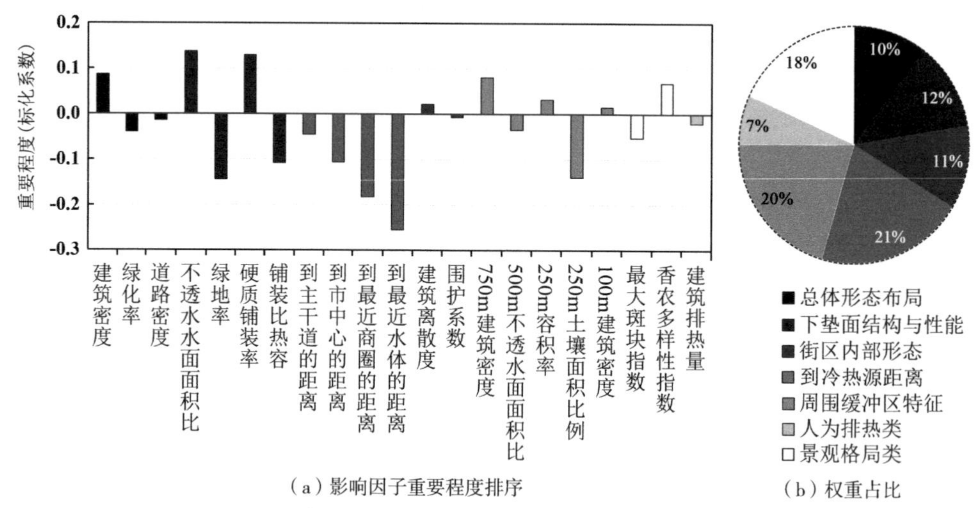

（a）影响因子重要程度排序　　（b）权重占比

图 6–18　夏季夜间平均温度的影响因子重要程度排序与权重分配示意图

最高，且对夜间平均温度有着负向影响，100m 建筑密度这一指标的系数最小，其对夜间平均温度有着正向影响。

这里需要说明的是，主成分回归模型中有些指标对热环境参数的贡献趋势与相关性分析结果之间存在差异，例如道路密度，本书 6.1.1 节的相关性分析表明其与夜间温度呈正向相关，而图 6–18（a）显示该指标对于气温有负向影响趋势，这是由于道路密度与建筑密度、不透水面面积比等指标有重叠关系，所以道路密度对于夜间温度的影响可能已经通过建筑密度、不透水面面积比指标反映出来，从预测的角度来说，采用多个自变量比只采用其中一个的效果好（何晓群 等，2015）。

最后，根据线性回归模型中自变量相对重要性的估算方法（乘积尺度法）来计算每个指标的相对权重，即模型中自变量的标准回归系数与相应的相关系数的乘积就是每一自变量对因变量变异的贡献（伍立志 等，2015；Bring，1996）。对于主成分回归模型来说，以夜间平均温度为例，第一主成分的标化系数（见表 6–13 的 *Beta* 值）β_{Z1}，与该主成分对因变量（夜间平均温度）的相关系数 r_{Z1} 的乘积为第一主成分对因变量的贡献率，再根据每个原始指标与第一主成分的对应关系（见表 6–12，主成分得分），将第一主成分的贡献率转换到每个原始指标中，然后计算每个指标在所有主成分中的总贡献率：

$$\beta_x r_x = \sum_{j=1}^{n} \beta_{Z_x},\ j^r_{Z_x},\ j \tag{6–15}$$

式中：x 为原始变量，j 为主成分回归方程中主成分的个数，β_{Z_x}，$j^r_{Z_x}$，j 表示某一指标在主成分 j 中对因变量的贡献率，$\beta_x r_x$ 表示某一原始指标对因变量的贡献率。

将权重总和定为 1，依据每个指标因子的贡献率来进行权重分配，如表 6–18 所示，再将属于同一规划控制类别的城市空间指标分别进行叠加计算，得到 7 类城市空间指标的权重和，如图6–18（b）所示，可以看出对于夜间平均温度来说，到冷热源的距离类指标权重最大，其次是周围缓冲区特征与景观格局类，而人为排热量及总体形态布局类对夏季夜间平均温度的影响程度最弱。因此，若控制夏季夜间平均温度，则首先需对到冷热源的距离类指标进行调控，效果最佳。

影响夜间平均温度及极值温度的城市空间规划指标权重分配表　　表6–18

指标分类（规划控制类别）	城市空间规划指标	权重[a]	权重和[a]	权重[b]	权重和[b]
总体形态布局	建筑密度	0.02	0.10	0.06	0.15
	绿化率	0.03		0.04	
	道路密度	0.06		0.04	
下垫面结构与性能	不透水水面面积比	0.02	0.12	0.06	0.21
	绿地率	0.03		0.06	
	硬质铺装率	0.06		0.03	
	铺装比热容	0.01		0.06	
景观格局类	最大斑块指数	0.09	0.18	0.04	0.07
	香农多样性指数	0.10		0.03	
街区内部形态	建筑离散度	0.05	0.11	0.05	0.09
	围护系数	0.06		0.05	
到冷热源的距离	到主干道的距离	0.03	0.21	0.05	0.21
	到市中心的距离	0.00		0.06	
	到最近商圈的距离	0.04		0.07	
	到最近水体的距离	0.13		0.04	
周围缓冲区特征	750m 建筑密度	0.01	0.20	0.05	0.23
	500m 不透水面面积比	0.07		0.03	
	250m 容积率	0.04		0.05	
	250m 土壤面积比例	0.03		0.05	
	100m 建筑密度	0.05		0.05	
人为排热类	建筑排热量	0.07	0.07	0.04	0.04

[a] 是指影响夜间平均温度的指标的权重，[b] 是指影响夜间极值温度的指标的权重。

同样，对影响夏季夜间极值温度的指标的重要程度进行排序，如图6–19所示，与夏季夜间平均温度类似，标化系数绝对值最大的指标仍然是到最近水体的距离，最小的指标是围护系数。每个指标因子的权重大小以及7类城市空间指标的权重和见表6–18。从图6–19（b）可以看出，对于夜间极值温度来说，周围缓冲区特征这类指标的影响权重最大，其次是下垫面结构与性能类和到冷热源的距离类，而人为排热量对夏季夜间极值温度的影响程度最

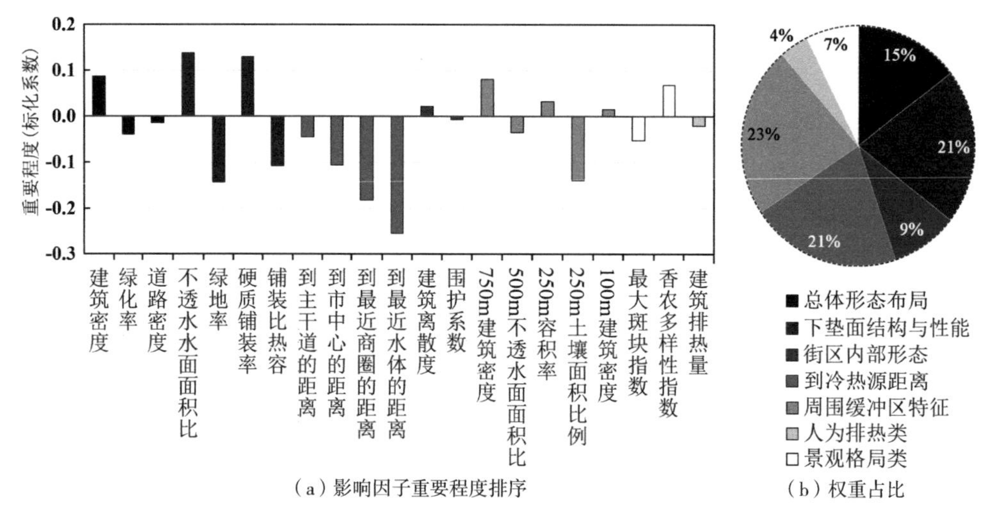

(a) 影响因子重要程度排序　　(b) 权重占比

图 6-19　夏季夜间极值温度的影响因子重要程度排序与权重分配示意图

小。因此，若控制夏季夜间极值温度，则首先需对周围缓冲区特征类指标进行调控，效果最明显。

2. 影响夏季夜间湿度的城市空间指标权重排序

同样，对影响夏季夜间平均湿度的指标的重要程度进行排序，如图 6-20 所示，标化系数绝对值最大的指标仍然是到最近的水体的距离，最小的指标是建筑离散度。每个指标因子的权重大小以及 7 类城市空间指标的权重和见表 6-19。从图 6-20（b）可以看出，对于夜间平均湿度来说，下垫面结构与性能类对其影响最大，其次是总体形态布局类指标。因此，若控制夏季夜间平均湿度，则首先需对下垫面类指标进行调控。

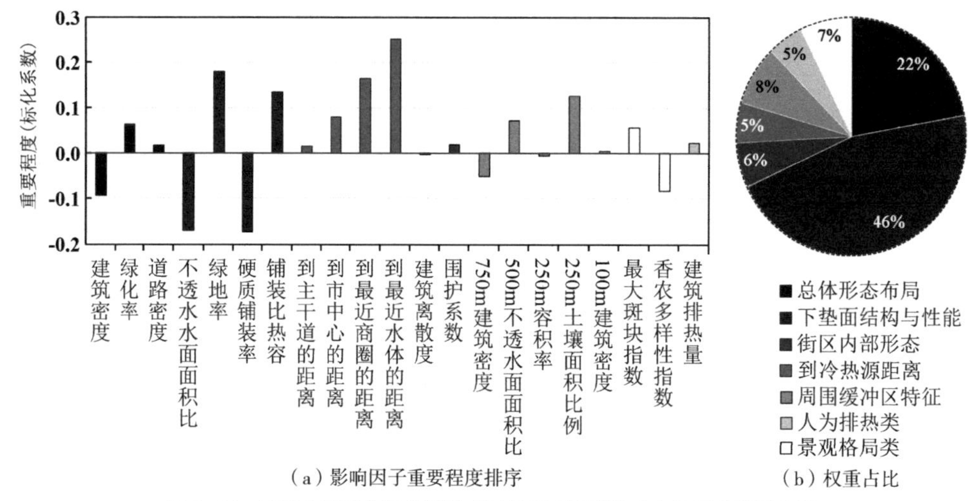

(a) 影响因子重要程度排序　　(b) 权重占比

图 6-20　夏季夜间平均湿度的影响因子重要程度排序与权重分配示意图

影响夜间平均湿度及极值湿度的城市空间规划指标权重分配表　　表6–19

指标分类（规划控制类别）	城市空间规划指标	权重[a]	权重和[a]	权重[b]	权重和[b]
总体形态布局	建筑密度	0.08	0.22	0.08	0.18
	绿化率	0.09		0.08	
	道路密度	0.04		0.02	
下垫面结构与性能	不透水水面面积比	0.12	0.46	0.13	0.50
	绿地率	0.12		0.13	
	硬质铺装率	0.11		0.13	
	铺装比热容	0.11		0.11	
景观格局类	最大斑块指数	0.05	0.07	0.01	0.02
	香农多样性指数	0.03		0.01	
街区内部形态	建筑离散度	0.02	0.06	0.01	0.02
	围护系数	0.04		0.01	
到冷热源的距离	到主干道的距离	0.00	0.05	0.01	0.15
	到市中心的距离	0.01		0.02	
	到最近商圈的距离	0.03		0.06	
	到最近水体的距离	0.01		0.08	
周围缓冲区特征	750m 建筑密度	0.00	0.08	0.00	0.10
	500m 不透水面面积比	0.02		0.05	
	250m 容积率	0.01		0.00	
	250m 土壤面积比例	0.02		0.04	
	100m 建筑密度	0.02		0.01	
人为排热类	建筑排热量	0.05	0.05	0.02	0.02

[a] 是指影响夜间平均湿度的指标的权重，[b] 是指影响夜间极值湿度的指标的权重。

同样，对影响夏季夜间极值湿度的指标的重要程度进行排序，如图 6–21 所示，最重要的指标是绿地率，标化系数绝对值最小的指标是香农多样性指数。每个指标因子的权重大小以及 7 类城市空间指标的权重和见表 6–19。从图 6–21（b）可以看出，对于夜间极值湿度来说，依然是下垫面结构与性能类对其影响权重最大。

3. 影响夏季日间温度的城市空间指标权重排序

同样，对影响夏季日间平均温度的指标的重要程度进行排序，如图 6–22 所示，较重要的指标是地表温度与天空可视度，标化系数绝对值最小的指标是车辆排热量和到最近商圈的距离。每个指标因子的权重大小以及 7 类城市空间指标的权重和见表 6–20。从图 6–22（b）可以看出，与夜间热环境参数不同，下垫面结构与性能类及街区内部形态类指标对日间平均温度影响权重最大，而到冷热源的距离类指标在日间影响温度的作用最小，所以昼夜间城市空

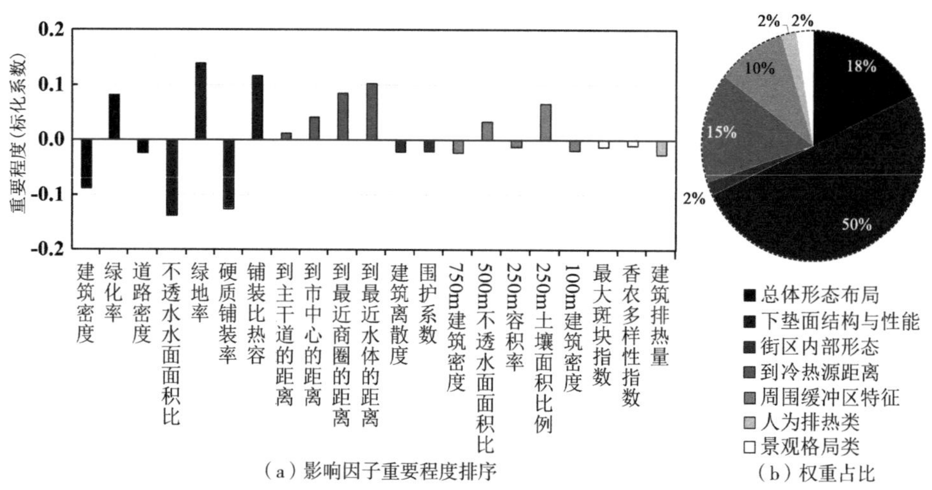

（a）影响因子重要程度排序 （b）权重占比

图 6-21 夏季夜间极值湿度的影响因子重要程度排序与权重分配示意图

间规划指标的权重差异较大，在具体分析时，应注意差别对待。若控制夏季日间平均温度，则首先需对下垫面结构与性能类、街区内部形态类指标进行调控，效果最佳。

影响日间平均温度及极值温度的城市空间规划指标权重分配表 表6-20

指标分类（规划控制类别）	城市空间规划指标	权重[a]	权重和[a]	权重[b]	权重和[b]
总体形态布局	平均高度	0.08	0.17	0.09	0.17
	建筑密度	0.04		0.04	
	绿化率	0.05		0.04	
下垫面结构与性能	地表温度	0.09	0.37	0.10	0.34
	不透水面面积比	0.05		0.04	
	绿地率	0.05		0.04	
	铺装反射率	0.04		0.03	
	铺装比热容	0.06		0.05	
	地表反射率	0.08		0.08	
街区内部形态	高宽比	0.07	0.21	0.08	0.23
	错落度	0.05		0.06	
	天空可视度	0.09		0.09	
到冷热源的距离	到最近商圈的距离	0.01	0.01	0.01	0.01
周围缓冲区特征	750m 水体面积比例	0.04	0.14	0.04	0.15
	750m 工业面积比例	0.07		0.07	
	500m 水体面积比例	0.03		0.03	

续表

指标分类（规划控制类别）	城市空间规划指标	权重[a]	权重和[a]	权重[b]	权重和[b]
人为排热量	新陈代谢排热量	0.04	0.05	0.04	0.06
	建筑排热量	0.01		0.02	
	车辆排热量	0.00		0.00	
景观格局指数	景观形状指数	0.05	0.05	0.05	0.05

[a] 是指影响日间平均温度的指标的权重，[b] 是指影响日间极值温度的指标的权重。

同样，对影响夏季日间极值温度的指标的重要程度进行排序，如图 6–23 所示，标化系数绝对值较大的指标是地表温度、天空可视度以及高宽比，与日间平均温度基本保持一致，最小的指标是车辆排热量和到最近商圈的距离。每个指标因子的权重大小以及 7 类城市空间指标的权重和见表 6–20。从图 6–23（b）可以看出，下垫面结构与性能类及街区内部形态类指标对日间极值温度影响权重最大，若控制夏季日间极值温度，则首先需对下垫面结构与性能类及街区内部形态类指标进行调控，效果最佳。

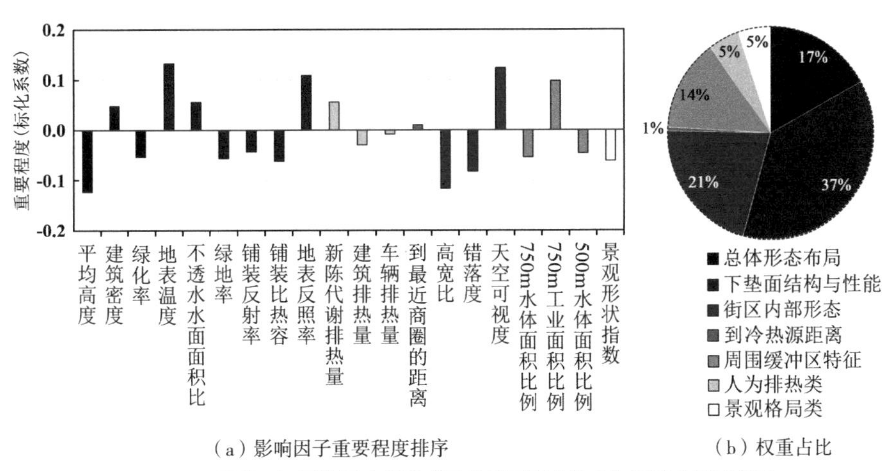

（a）影响因子重要程度排序　　（b）权重占比

图 6–22　夏季日间平均温度的影响因子重要程度排序与权重分配示意图

4. 影响夏季日间湿度的城市空间指标权重排序

同样，对影响夏季日间平均湿度的指标的重要程度进行排序，如图 6–24 所示，较重要的指标是天空可视度及铺装比热容，标化系数绝对值最小的指标是 750m 工业面积比例。每个指标因子的权重大小以及 7 类城市空间指标的权重和见表 6–21。从图 6–24（b）可以看出，下垫面结构与性能类、总体形态布局以及人为排热类指标对日间平均湿度影响较大，而景观格局类指标对日间平均湿度的影响程度最弱。因此，若控制夏季日间平均湿度，则首先需对下垫面结构与性能类指标进行调控，效果最佳。

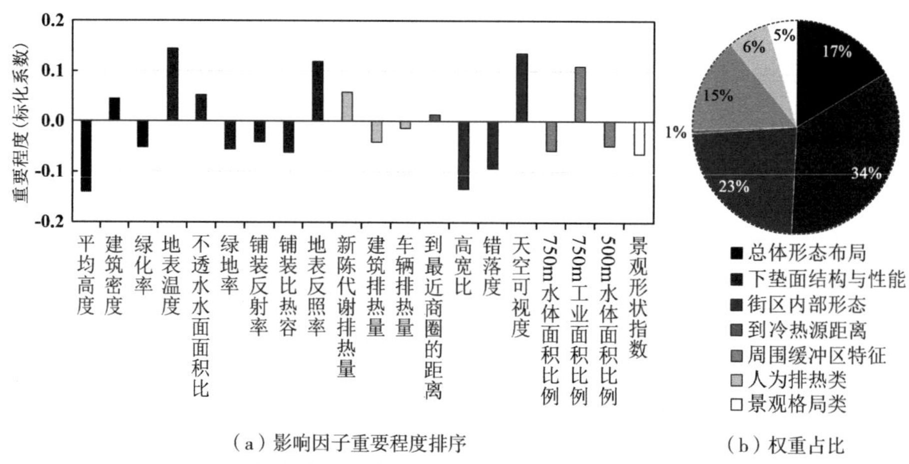

（a）影响因子重要程度排序　　（b）权重占比

图 6-23　夏季日间极值温度的影响因子重要程度排序与权重分配示意图

最后，对影响夏季日间极值湿度的指标的重要程度进行排序，如图 6-25 所示，标化系数绝对值较大的指标是天空可视度及地表温度，最小的指标是 750m 工业面积比例。每个指标因子的权重大小以及 7 类城市空间指标的权重和见表 6-21。从图 6-25（b）可以看出，下垫面结构与性能类、人为排热类及街区内部形态类指标对日间极值湿度影响较大，而周围缓冲区特征类指标对日间极值湿度的影响程度最弱。因此，若控制夏季日间极值湿度，则首先需对下垫面结构与性能类指标进行调控，效果最佳。

影响日间平均湿度与极值湿度的城市空间规划指标权重分配表　　表6-21

指标分类（规划控制类别）	城市空间规划指标	权重[a]	权重和[a]	权重[b]	权重和[b]
总体形态布局	平均高度	0.04	0.20	0.01	0.09
	建筑密度	0.08		0.08	
	绿化率	0.09		0.00	
下垫面结构与性能	地表温度	0.04	0.39	0.08	0.31
	不透水水面面积比	0.09		0.00	
	绿地率	0.08		0.01	
	铺装反射率	0.07		0.10	
	铺装比热容	0.08		0.01	
	地表反射率	0.03		0.11	
街区内部形态	高宽比	0.04	0.07	0.01	0.15
	错落度	0.00		0.06	
	天空可视度	0.02		0.08	
到冷热源的距离	到最近商圈的距离	0.02	0.06	0.11	0.13
	到最近水体的距离	0.04		0.02	

续表

指标分类（规划控制类别）	城市空间规划指标	权重[a]	权重和[a]	权重[b]	权重和[b]
周围缓冲区特征	750m 水体面积比例	0.03	0.07	0.04	0.05
	750m 工业面积比例	0.00		0.01	
	500m 水体面积比例	0.04		0.01	
人为排热量	新陈代谢排热量	0.03	0.16	0.09	0.19
	建筑排热量	0.08		0.10	
	车辆排热量	0.05		0.00	
景观格局指数	景观形状指数	0.05	0.05	0.08	0.08

[a] 是指影响日间平均湿度的指标的权重，[b] 是指影响日间极值湿度的指标的权重。

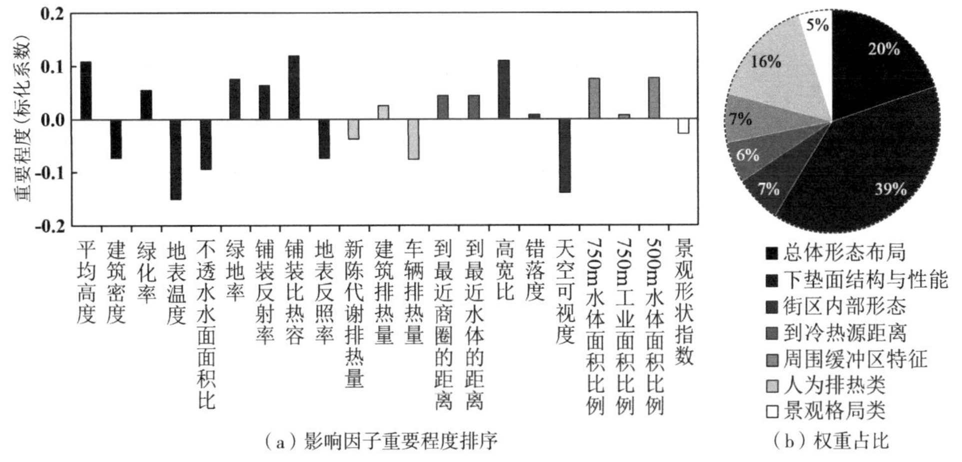

（a）影响因子重要程度排序　　（b）权重占比

图 6-24　夏季日间平均湿度的影响因子重要程度排序与权重分配示意图

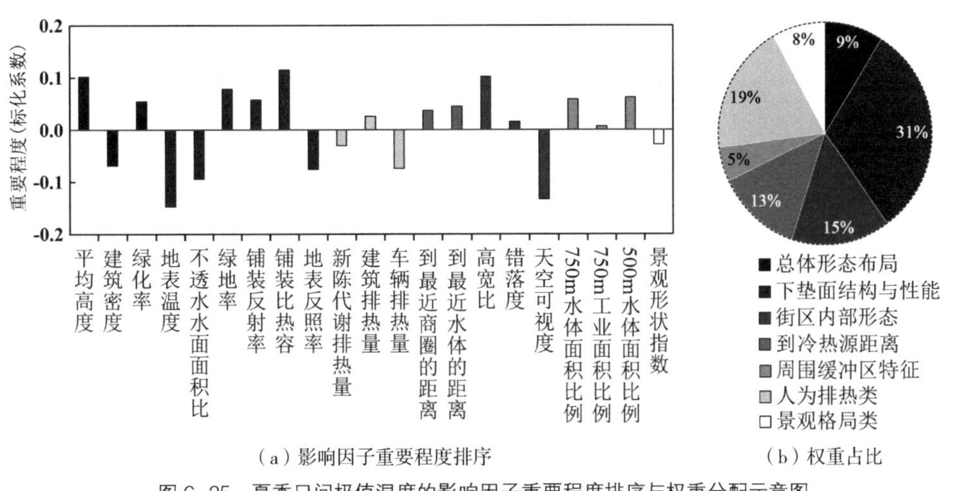

（a）影响因子重要程度排序　　（b）权重占比

图 6-25　夏季日间极值湿度的影响因子重要程度排序与权重分配示意图

6.4.3 基于主成分回归模型的误差分析

由于野外实验采集到的样本量有限，故本研究并未在样本中抽取一部分作为检验样本。为了进一步验证模型的适用性，本书利用城市内气象站监测数据与模型预测到对应地块的热环境数据进行对比验证。气象站的空间位置示意图见图 5–9。

具体来说，将获取的多个气象站对应时段的气象数据与相同位置经过主成分回归模型计算的预测值进行比较分析，如图 6–26 所示，8 个模型预测结果与气象站实测值的 R^2 均大于 0.55，相关系数均大于 0.74（$p < 0.01$），在 0.01 水平（双侧）上显著相关，且均方根误差（*RMSE*）均较小，模拟结果较好。

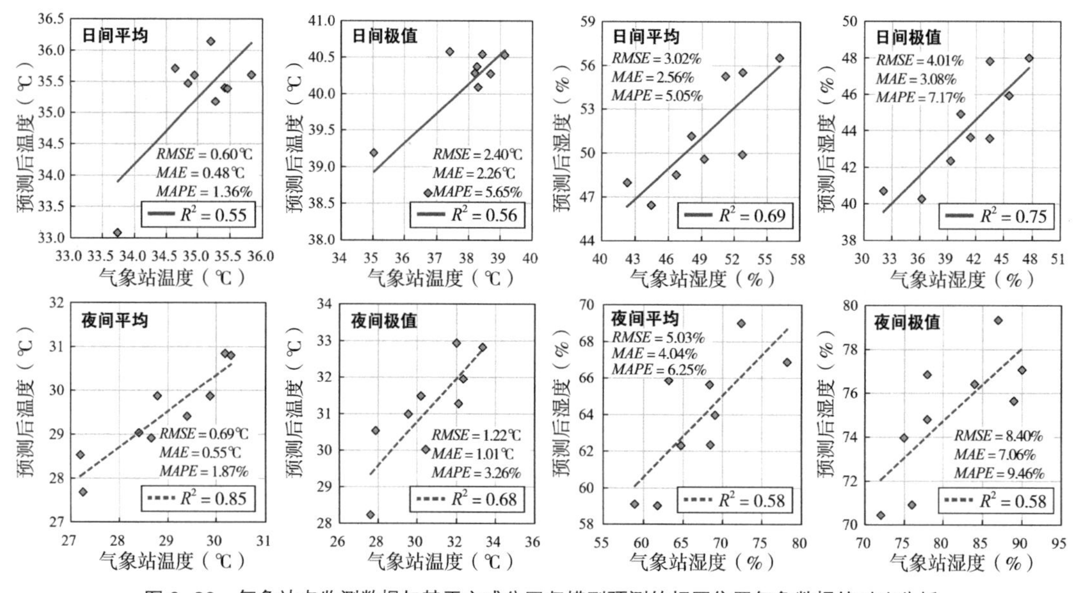

图 6–26 气象站点监测数据与基于主成分回归模型预测的相同位置气象数据的对比分析

6.5 本章小结

为发掘城市空间特征与热环境之间的定量关联规律，本章对 7 类城市规划控制方向下的 68 个指标及累年采集的热环境数据进行深入的耦合分析，主要结论如下：

1. 热环境参数与城市空间规划指标相关性分析方面

在夏季，同时期的温度、湿度系列参数与城市空间指标的相关性具有镜像关系。昼夜间热环境参数与指标的相关系数大小具有显著差异，表明一天中不同时间影响城市热环境的空间指标不同。与日间平均温度相关性最高的指标是天空可视度，共有19个指标与其具有相关关系；与夜间平均温度相关性最高的指标是建筑密度，共有30个指标与其相关，表明夜间城市热环境更易受城市空间形态及周边环境的影响。

在冬季，昼夜间热环境参数与城市空间指标的相关系数大小具有显著差异，仅有7个指标与冬季日间热环境参数具有相关性，几乎没有指标与日间温度具有相关性。相反有46个指标与夜间温湿度相关。与雾霾夜间温度相关性最高的指标是铺地比热容，共有31个指标与其具有相关关系；与晴朗夜间温度相关性最高的指标是粗糙度，共有33个指标与其具有相关关系。总的来说，无论晴朗还是雾霾天气，夜间热环境与城市空间指标关系密切，且缓冲区类指标占比最大，几乎占50%，说明冬季夜间地块自身的热环境更易受周围区域的影响。

通过相关性分析，将0.01水平上显著相关的城市空间指标筛选出来，作为影响热环境参数的重要指标，后续被纳入主成分回归模型。

2. 热环境参数与城市空间规划指标的一元回归分析方面

对于夏季日间温度来说，天空可视度是最强的影响因子，解释了约50%日间平均温度的差异。建筑密度是夜间平均温度的最强影响因子，解释了约40%夜间平均温度的差异。在街区范围内，控制其他因素不变，建筑密度每增加10%，夜间平均气温将增加0.44℃，湿度将减少1.41%。对于冬季雾霾夜间温度来说，铺装比热容是最强影响因子，解释了约50%雾霾夜间温度的差异。

3. 多重因素对城市热环境的共同作用机制方面

由于城市空间规划指标之间存在共线性问题，且热环境数据样本量较小，不能满足多元线性回归模型的基本假设。本研究首先对自变量（重要指标）进行主成分分析，再对提取的主成分进行最小二乘法回归，构建了夏季日间平均温度与湿度、夜间平均温度与湿度等8个热环境参数的主成分回归模型，且模型精度较高，均通过检验。

最后按照不同主成分回归模型中各变量的标化系数与相关系数的乘积值，定量获取了综合影响因素中多因子对城市热环境参数的贡献率，并对7类城市规划控制方向下各自归属的指标进行叠加计算，得到7类二级指标的权重排序。如对于夜间温度来说，到冷热源的距离、周围缓冲区特征类指标对它们影响程度最大；对于日间温度来说，下垫面结构与性能、街区内部形态类指标的贡献率最大，昼夜间城市空间规划指标的权重差异较大，在后续进行城市规划管控时，应区别对待。

第 7 章

基于热环境改善的城市空间规划指标调控策略

影响区域热环境的城市规划要素众多，但其中只有部分规划指标的权重大，在对户外空间的气候舒适度进行改善时，应首先抓住核心调控指标，高效且有针对性地为城市规划管理部门提供改善气候环境的直观操作建议。本章首先基于能量收支平衡构建了城市要素影响热环境的解释框架，提出空间规划可控指标对热岛、干岛的影响机制；即增强和减缓热岛效应机理；其次从总体形态布局、下垫面结构与性能、街区内部形态、景观格局、人为排热、周围缓冲区特征、到冷热源的距离 7 类城市规划控制方向选取了若干核心调控指标；最后基于城市气候规划建议图及城市局地气候分区分级系统，为不同城市空间形态类型的规划建议分区制定核心指标调控方案，提出差异化的引导策略，为城市规划修编、新区建设规划以及城市高密度区域的改造规划提供理论依据和技术方法支撑。

7.1 城市空间规划可控指标对热环境的影响机制解释框架

城市主城区作为城市人为活动最密集的区域，其与农村的不同地表特征、不同生产、生活强度等导致的能量平衡差异是形成城市热岛效应的基础（肖捷颖 等，2013），对能量收支差异的解析有利于理解城市热岛以及高温现象的产生原因。作为地球表面的一部分，城市表面遵循能量平衡（SEB）原理，即地表能量平衡方程：

$$Q^{*} + Q^{F} = Q^{H} + Q^{E} + Q^{S} + Q^{A} \tag{7-1}$$

式中：Q^{*} 为地表净辐射，Q^{F} 为人为热通量，Q^{H} 为大气显热通量，Q^{E} 为潜热通量，Q^{S} 为下垫面储热通量，Q^{A} 为净水平对流热通量，各物理量单位均为 W/m^2。

其中地表净辐射支配着地表上层和近地层大气的温度，其数值大小与太阳高度角、反射率、云量和观测点的海拔高度等有关。人为热排放是人类在生产生活过程中产生的热量，主要包含建筑、交通及人体新陈代谢排热三方面；大气显热通量和潜热通量统称为湍流通量，其中显热包含了由热力紊流、风力引起的热空气扩散从而产生的热量传递，潜热包含了水分蒸发及冰面升华（孙欣，2015），研究表明潜热通量的传递会影响气温的变化。下垫面储热通量是指城市表面对热量的存储，是城市下垫面能量平衡方程中主要的源汇项，城市地表主要由钢筋混凝土、砖石和金属等不透水面组成，会吸收大量短波辐射并辐射到大气中，导致气温上升。净水平对流热通量是指在城市中距离适宜的冷热源之间的相互对流，影响了城市小气候。

虽然城市与农村接收到的太阳辐射量基本一致，但因下垫面性能不同造成对太阳辐射的吸收与反射能力具有差异（肖捷颖 等，2013），导致城市和郊区地表净辐射不同，并且城市产生的人为热、显热通量及潜热通量、下垫面储热通量及净水平对流热通量都有明显区别。我们从能量平衡的角度出发，以热量产生的机理为切入点，将城市热环境调节的机制分为增温机制和降温机制两方面。其中，由城市覆盖表面层吸热所释放出的大量长波辐射、地表材质反射率低导致吸收的短波辐射增多、净辐射热增加、城市源源不断的人为热量输出、城市地表存储的热量难以释放等过程都是直接或间接增强城市热岛效应的途径，属于增温机制。

相反，热力紊流或通风对热量的传输，植被蒸腾作用，透水地表蒸发散热引起的湍流通量变化，水域和绿地形成的“冷岛”作为冷源促使净水平对流热通量增加，与周边区域进行冷热交换等，都是缓解城市热岛效应的途径，属于降温机制。

在确定了以地表能量平衡为理论依据的城市热环境调节机制后，结合第5章城市空间规划可控指标与气象因子的耦合机制研究，我们将指标与增温、降温机制一一对应，为第6章的结论提供理论支撑，并深层解析城市空间规划因素对城市热环境的影响，寻求缓解城市热岛及高温现象的规划策略。

将上文梳理出与城市热环境有显著相关关系（纳入主成分回归模型）的指标定义为重要规划指标，共35个（包含影响昼夜热环境的不同指标），前文按照指标的影响范围和规划属性将其划分成7个不同的城市规划控制分类，若从构建影响城市热环境的评价体系角度，35个城市空间规划可控指标属于三级指标（指标层），7类规划控制分类属于二级指标（准则层），将这些指标按照对昼夜热环境因子的正负向关系与增温、降温机制一一对应起来，如图7–1所示。在理论层面对它们进行解释，具体如下：

总体形态布局分类下共有4个三级指标，这些指标是城市规划中最常用的控制性指标，决定了街区内建筑、街道的发展模式。其中3个指标对日间热环境参数有显著影响，3个指标对夜间有显著影响。建筑密度的增加一方面意味着人为热排放量的增多，另一方面由于暴露在太阳辐射下的建筑表面积过大，增加了城市的净存储热，所以建筑密度在昼夜间都对空气温度有着正向影响；道路密度的增加意味着沥青或水泥材质面积占比的增大，导致城市表面存储的热量增多，加剧了城市热岛效应。相反，植被的蒸腾作用能够在一定程度上降低空气温度，增加空气相对湿度，所以绿化率对气温具有负向相关关系。平均高度这一指标较为特殊，一方面，建筑高度的增加，导致区域的容积率增大，容纳的人口增多，人为排热量加剧；另一方面，日间楼宇间的阴影为地面提供遮蔽，阻挡一部分热量被地表吸收，且高层楼宇间易形成角流区，风力引起的机械紊流会促使热量转移，根据前文的分析结果，在日间平均高度这一指标与空气温度呈负相关关系，即平均高度的增加，降低了热岛强度。

下垫面结构与性能分类下共有7个三级指标，这些指标从下垫面材质的热工性能与面积占比方面反映了地表的净存储热情况。其中，有6个指标对日间热环境参数有显著影响，4个指标对夜间有显著影响。不透水面面积比与硬质铺装率越大，热存储量就越大，昼夜不断散发余热，导致空气温度上升；绿地率作为下垫面类唯一的透水性地表指标，其与绿化率不同，

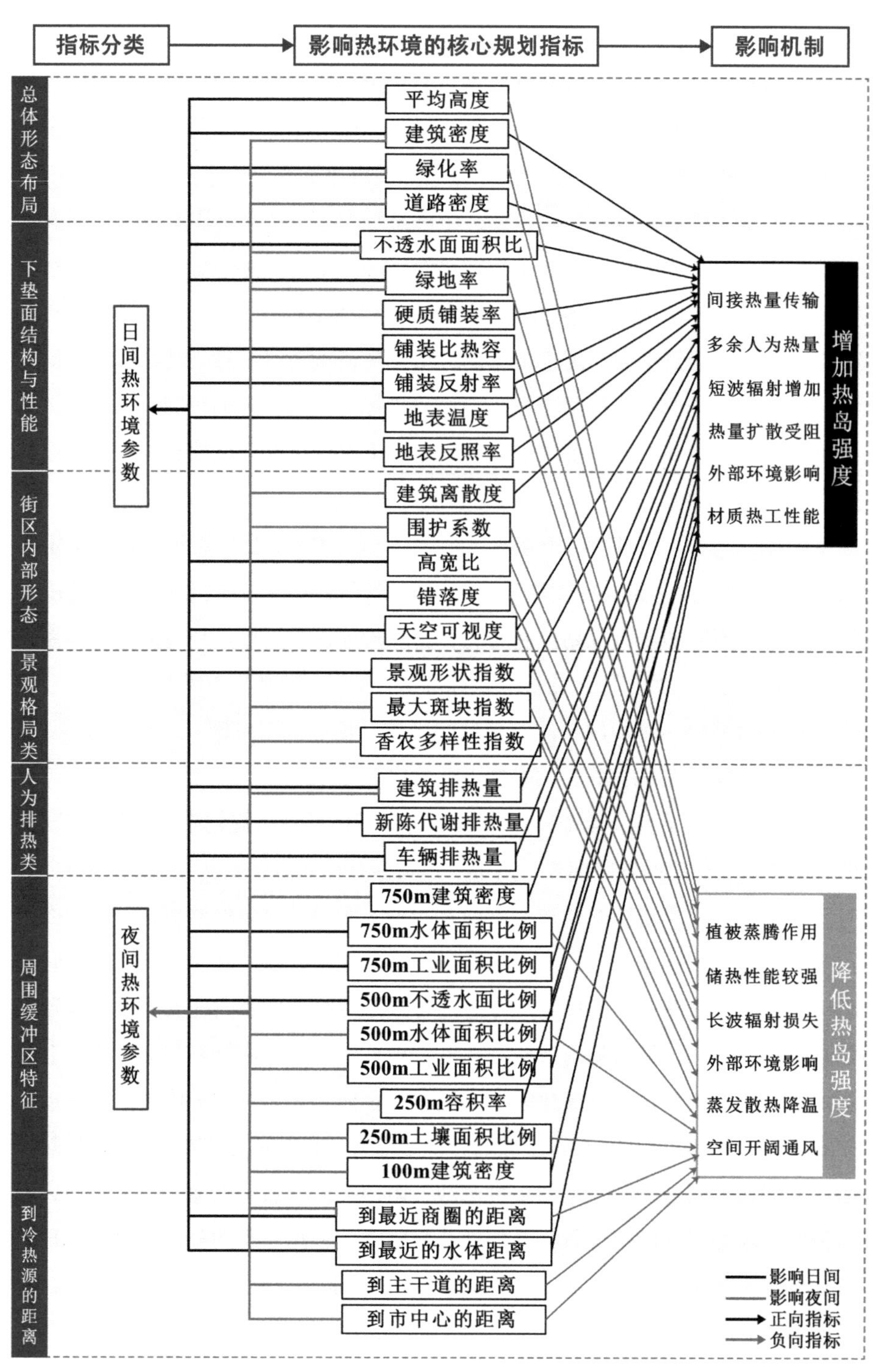

图 7-1　影响城市热环境的城市空间规划可控指标作用机制示意框架

它指水平方向的绿地覆盖情况，不包括垂直方向的灌木及乔木等绿植，绿地率在昼夜间均对空气温度具有明显的调节作用。铺装反射率、地表温度以及地表反射率这三个指标对日间热岛影响显著；铺装比热容反映了地表材质存储热量的能力，其值越大，储热能力越强。

街区内部形态分类下共有 5 个三级指标，其中有 3 个指标与日间热环境相关，2 个指标与夜间相关。这些指标虽不能通过吸收热量或者热量扩散的方式与地表能量平衡方程产生直接联系，但是建筑的排布方式、街道内部的空间形态可以通过合理的布局方式间接进行显热交换，从而在一定程度上改善热环境。其中，影响日间温度的指标高宽比和错落度，反映了城市竖向空间的布局方式，街道高宽比越大，街道两侧楼宇间形成的阴影区面积越大，在日间起到了明显的降温作用，但是在夜间狭窄的街道内热量反而不易扩散，所以高宽比在昼夜间影响热环境的机制不同。天空可视度与高宽比类似，日间天空可视角度越广阔，其接受到的太阳辐射量越大，升温效果越明显；而夜间天空视角开阔更利于热量的扩散和转移，降温效果明显。经过耦合分析后，发现其与日间热环境参数的相关关系显著，故将其指定为影响日间热环境的重要指标。

景观格局分类下有 3 个三级指标，其中景观形状指数对日间热环境影响作用大，最大斑块指数和香农多样性指数与夜间热环境关系显著。景观格局类与绿化率、绿地率不同，前者是对植被覆盖率或绿地面积的量级统计，而景观格局指数反映了景观的空间布局模式，解析景观的分布形式对于城市气候的调节作用。

人为排热分类下有 3 个三级指标，分别是建筑排热、交通排热及人体新陈代谢排热。由于夜间市民的外出活动减少，人体新陈代谢排热量较低，夜间热环境参数受新陈代谢和车辆排热的影响可以忽略不计，在日间它们对空气温度的作用明显，都具有正向相关关系。

周围缓冲区特征分类下有 9 个三级指标，其中日间热环境受周围环境影响的程度较低，仅有 3 个指标与日间温度或湿度相关，相反，夜间热环境更易受周边环境影响。这些指标通过城市表面层与周边大气对流交换，使热空气或冷空气扩散，导致地块本身的热环境发生改变。

到冷热源的距离分类下有 4 个指标，其影响热环境的机制与周围缓冲区类指标类似，都是通过周边热源与冷源产生对流小气候，在区域间发生热量的传递，从而升高或降低空气温度或湿度。同样，夜间城市热环境相比日间更易受到周围冷热源的影响。

综上所述，本节将影响城市热环境的重要规划指标提取出来，就每个指标对气象因子的影响程度及作用机制在理论方面进行解释，从城市规划可控视角为缓解城市热岛效应及高温现象提供途径和方法。此外，城市热岛还受风速、云量、大气污染等因素的影响，但不在本书的研究范畴之内。

7.2 不同热环境单因子的核心规划调控指标确立

影响热环境的指标众多，从城市规划的角度难以全部进行管控，故我们将权重和相对较大的二级指标作为核心管控类别，对每种热环境单要素因子提取权重和前三位的类别进行改善（权重和均超过0.6）。而每类二级指标又由数个三级指标构成，为了利于后续城市规划调控措施的跟进，在权重和前三位的类别中提取2个以内的三级指标作为核心规划调控指标。

最终，根据城市空间规划可控指标对不同热环境参数的贡献率大小和影响程度，我们对评价不同热环境因子的二级与三级核心调控指标进行汇总，如表7–1所示。该表为快速排查导致城市热岛、干岛现象发生的城市空间规划可控指标提供直观依据，也为后续进行规划调控提供快速指标筛选指南。

针对不同热环境单因子的核心规划调控指标汇总　　表7–1

一级指标	二级指标（权重排名前三）	三级指标（权重排名前二）
日间平均温度	下垫面结构与性能、街区内部形态、总体形态布局	地表温度、地表反射率、平均高度、高宽比、天空可视度
日间平均湿度	下垫面结构与性能、总体形态布局、人为排热类	不透水面面积比、绿化率、铺装比热容、建筑排热量、建筑密度
夜间平均温度	到冷热源的距离、周围缓冲区特征、景观格局类	到最近的水体距离、500m不透水面面积比、香农多样性指数
夜间平均湿度	下垫面结构与性能、总体形态布局、周围缓冲区特征	不透水面面积比、绿地率、硬质铺装率、绿化率、到最近的水体距离、250m土壤面积比例

7.3 西安市热环境特征因子评价值分析

本节从构建的基于城市空间规划可控指标的热环境评价体系角度出发，对热环境评价值进行分析。上文已根据主成分回归模型的标化系数与相关系数对影响昼夜温湿度的指标进行了权重分配，这里根据权重分配表在空间上将各个指标叠加，得到总体形态布局、下垫面结构与性能、街区内部形态、景观格局、人为排热、周围缓冲区特征、到冷热源的距离7个二级指标层的空间分布，再将7个二级指标层叠加，获得西安市夏季热环境评价值的空间分布。

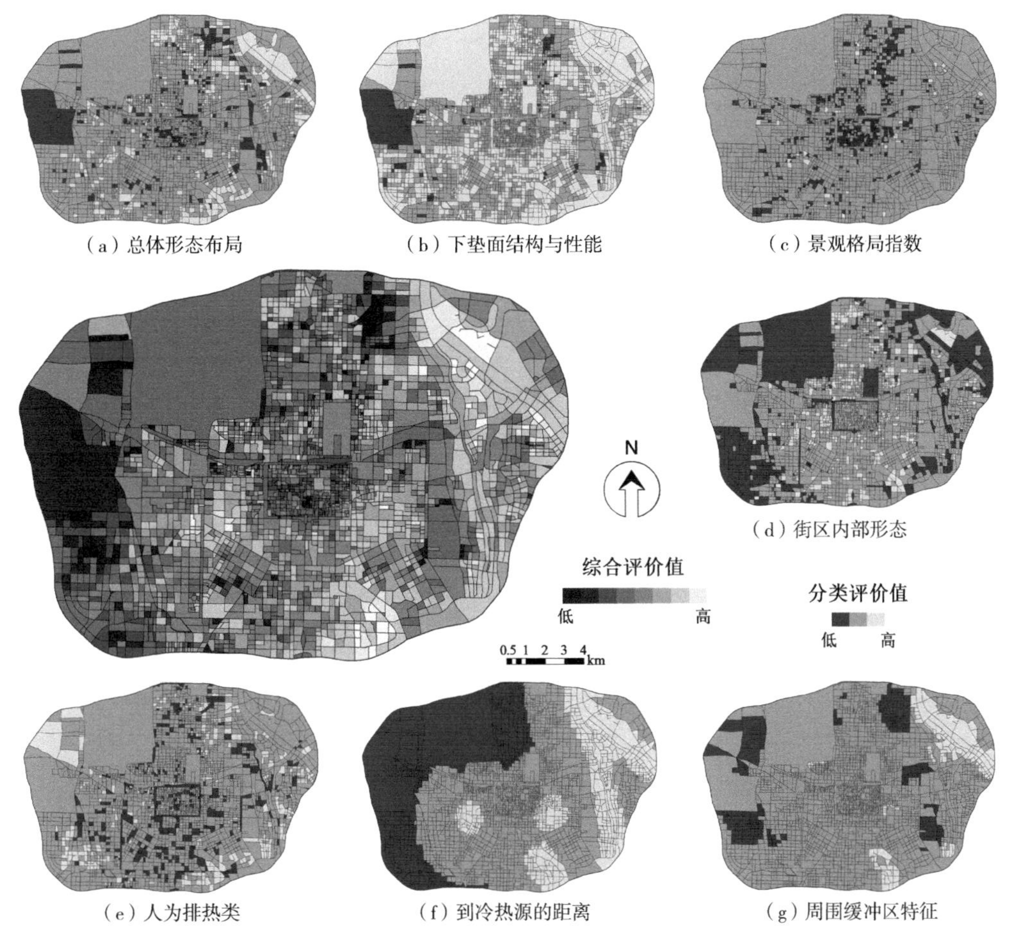

图7–2　西安市日间平均温度要素评价结果空间分布

为使评价结果更直观，在空间上按照上文验证的均值–标准差法将二级指标分为高、中、低三类。由于影响不同热环境因子的规划指标不同，所以对它们分别进行评价，最终得到了日间平均温度、日间极值温度、夜间平均温度、夜间极值温度、日间平均湿度、日间极值湿度、夜间平均湿度、夜间极值湿度8类评价结果的空间分布。极值温湿度在空间分布上与平均值具有相似性，故本节仅对平均温度和湿度进行分析。

从日间平均温度综合评价结果的空间分布图可以看出，位于城市北部稍偏东的钢材加工中心的综合评价值最低。若对该区域的日间平均温度进行改善，对照表7–1的核心调控方向，首先需要检查该区域3个（下垫面结构与性能、街区内部形态及总体形态布局）二级指标的空间评价情况，如图7–2（b）、（a）所示，该区域下垫面结构与性能及总体形态布局类的评价值最低，亟须改善；如图7–2（d）所示，街区内部形态类的评价值属于中等水平，可进行选择性调控或维持现状。

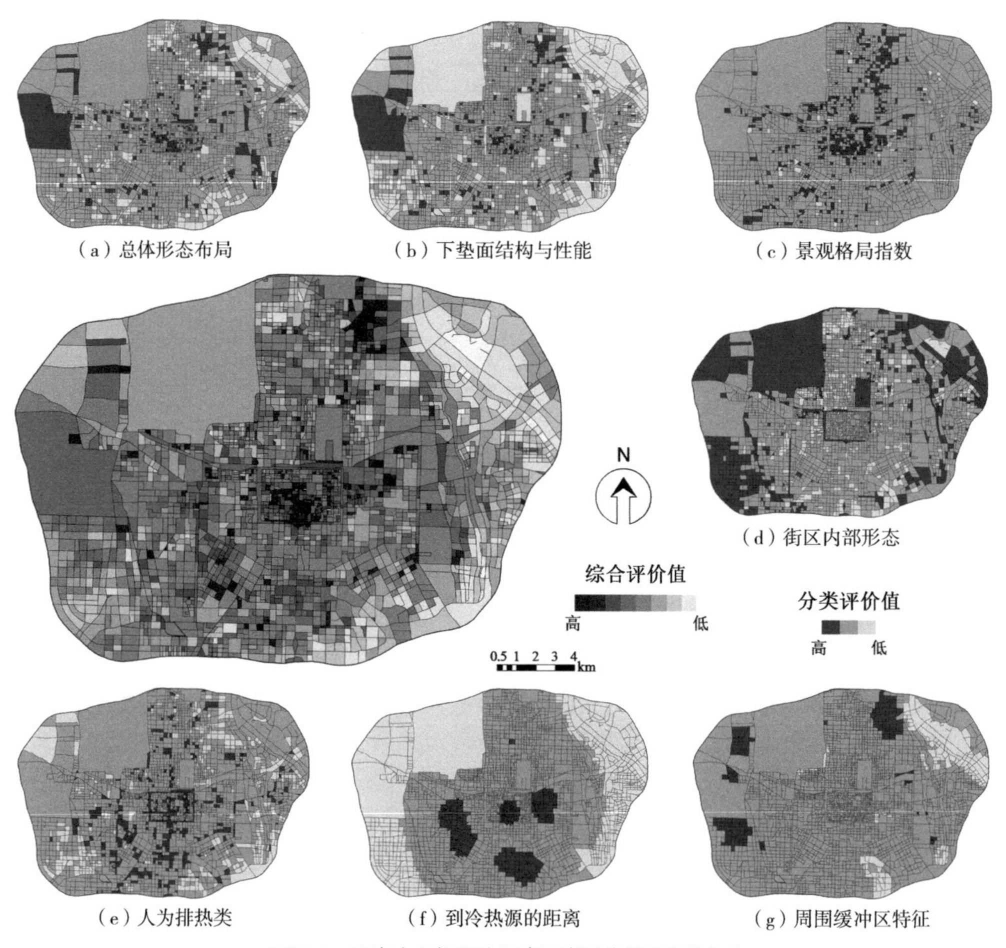

图 7–3　西安市日间平均湿度要素评价结果空间分布

对三级指标来说，可对照表 7–1，首先选择对该区域的核心规划调控指标，如地表温度（权重 0.09）、天空可视度（权重 0.09）、平均高度（权重 0.08）以及地表反射率（权重 0.08）等进行调控。

同样，从日间平均湿度综合评价结果的空间分布图可以看出，钢材加工和城市中心区域的综合评价值最低。若对这些区域的日间平均湿度进行改善，对照表 7–1 的核心调控方向，首先需要检查该区域 3 个（下垫面结构与性能、总体形态布局及人为排热类）二级指标的空间评价情况，如图 7–3（b）、（a）所示，这些区域下垫面结构与性能及总体形态布局类的评价值最低，亟须改善；如图 7–3（e）所示，旧城中心区域人为排热类的评价值最低，需要进行改善，而钢材加工中心附近区域的评价值属于中等水平，故可进行选择性调控或维持现状。

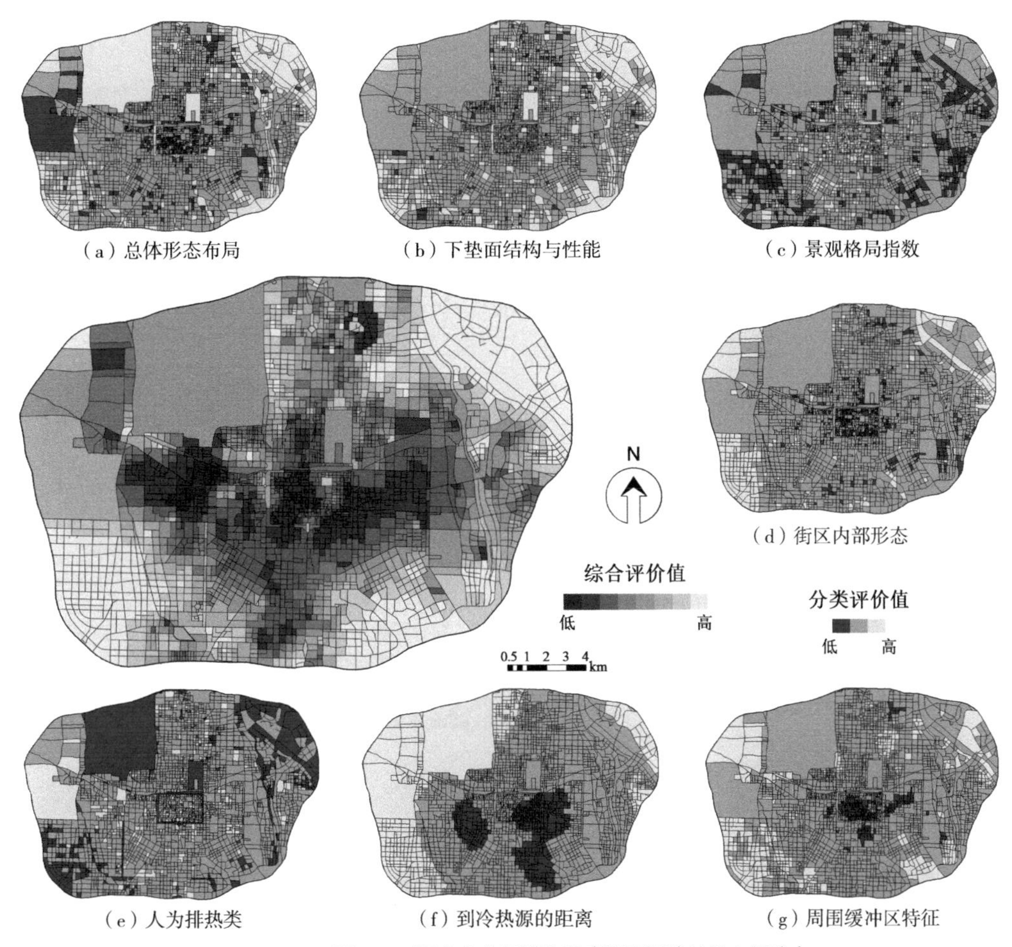

图 7–4　西安市夜间平均温度要素评价结果空间分布

对三级指标来说，可对照表 7–1，可对钢材加工区域的不透水面面积比（权重 0.09）、绿化率（权重 0.09）、平均高度（权重 0.08）、铺装比热容（权重 0.08）等指标进行调控；对主城区中心的建筑排热量（权重 0.08）、绿化率（权重 0.09）等指标分别进行调控。

同样，从夜间平均温度综合评价结果的空间分布图可以看出，城市中心区域的综合评价值最低。若对该区域的夜间平均温度进行改善，对照表 7–1 的核心调控方向，首先需要检查该区域 3 个（到冷热源的距离、周围缓冲区特征、景观格局类）二级指标的空间评价情况，如图 7–4（c）所示，该区域景观格局类的评价值属于中等或较高水平，故可维持现状；如图 7–4（f）、（g）所示，中心城区偏东位置到冷源的距离类及周围缓冲区特征类的评价值最低，且范围较大，亟须改善。

对三级指标来说，可对照表 7–1，可对该区域到最近的水体距离（权重 0.13）、500m 不透

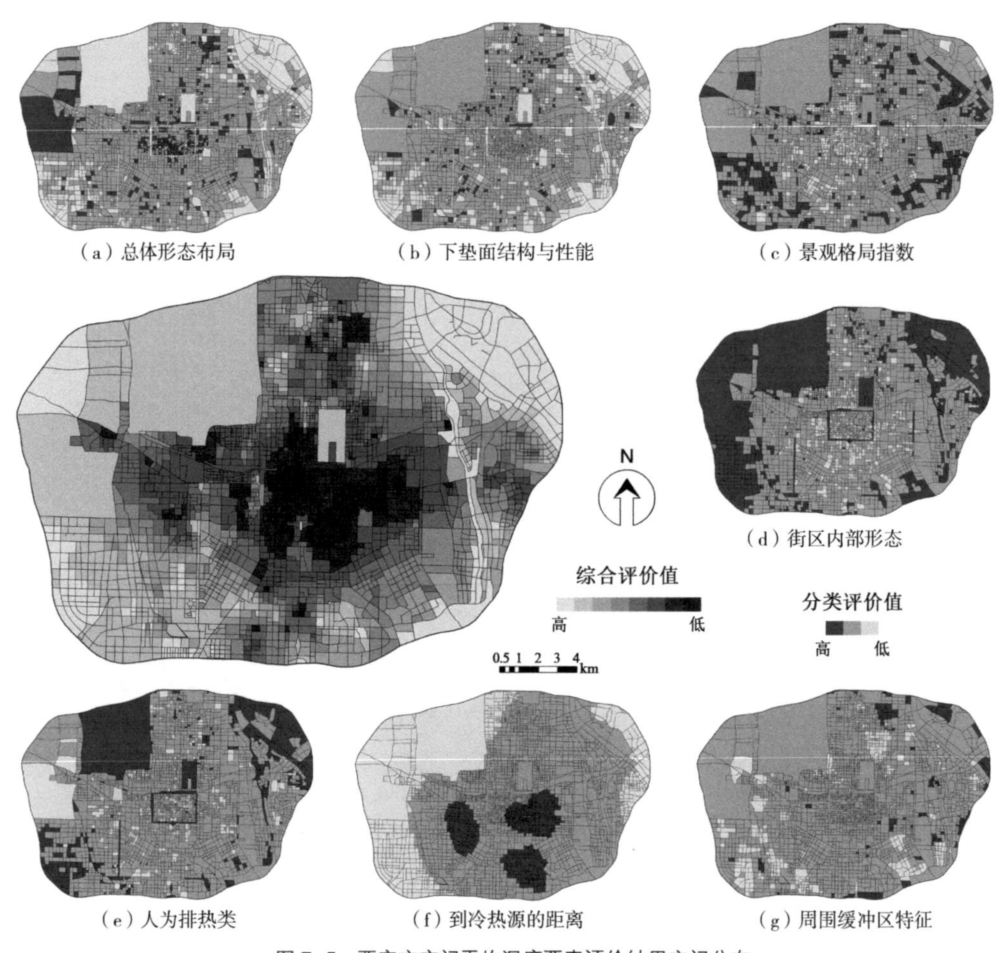

图 7–5　西安市夜间平均湿度要素评价结果空间分布

水面面积比（权重 0.07）等指标进行调控。

从夜间平均湿度综合评价结果的空间分布图可以看出，与夜间平均温度类似，仍然是城市中心区域的综合评价值最低。如图 7–5（b）、（g）所示，下垫面结构与性能及周围缓冲区特征类的评价值属于中等水平；如图 7–5（a）所示，中心城区的总体形态特征类的评价值最低，亟须改善。可对该区域的绿化率（权重 0.09）等指标进行调控。

最后，为了检验热环境评价结果与通过插值后推导的热环境现状（第 5 章）是否相符，分别测算二者的相关性系数，其中日间温度为 0.78，日间湿度为 0.80，夜间温度为 0.60，夜间湿度为 0.58，且均在 0.01 水平（双侧）上显著相关，说明它们的关联性较好，证明通过城市空间规划可控指标对热环境的评价结果较为合理。

7.4 西安市主城区热环境综合分析成果的规划应用和引导策略

7.4.1 局地气候分区系统纳入城市气候分区规划的信息支持技术

本研究将气象观测数据与城市空间规划数据进行整合，通过赋值、空间插值技术推导了热环境单因子空间分布图，再经过叠加计算绘制西安市城市气候分析图，为了便于后续的规划管控，最终将分级的结果统计到了城市的地块管理单元里。

但城市气候分析图是从气候学角度为城市空间分级，在图中我们只能辨别气候舒适区与非舒适区的空间位置，与城市规划管理难以衔接，且无法直接获取某城市气候分区的空间形态与规划特征，难以针对该区域的特定空间属性，对其热环境状况进行改善。本节将局地气候分区系统融入城市气候分析图中，即对应局地气候分区图来检查气候敏感区域的下垫面状况和城市形态，从操作层面上实现了城市气候分析图与局地气候分区图的相互补充。

将西安市局地气候分区图（LCZ）与西安市城市气候分析图依托 ArcGIS 平台的空间连接工具进行关联，再统计每类城市气候分区中 LCZ 不同类型的构成占比，对每类气候分区的城市形态构成类型定量化，如图 7–6 所示。

（1）城市气候分区 1：低密高层建筑区域、生态水平极佳区域。

这些区域的建筑以低密度高层为主，非建筑区域以低矮植被及城市水域区为主，其中 LCZ–4、LCZ–D、LCZ–G 三类城市形态占据城市气候分区 1 的 75%，说明除城市绿地及水域外，低密度高层建筑区域的室外热环境较优，气候舒适度高，是理想的城市活动区域。

（2）城市气候分区 2：中低建筑密度的城市区域。

与城市气候分区 1 的城市形态构成不同，该分区虽属于气候适宜的舒适区，但其下垫面基本以城市肌理为主，生态植被分布较少，主要类型为 LCZ–4、LCZ–6、LCZ–4 Ⅱ，以低密度高层或低层建筑区域为主，辅以部分中密度高层建筑。城市建筑密度较稀疏的区域，产生的热量相对较少，热环境较优，弥补了该分区生态用地构成比例小的劣势。

（3）城市气候分区 3：中低密度的高层建筑区域、生态水平较优区域。

该分区的气候舒适度属于中等较优水平，形态构成上以 LCZ–4（低密度高层）、LCZ–D（低矮植被）以及 LCZ–4 Ⅱ（中密度高层）为主。从构成比例上可以看出，与城市气候分区 1 类似，低密度高层区域，配套适当的生态绿地区域是城市气候舒适度较理想的组合形式，但

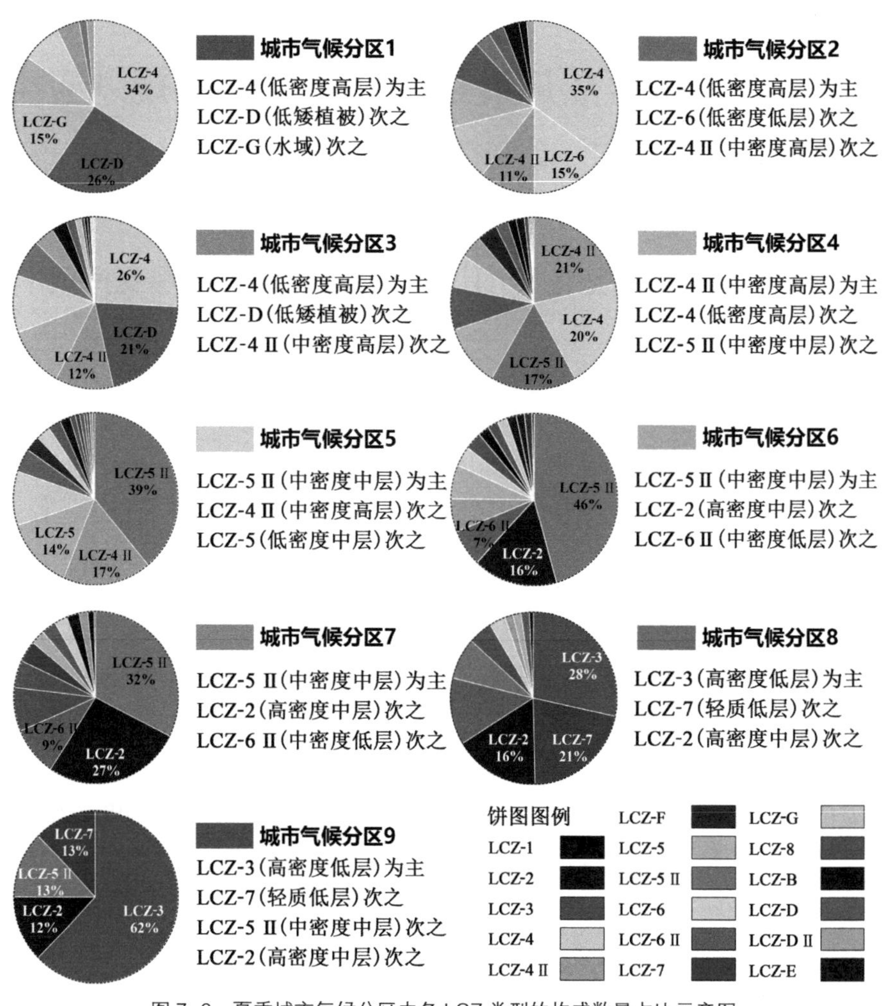

图 7–6 夏季城市气候分区中各 LCZ 类型的构成数量占比示意图

分区 3 中（LCZ–4 Ⅱ）中密度高层区域也占据一定比例，该类型较 LCZ–4 的气候舒适度略差，所以整体上降低了该分区的气候舒适度水平。

（4）城市气候分区 4：中低建筑密度的高层建筑区域。

该分区的气候舒适度属于中等水平，形态构成上以 LCZ–4 Ⅱ（中密度高层）、LCZ–4（低密度高层）为主，且二者构成比例相当，从气候分区 1 的构成比例上我们知道 LCZ–4 低密度高层区域的舒适度最佳。而分区 4 的舒适度低于分区 1，主要由于中密度高层的数量在该分区中占主导比例，而中密度高层区域多由商业性质用地构成，这些区域人口集中，排热量相对较大，降低了分区 4 整体的热环境质量。

（5）城市气候分区 5：中密度的中高层建筑区域。

该分区的气候舒适度属于中等水平，形态构成上 LCZ–5 Ⅱ（中密度中层）占据主导地位，约39%。这是由于中密度中层是西安市主导空间类型，城区老式住宅小区以及大专院校、单元家属院等均属于该LCZ分区，且中密度中层区域本身的热环境属于中等水平，故分区5以LCZ-5 Ⅱ为主，辅以中密度高层及低密度中层类型。

（6）城市气候分区6：中高密度的中层建筑区域。

该分区的气候舒适度属于中等略偏低水平，与城市气候分区5不同，虽形态构成上均以LCZ-5 Ⅱ（中密度中层）为主，但LCZ-2（高密度中层）在分区6中占据一定比例。高密度中层区域的热环境质量较差，温度较高，在整体上降低了城市气候分区6的舒适度水平。此外，从分区6开始，主导其城市形态构成从低密度高层逐渐开始向中高密度低层建筑类型转变。

（7）城市气候分区7：中高密度的中层建筑区域。

该分区的气候舒适度属于中等偏低水平，与城市气候分区6的城市形态构成比例十分相似，均以LCZ-5 Ⅱ（中密度中层）、LCZ-2（高密度中层）、LCZ-6 Ⅱ（中密度低层）为主，不同的是：LCZ-2与LCZ-6 Ⅱ占据的比例较大，由第5章的耦合结果可知，建筑密度对热环境的影响显著，建筑密度越大温度越高、湿度越低，所以LCZ-2与LCZ-6 Ⅱ的占比越大，该区域的气候舒适度越低。

（8）城市气候分区8：高密度的中低层建筑区域，工业建筑区域。

随着气候分区等级升高，气候舒适度逐渐降低，分区8的气候舒适度属于偏低水平，高密度建筑类型开始主导该区域的空间形态，如图7-6所示，除LCZ-3（高密度低层）的占比最大之外，LCZ-7（轻质低层）也不容小觑，这些区域一般由轻质材料搭建的城市工业厂房和临时建筑组成，其建筑密度极高、下垫面基本为不透水面材质，且绿化覆盖极低，易聚集形成城市热核，导致气候舒适度骤然下降。

（9）城市气候分区9：高密度的中低层建筑区域，工业建筑区域。

该分区的气候舒适度最低，形态构成上与城市气候分区8相似，均以LCZ-3（高密度低层）、LCZ-7（轻质低层）、LCZ-5 Ⅱ（中密度中层）、LCZ-2（高密度中层）为主。不同的是：LCZ-3（高密度低层）占比极大，为62%，说明高密度低层建筑区域属于气候等级最差的一类城市空间形态类型，在规划中应进行调控。

对于冬季各城市气候分区来说，其城市空间形态构成类型如图7-7所示。

（1）城市气候分区1：生态水平极佳区域，低密中低层建筑区域。

以低矮植被构成为主的生态区域是该分区最主要的城市空间形态类型，其植被覆盖程度在所有气候分区中占比最大；LCZ-5（低密度中层）与LCZ-6（低密度低层）是该分区最重要的建筑覆盖空间类型，这些区域零星穿插分布于城市外围生态区域之间，地广人稀，在冬季气温较低、湿度较高。

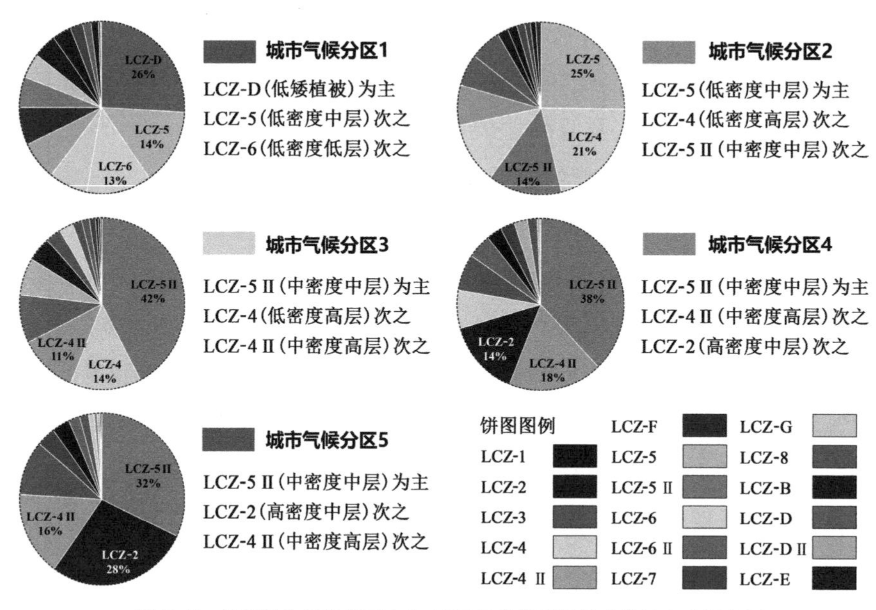

图 7-7　冬季城市气候分区中各 LCZ 分类类型的构成数量占比示意图

（2）城市气候分区 2：低密中高层为主的建筑区域。

与城市气候分区 1 的形态构成差异较大，该分区虽也属于气候适宜的舒适区，但其下垫面基本以城市肌理为主，生态植被区域分布较少；建筑区域以低密度中高层为主，辅以部分中密度中层建筑。总体来说冬季建筑稀疏的地区，其产生的热量也相对较少，导致局部温度不会升高。

（3）城市气候分区 3：中密中层为主、中低高层为辅的建筑区域。

该分区的气候舒适度属于中等水平，形态构成上 LCZ-5 Ⅱ（中密度中层）占主导地位，约 42%，气候中质区与西安市主导空间类型相符。

（4）城市气候分区 4：中密度中高层建筑区域。

该分区的气候舒适度属于中等偏低水平，形态构成上仍以 LCZ-5 Ⅱ（中密度中层）为主，占 38%，但中密高层与高密中层的比例也逐渐攀升，这些区域人口分布集中，排热量相对较大，降低了分区 4 整体的气候舒适度质量。

（5）城市气候分区 5：中密度的中高层建筑区域。

该分区的气候舒适度在冬季所有分区中级别最低，即空气温度最高、湿度最低。虽构成上仍以 LCZ-5 Ⅱ（中密度中层）为主，但明显 LCZ-2（高密度中层）占比攀升，高密度中层是西安市旧城区最主要的商业建筑形态，冬季排热量大，且人口分布密集，绿化覆盖水平较低，易产生城市逆温现象，加之冬季静风频发，可能会导致空气污染加剧，亟须对该区域进行调控。

7.4.2　基于西安市城市气候规划建议图的规划引导策略

1. 西安市城市气候规划建议图

在城市气候分析图中，按照气候舒适度的级别高低，将气候划分成9个不同的分区。为了研究的可操作性，需要将9类气候分区按照类似的热环境特征和城市空间形态进行简化合并，从规划应用的角度组合归类形成不同的气候带，用以表征该区域的气候敏感程度，为展开土地开发利用或改变建成区属性提供直观参考。这些气候带用不同颜色和图示加以区分，同时配以气候规划策略和引导指南（任超 等，2012）。夏季规划建议分区的合并规则如下：

（1）城市气候分区1和2：其气候舒适度等级均较优，建筑形态类型均以LCZ–4（低密度高层）为主，故将二者合并划分成气候高价值区。

（2）城市气候分区3：其气候舒适度仅次于分区1和2，城市形态类型以LCZ–4（低密度高层）为主，LCZ–D（低矮植被）为辅，与分区2、4均有差异，故将分区3独立划分成气候非敏感区。

（3）城市气候分区4和5：其气候舒适度适中，城市形态类型以中低密度的高层建筑区域为主，且占地面积较大，故将其合并，划分成气候低敏感区。

（4）城市气候分区6和7：其气候舒适度属于中等偏低水平，城市形态类型以LCZ–5 Ⅱ（中密度中层）为主，故将其合并，划分成气候敏感区。

（5）城市气候分区8和9：其气候舒适度等级最低，城市形态类型均以LCZ–3（高密度低层）及LCZ–7（轻质低层）建筑区域为主，故将其合并，划分成气候高敏感区，是规划者应该重点关注的区域。

城市气候规划建议分区划分标准列表（夏季）　　表7–2

分区	气候舒适度	城市形态类型	气候规划建议分区
1	极佳	低密高层建筑区域、城市生态区域	气候高价值区
2	优	中低建筑密度的城市区域	
3	中等偏上	中低密度的高层建筑区域、城市生态区域	气候非敏感区
4	中等	中低密度的高层建筑区域	气候低敏感区
5	中等	中密度的中高层建筑区域	
6	中等略偏低	中高密度的中层建筑区域	气候敏感区
7	中等偏低	中高密度的中层建筑区域	
8	较低	高密度的中低层建筑区域，工业区域	气候高敏感区
9	最低	高密度的中低层建筑区域，工业区域	

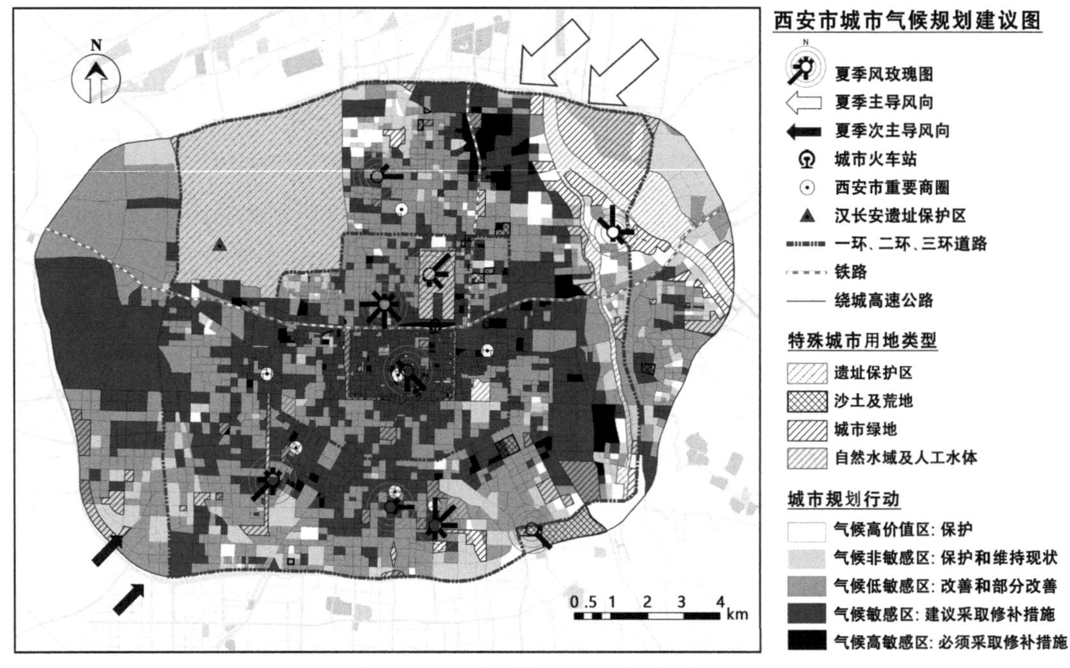

图 7–8　西安市夏季城市气候规划建议图

表 7–2 展示了由夏季 9 个城市气候分区归并成 5 个气候规划建议分区的过程。总体上，对于城市气候高度敏感区及气候敏感区，建议采取必要的改善措施。若该地区有必须开发的城市建设项目，应慎重考虑该区域的气候状况，模拟气候研究应立即开展，同时建议增加绿地和街道植树，改善现有环境。对于城市气候低敏感区，需要对其现状进行适当的改善，不鼓励增加额外的城市开发项目，利用其地理和环境优势，创造新的通风廊道，以改善西安冬季雾霾和夏季热岛等城市问题。对于城市气候非敏感及高价值区，建议分析其气候和城市形态特征，了解这些区域的开发模式，在不能改变下垫面特性的前提下，扩大城市绿化植被面积，并避免新建庞大建筑物对周围环境造成影响。

从西安市夏季城市气候规划建议图（图 7–8）可以看出，需要进行保护的气候高价值及非敏感区位于东北浐灞生态区、北部围绕新行政中心及附近高层新建住宅小区区域、东南部曲江遗址公园水域区等，共占主城区面积的 8%，如图 7–9（a）所示，比例较小。相反，必须采取修补行动的城市气候高敏感区，一部分零星分布于旧城中心附近，其建筑密度极大，建筑层数低，绿化率极低，是人居环境质量最差的区域；另一部分集中位于城市北部偏东的钢材加工工业区、东部旧工业区，其城市形态以 LCZ–7 轻质临时工业建筑为主，热工性能差，下垫面几乎均为不透水表面，但总体来说高敏感区域面积占比非常小（3%）。

不容乐观的是西部工业区，中部混合功能区以中偏南混合区域，均属于气候敏感区，所占面积比例大（31%），需要进行改善或采取修补行动。下一步应通过缩小差值区面积，扩大

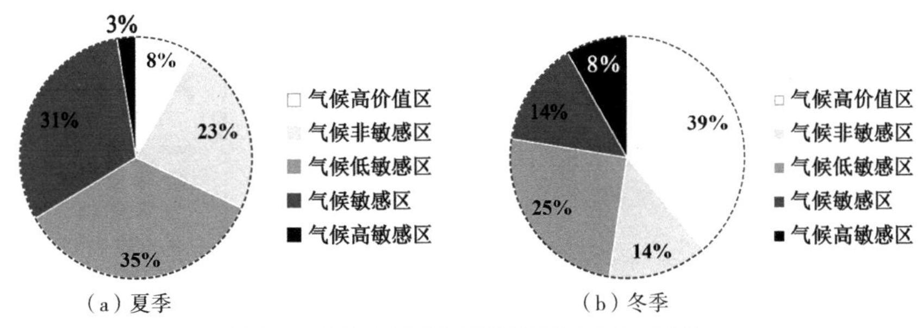

（a）夏季　　（b）冬季

图 7-9　西安市城市气候规划建议分区面积占比

过渡区域的中值区范围，从而提升市区整体的夏季气候舒适度水平。

对于冬季来说，气候分区的类别较少，且各类别之间形态类型差异显著，故不进行合并处理，冬季城市气候规划建议分区与城市形态类型的对应关系如表 7-3 所示。

城市气候规划建议分区划分标准列表（冬季）　　表7-3

分区	气候舒适度	城市形态类型	气候规划建议分区
1	优	低矮植被为主的城市生态区域	气候高价值区
2	中等偏上	低建筑密度的中高层城市区域	气候非敏感区
3	中等	中建筑密度中层为主的城市区域	气候低敏感区
4	偏低	中密度中高层为主的城市区域	气候敏感区
5	低	中高密度中层建筑为主的城市区域	气候高敏感区

从西安市冬季城市气候规划建议图（图 7-10）可以看出，其气候梯度分布特征与西安市“单中心 + 三环”的城市发展模式更加吻合，即气候高价值区多分布于城市外围及边缘，而敏感区域则集中在市中心。与夏季不同的是，冬季气候高价值区所占比例较大（39%），同时气候敏感区域面积也有所扩张，约 8%，且基本位于西安市二环道路以内，以 LCZ-5 Ⅱ（中密度中层）的城市形态为主，需要集中进行改善或采取修补行动。

2. 不同气候规划建议分区的城市空间规划指标调控策略

根据本书 7.1 节及 7.2 节筛选的核心规划调控指标及它们对热环境的影响机制解释，针对不同规划建议分区的空间形态类型，本节提出了差异化的规划调控策略，对夏季来说：

（1）气候高价值区：低密高层建筑区域、城市生态区域。

这些区域昼夜间温湿度的综合评价值基本属于极佳水平（见图 7-2~ 图 7-5），故该气候规划建议分区应以保持现状为主，警惕建成区的盲目扩张导致水域面积减少、绿地被替代，避免热岛强度骤然增强。尤其东北部浐灞生态区，地处西安市主城区夏季进风口位置，应保证目前湿地和水域面积，避免被盲目征用。

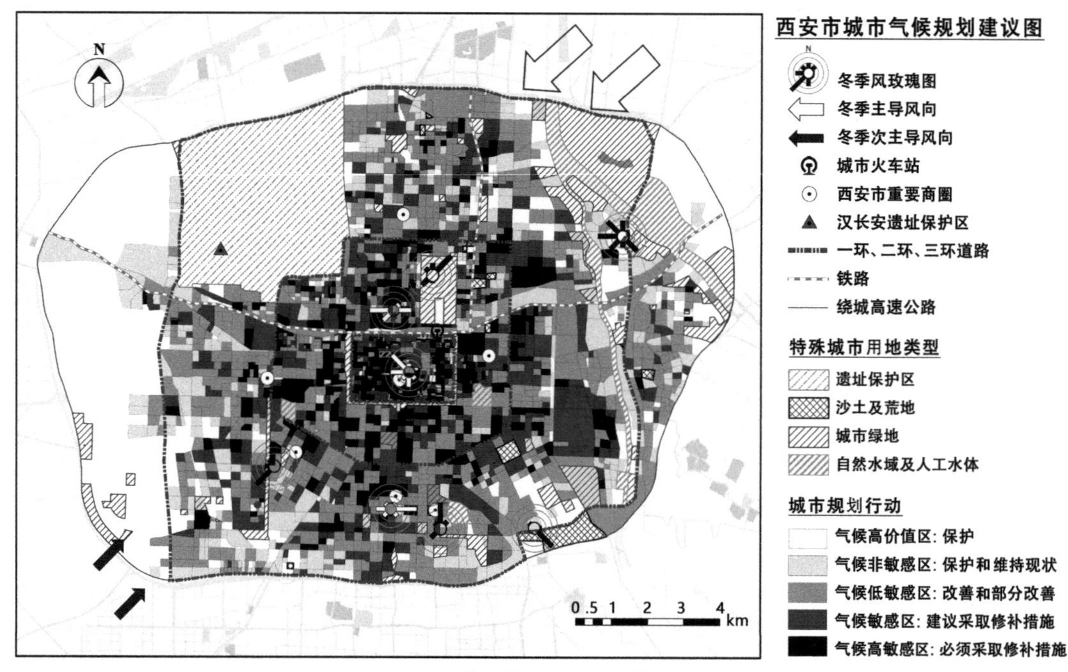

图 7-10　西安市冬季城市气候规划建议图

（2）气候非敏感区：中低密度的高层建筑区域、城市生态区域。

这些区域主要分布于气候高价值区周边及边缘农田等地，昼夜间温湿度的综合评价值属于中上水平，但在不同热环境单因子的空间评价方面有所差异，对每个地块的气候舒适度进行具体分析时，应对照分项数据单独解析。总体上对于该气候规划建议区，仍以保护为主，对于绿地及生态区域应提高其植被覆盖率，将植物调节城市气候的降温增湿作用发挥极致，并且警惕将这些区域征用为建设用地，应在规划中严控建设用地占比。对于中低密度的高层建筑区域，应尽量保持现状，不增添新建筑和构筑物，保证地块充裕的绿化空间及活动场地。

（3）气候低敏感区：中低密度的高层建筑区域。

这些区域分布于研究区内各处，面积所占比例较大，属于气候舒适度中值区域，在不同气象单因子空间评价方面有所差异，但基本处于中等水平。总体上对于该气候规划建议区，应以降低热岛效应为目标。对于低密度的高层建筑区域，在保持城市形态布局不变的基础上，适当增加下垫面的透水性，使地表渗透性增强；对于中密度的高层建筑区域，首先应避免低层建筑的增加，其次应对街区内部形态方面加以控制，例如增加室外遮阳设施，降低天空可视度，增加建筑间阴影的面积，避免地表升温加剧。

（4）气候敏感区：中高密度的中层建筑区域。

这些区域穿插于气候高敏感区与气候低敏感区之间，面积所占比例较大，且气候舒适度较低，需引起重视，配以严格的规划管控措施。对照不同气象单因子的空间评价情况可知，在7个二级指标方面，这些区域均属于中低等级，必须具体对每个地块的分项数据进行逐个解析，寻找评价值较低的指标进行改善。总体上对于该气候规划建议区，应从下垫面结构与性能（地表温度、地表反射率、不透水面面积比、硬质铺装率、绿地率），街区内部形态（高宽比、天空可视度）、总体形态布局（平均高度、建筑密度）、到冷热源的距离（到最近水体的距离）等方面的控制指标进行管控，例如，应改善该区域下垫面的不透水性质，将不透水铺地置换为透水表面材质，替换热工性能差的材质，并且为区域增加植被覆盖面积，增加建筑阴影面积，降低天空可视度、减少辐射得热，增加沿街建筑的平均高度，同时鼓励适当高层建筑的开发，提倡新建人工水域，提高内陆缺水性城市的空气湿度等。

（5）气候高敏感区：高密度的中低层建筑区域，工业区域。

这些区域零星分布于城市热核附近，面积所占比例虽小，但气候舒适度极低，且影响范围较大，须立即采取行动，配以强制性的规划管控措施。对照不同气象单因子空间评价值可知，在7个二级指标方面，这些区域的评价值基本属于最低等级，必须具体对每个地块的分项数据进行逐个改善。除了对准则层或指标层权重较大的指标进行调控外，还需要对其他三级指标进行改善，例如，该区的城市空间形态类型以高密度中低层为主，有必要通过改造等手段适当降低建筑密度，同时增加建筑高度，增加植被覆盖范围和面积，提高绿化率。对于集中分布的工业区域，应置换目前不透水铺装材质，增加地表渗透性，对难以进行改造的工业区，应予以拆除移位，必须将嵌入住区中的工业建筑外迁，防止工业废热扩散从而影响人体舒适度。

为了方便实际规划操作，基于本书6.4.2节中计算得出的城市空间规划指标对热环境的影响权重，选择权重值较大的二级指标和三级指标作为核心调控指标，以改善热环境为目标，本书最终提出了针对不同规划建议分区的规划对策指南（表7–4）。

不同气候规划建议分区中提高气候舒适度的规划对策（夏季）　　表7–4

<table>
<tr><th>分区</th><th colspan="4">气候特征/城市空间特征</th><th colspan="3">规划策略</th></tr>
<tr><td rowspan="6">分区1
气候高价值区</td><td colspan="4">气候特征：低热负荷、高空气流通，气候舒适。
城市特征：生态区域，空间类型以LCZ–4为主</td><td colspan="3">以保持现状为主，警惕建成区盲目扩张导致水域面积减少、绿地被替代</td></tr>
<tr><td colspan="7">主要控制方向（二级指标）</td></tr>
<tr><td>总体布局</td><td>下垫面</td><td>街区内部</td><td>距离冷热源</td><td>周围缓冲区</td><td>人为排热</td><td>景观格局</td></tr>
<tr><td>◎</td><td>☆</td><td>◎</td><td>◎</td><td>☆</td><td>◎</td><td>◎</td></tr>
<tr><td colspan="7">主要控制指标（三级指标）</td></tr>
<tr><td colspan="7">无特别需要进行调控的指标，在保持现状的基础上，尽可能扩大绿地、植被覆盖范围</td></tr>
</table>

续表

<table>
<tr><th>分区</th><th colspan="4">气候特征/城市空间特征</th><th colspan="3">规划策略</th></tr>
<tr><td rowspan="7">分区 2
气候非敏感区</td><td colspan="4">气候特征：低热负荷、低空气流通，气候较舒适
城市空间形态特征：以 LCZ-4、LCZ-4 Ⅱ（中低密度高层建筑区域）为主，辅以部分生态区域</td><td colspan="3">对于生态区应禁止绿地及水域被建成区用地替代。对建筑区，保证地块充裕的绿化空间及活动场地</td></tr>
<tr><td colspan="7">主要控制方向（二级指标）</td></tr>
<tr><td>总体布局</td><td>下垫面</td><td>街区内部</td><td>距离冷热源</td><td>周围缓冲区</td><td>人为排热</td><td>景观格局</td></tr>
<tr><td>☆</td><td>☆</td><td>◎</td><td>◎</td><td>☆</td><td>◎</td><td>◎</td></tr>
<tr><td colspan="7">主要控制指标（三级指标）</td></tr>
<tr><td colspan="7">绿化率☆</td></tr>
<tr><td colspan="7">生态区域应尽量保持现状、建筑区域应提高空地的绿化率，控制新建项目</td></tr>
<tr><td rowspan="7">分区 3
气候低敏感区</td><td colspan="4">气候特征：中热负荷、低空气流通，气候舒适度适中。
城市空间形态特征：以 LCZ-4、LCZ-4 Ⅱ（中低密度高层建筑区域）为主的城市区域</td><td colspan="3">对于低密区，适当增加下垫面的透水性，使地表渗透性增强；对于中密区，应避免低层建筑的扩建</td></tr>
<tr><td colspan="7">主要控制方向（二级指标）</td></tr>
<tr><td>总体布局</td><td>下垫面</td><td>街区内部</td><td>距离冷热源</td><td>周围缓冲区</td><td>人为排热</td><td>景观格局</td></tr>
<tr><td>☆</td><td>☆</td><td>★</td><td>◎</td><td>◎</td><td>◎</td><td>◎</td></tr>
<tr><td colspan="7">主要控制指标（三级指标）</td></tr>
<tr><td colspan="7">建筑密度☆ 不透水面面积比☆ 天空可视度★★</td></tr>
<tr><td colspan="7">以及增加室外遮阳设施的覆盖，降低天空可视度，增加建筑间阴影面积，避免地表升温加剧，间接控制下垫面结构与性能</td></tr>
<tr><td rowspan="6">分区 4
气候敏感区</td><td colspan="4">气候特征：高热负荷、低空气流通，气候舒适度较差；这些区域日间、夜间温度较高，湿度较低，其分布区域较广，且影响范围较大。
城市空间形态特征：以 LCZ-2、LCZ-5 Ⅱ（中高密度中层建筑区域）为主的城市区域</td><td colspan="3">应改善该区域下垫面的不透水性质，替换热工性能差的材质；增加建筑物阴影面积，减少太阳辐射得热；鼓励适当新建高层建筑，提倡新建人工水域，提高内陆缺水性城市的空气湿度</td></tr>
<tr><td colspan="7">主要控制方向（二级指标）</td></tr>
<tr><td>总体布局</td><td>下垫面</td><td>街区内部</td><td>距离冷热源</td><td>周围缓冲区</td><td>人为排热</td><td>景观格局</td></tr>
<tr><td>★</td><td>★</td><td>★</td><td>★</td><td>★</td><td>☆</td><td>☆</td></tr>
<tr><td colspan="7">主要控制指标（三级指标）</td></tr>
<tr><td colspan="7">平均高度★ 地表温度★ 地表反射率★ 铺装比热容★ 不透水面面积比★ 硬质铺装率★ 绿地率★ 天空可视度★ 高宽比★ 到最近的水体距离★</td></tr>
<tr><td rowspan="7">分区 5
气候高敏感区</td><td colspan="4">气候特征：强热负荷、低空气流通，气候舒适度最差；这些区域日间、夜间温度极高，湿度极低，但分布范围有限，利于管控及改善。
城市空间形态特征：以 LCZ-2、LCZ-3（高密度的中低层建筑区域）为主的城市区域，工业用地区域</td><td colspan="3">通过改造降低建筑密度，增加区域建筑高度，增大植被覆盖。对于工业区域，应置换目前不透水铺装材质，增加地表渗透性，对难以进行改造的工业区，应予以拆除，减少工业排热</td></tr>
<tr><td colspan="7">主要控制方向（二级指标）</td></tr>
<tr><td>总体布局</td><td>下垫面</td><td>街区内部</td><td>距离冷热源</td><td>周围缓冲区</td><td>人为排热</td><td>景观格局</td></tr>
<tr><td>★★</td><td>★★</td><td>★★</td><td>★★</td><td>★★</td><td>★</td><td>★</td></tr>
<tr><td colspan="7">主要控制指标（三级指标）</td></tr>
<tr><td colspan="7">平均高度★★ 地表温度★★ 地表反射率★★ 铺装比热容★★ 不透水面面积比★★ 硬质铺装率★★ 绿地率★★ 天空可视度★★ 高宽比★★ 到最近的水体距离★★</td></tr>
<tr><td colspan="7">除了对准则层或指标层权重较大的指标进行调控外，还需要对其他三级指标进行管控，例如降低建筑密度，同时增加建筑高度，增加植被覆盖范围和面积，提高绿化率等</td></tr>
</table>

注：★★必须进行调控的指标，★建议进行调控的指标，☆可以进行调控的指标，◎可以保留现状的指标。

对于冬季来说，基于本书 6.1.2 节得到的城市空间规划可控指标与冬季热环境参数的相关程度排序，选择相关系数较大的指标进行调控，最终从宏观层面制定了基于改善冬季热岛效应的规划调控对策，如表 7-5 所示。

不同气候规划建议分区中提高气候舒适度的规划对策（冬季）　　表7-5

<table>
<tr><th>分区</th><th>气候特征/城市空间特征</th><th>规划策略</th></tr>
<tr><td rowspan="3">分区 1
气候高价值区</td><td>气候特征：低热负荷、空气流通，温度低湿度大。
城市特征：生态区域，空间类型以 LCZ-D 为主</td><td>以保持现状为主，禁止在城市东北方位城市进风口附近新建开发项目</td></tr>
<tr><td colspan="2">主要控制指标</td></tr>
<tr><td colspan="2">无特别需要进行调控的指标，但在保持现状的基础上，尽可能扩大绿地、植被覆盖范围</td></tr>
<tr><td rowspan="4">分区 2
气候非敏感区</td><td>气候特征：低热负荷、低空气流通，气候较舒适。
城市空间形态特征：以 LCZ-5（低密度中层）为主的城市区域</td><td>在城市区域内，应避免开敞空间被建筑征用，保证适量的开阔场地，缓解局地空气流通不畅导致的热量堆积</td></tr>
<tr><td colspan="2">主要控制指标</td></tr>
<tr><td colspan="2">建筑密度☆</td></tr>
<tr><td colspan="2">建筑区域应控制新建项目，避免建筑密度提升，保证地块内开敞空间占比</td></tr>
<tr><td rowspan="3">分区 3
气候低敏感区</td><td>气候特征：中热负荷、低空气流通，气候舒适度适中。
城市空间形态特征：以 LCZ-5 Ⅱ（中密度中层）为主的城市区域</td><td>对于中密区，应避免低层建筑的扩建。改善该区域下垫面的不透水性质，替换热工性能差的材质</td></tr>
<tr><td colspan="2">主要控制指标</td></tr>
<tr><td colspan="2">建筑密度☆ 不透水面面积比☆ 铺装比热容性能☆ 粗糙度☆</td></tr>
<tr><td rowspan="3">分区 4
气候敏感区</td><td>气候特征：高热负荷、低空气流通，气候舒适度较差。
城市空间形态特征：以 LCZ-5 Ⅱ、LCZ-4 Ⅱ（中密度中高层）为主的城市区域</td><td>对于中密区，应避免低层建筑的扩建，在不能拆除现有建筑的条件下，应改善该区域下垫面的不透水性质</td></tr>
<tr><td colspan="2">主要控制指标</td></tr>
<tr><td colspan="2">建筑密度★ 不透水面面积比★ 铺装比热容性能☆ 粗糙度☆ 天空可视度☆</td></tr>
<tr><td rowspan="3">分区 5
气候高敏感区</td><td>气候特征：强热负荷、低空气流通，气候舒适度最差。
城市空间形态特征：以 LCZ-5 Ⅱ、LCZ-2（中高密度的中层）为主的城市区域，分布范围集中，利于规划管控及改善</td><td>通过改造降低建筑密度，增加区域建筑高度，增大植被覆盖。置换目前不透水铺装材质，增加地表渗透性，降低区域粗糙度，避免空气流通受阻</td></tr>
<tr><td colspan="2">主要控制指标</td></tr>
<tr><td colspan="2">建筑密度★★ 不透水面面积比★★ 铺装比热容性能★ 粗糙度★ 天空可视度★等</td></tr>
</table>

注：★★必须进行调控的指标，★建议进行调控的指标，☆可以进行调控的指标。

7.5 本章小结

本章主要以上文绘制的城市气候分析图为基础，按照城市空间形态类型（局地气候分区）将相似的城市气候分区归并，生成城市气候规划建议图，并结合上文城市空间规划指标对热环境参数的影响权重及作用机制，从城市规划层面提出了基于热环境优化的管控策略，针对不同类型规划建议分区进行差异化引导，主要结论如下：

（1）构建了城市空间规划可控指标对热环境的影响机制解释框架，确立了以地表能量平衡为理论依据的城市热环境调节机制，随后将热环境评价体系中的指标与增温或降温机制一一对应，确定每个指标对气象因子的影响程度及作用机制，为从城市规划可控视角缓解城市热岛效应及高温现象提供合理解释。

（2）从基于城市空间规划可控指标的热环境评价体系角度出发，按照指标权重排序，确立了核心管控类别及若干核心规划调控指标。再对西安市热环境特征因子进行空间评价，为快速排查导致城市热岛、干岛现象发生的城市空间规划问题提供直观依据。

（3）以上文绘制的城市气候分析图为基础，将第 2 章城市局地气候分级图融入气候图系统，按照城市空间形态类型（局地气候分区）将相似的城市气候分区归并，绘制专门面向城市规划管控的气候环境规划建议图，并结合核心规划调控指标，以缓解气候舒适度为目标，在城市规划设计层面落实指标调控的要求，实现了将气象学引入城市规划学科的跨学科交流。

第 8 章

结论与展望

8.1 主要工作及结论

本书基于多年气象观测数据、多源城市空间规划数据，通过遥感、ArcGIS、统计建模等方法的综合运用，研究城市热环境的时空分布特征，以及城市多元要素对城市热环境的影响机制，并提取了基于热环境因子的核心城市空间规划可控关联指标，系统地从城市规划学视角对城市热环境进行综合研究，相关结论概括如下：

（1）分析总结出基于城市空间规划指标及监督分类的西安市局地气候分区划分方法。

针对西安城市空间发展特点，改进目前局地气候分区分类标准，增加 LCZ–4 Ⅱ、LCZ–5 Ⅱ、LCZ–6 Ⅱ及 LCZ–D Ⅱ四个亚类，利用创建的城市空间规划数据库中的众多指标，结合遥感数据，辅以人为监督分类，将研究区划分成 17 类局地气候分区，对城市空间从气候学角度进行合理分级，充实了中国内陆盆地和中高密度情景下城市形态的全球数据库。

该局地气候分区系统不仅为城市热环境观测的样本选择提供空间数据支持和选点依据，且以规划路网划分出的地块作为统计单位，更易与后期城市规划进行良好衔接。

（2）针对城市尺度的热环境参数开展了长时间大规模实测工作，创建了采样选点—数据采集—采样后处理的热环境参数的完整调查方法体系。

本研究为冬季热环境制定了长时间序列、非同时性气象观测方案，为夏季制定了短时间序列、同时性实测方案，提出了针对不同城市空间特征的气象站点布置标准和观测要求，并从西安市 17 类局地气候分区及 8 类用地性质分类中选取 55 个典型地块进行实地测量，创建了表征城市下垫面的真实气象状况的调查方法体系，获取了大量城市热环境数据。

夏季实测结果显示：日间各测点平均温度差异较大（37.6~33.6℃，均值为 35.4℃），夜间平均热岛及干岛强度普遍高于日间；约 93% 的测点夜间热岛极大值出现在 22：00—0：00，约 46% 的测点日间极值出现在 14：00—16：00，高温干燥天气是采样区域夏季气候的典型特征。利用城市背景气象站数据对冬季不同时观测数据进行归一化修正，分别同时性处理到雾霾与晴朗天气的典型气象日，结果显示：日间热环境参数变化规律与夏季差异较大；夜间与预期假设相符；所有测点在雾霾天气时的热岛及干岛强度都明显高于晴朗天气，说明发生雾霾时城市热环境更易受人为活动及城市下垫面的影响，其中雾霾天气日间热岛最大高达 6.0℃，夜间热岛高达 5.5℃，远高于夏季情况。

（3）利用归一化及赋值、插值技术获得了西安市主城区热环境的时空分布结果。

基于气象观测数据与城市空间规划数据，通过构建泰森多边形提出一种空间赋值方法，再利用插值技术推导了城市热环境的时空分布现状，并从聚集程度、重心位置、圈层格局、剖面格局4个视角剖析了热环境时空格局特征，结果表明：①夏季日间温度高值聚集区呈现出多片区分散的空间布局模式，属于“多心多廊式”空间结构；夜间温度高值聚集区呈现“一大一小”的布局模式，属于“双心多廊式”空间结构；冬季夜间温度高值聚集区影响范围较大，在空间上呈现“单心双廊式”结构。②城市强热岛与干岛重心随时间变化发生迁移，夜间热岛与干岛重心几乎与主城区建设用地的重心重合，日间重心向西北方位迁移。③日间平均温度呈现“高低值相间的U形圈层空间结构”，夜间平均温度呈现“单中心圈层空间结构”。④西安轴线中心以南方向平均温度远高于以北方向，其峰值出现在南郊商业最为繁华的地段。

（4）以量化方式总结出西安市不同局地气候分区与用地性质类型的热环境特征。

基于空间赋值及插值方法推导的2732个地块的热环境数据，对不同局地气候分区类型的热环境特征进行量化分析，结果表明：LCZ-7（轻质低层）类型的日间温度最高，湿度最低；LCZ-G（水域）的日间温度最低，湿度最高；LCZ-2（高密中层）的夜间温度最高，湿度最低；LCZ-D Ⅱ（低矮农田）的夜间温度最低，湿度最高。证明了不同分区之间的热环境特征具有显著差异，间接验证了局地气候分区系统在西安市的适用性。

同时对不同用地性质的热环境特征也进行量化分析，结果表明工业用地类型日间温度最高，除水体外，其余所有用地都产生热岛现象；医疗用地类型夜间温度最高，绿地和水体用地夜间温度最低。

（5）揭示出城市空间规划可控指标与热环境参数之间的定量耦合关联，总结出城市要素影响热环境的综合作用机制。

将7类城市规划控制方向下的68个指标与累年采集的热环境数据进行深入耦合分析，结果显示：

在夏季：①同一时期的温度、湿度系列参数与城市空间指标的相关性具有镜像关系；②昼夜间热环境参数与指标的相关系数大小具有显著差异，表明一天中不同时间影响城市热环境的空间指标不同；③与日间平均温度相关性最高的指标是天空可视度，解释了约50%日间平均温度的差异，共有19个指标与其具有相关关系；④与夜间平均温度相关性最高的指标是建筑密度，解释了约40%夜间平均温度的差异，在街区范围内，控制其他因素不变，建筑密度每增加10%，夜间平均气温将增加0.44℃，共有30个指标与夜间平均温度相关，表明夜间热环境更易受城市空间形态及周边环境的影响。

在冬季：①几乎没有城市空间指标与日间空气温度具有明显的相关性；②相反，有46个指标与夜间温湿度相关；③与雾霾夜间温度相关性最高的指标是铺地比热容，解释了约50%雾霾夜间温度的差异，共有31个指标与其具有相关关系；④与晴朗夜间温度相关性最高的指标是粗糙度，共有33个指标与其具有相关关系。无论晴朗还是雾霾天气，夜间热环境与城市空间指标关系更加密切，且缓冲区类指标占比最大，几乎占 50%，说明冬季夜间地块自身的热环境更易受周围区域的影响。

在多重因素对热环境的共同作用机制方面：①本研究通过对筛选后的自变量进行主成分回归分析，解决了多指标间的共线性问题，构建了夏季 8 个热环境参数的主成分回归模型。②按照回归模型中各变量的标化系数与相关系数值，定量获取了综合影响因素中多因子对城市热环境参数的贡献率大小，并计算了 7 类二级指标的权重。结果表明昼夜间影响城市热环境的指标权重差异显著，后续进行城市规划管控时，应区别对待。

（6）构建了基于城市空间规划可控指标的热环境评价体系，确立了影响不同热环境因子的核心规划调控指标。

本书利用对多源城市空间数据的挖掘，计算了 68 个影响城市热环境的潜在城市空间规划可控指标，归纳出 7 类城市规划管控方向。再通过城市空间指标与热环境参数的耦合分析，确定了指标的影响权重，构建了基于城市空间规划可控指标的热环境评价体系，并筛选出核心管控类别，分别是下垫面结构与性能、街区内部形态、总体形态布局、到冷热源的距离、周围缓冲区特征等；提取了地表温度、地表反射率、平均高度、高宽比、天空可视度、铺装比热容、不透水面面积比、绿地率、硬质铺装率、到最近的水体的距离、500m 不透水面面积比等核心规划调控指标，对未来的气候规划管控体系提供指标选择依据。

（7）结合城市规划编制办法制定出基于气候舒适度优化的空间规划指标管控策略。

将局地气候分区理论融入城市气候图系统，按照城市空间形态类型（局地气候分区）将相似的城市气候分区归并，绘制专门面向城市规划管控的城市气候环境规划建议图，并结合核心规划调控指标，以缓解城市热岛效应、提高城市人群热舒适感为目标，在城市规划设计层面落实指标调控的要求，有针对性地为制定城市总体气候环境规划提供直观的操作指南，将局地气候分区系统纳入城市气候分区规划的信息支持，实现了将气象学引入城市规划学科的跨学科交流。

8.2　研究不足与展望

尽管本书从城市多元要素对热环境的影响机制方面进行了较为全面的定量研究，并提出了基于气候舒适度优化的城市空间规划指标管控策略，但仍然存在一些没有考虑周全的地方，未来的工作可以从以下三个方面进行深入研究：

（1）多种气象因子对城市热环境的综合作用机制研究还需要进一步深入开展。本书是以解析多元城市要素对气象单因子（温度或湿度）的影响机制为主，而产生热岛效应的原因，不仅是由于下垫面性质的改变、过量的人为排热等，还受风速、污染物、云量、太阳辐射等气象因子的共同作用。因此，需要通过综合风环境、降水、空气品质等多种气象要素的互动作用，加强城市空间规划与气象多因素综合效应的量化研究。

（2）在多种城市要素对热环境参数的预测方面，可以尝试选择多种模型，从而提高预测的准确度。为了解决不同指标间的共线性问题，本研究利用主成分回归方法得到拟合模型，虽已通过检验，但预测的准确度和拟合优度还需进一步提高。因此，下一步可以对获取到的大量数据进行深度模型预测研究，例如仿真模拟、结构模型等，也可以对现有模型进行改进，以提高预测的精度。

（3）针对城市气候敏感区域的详细规划设计研究不足，本研究从指标调控的角度对不同类型城市区域提出改善策略，虽在城市尺度上制定了纲要性规划建议，但在街区中小尺度上把控不足，所以未来的研究应注重对气候敏感区域的局部调节，气候模拟分析应进一步开展，完善现存的城市气候规划系统。

尽管未来还有很多进步空间，我们仍然期待通过本书从城市规划学视角对城市热环境进行的综合研究，可以帮助气候知识融入中国城市规划系统。

附　录

附录 A　不同类型建筑内人体显热散热冷负荷系数参数值

冷负荷系数　　附表 A–1

商业（轻度活动）人体散热形成的冷负荷参数（室内温度为26℃）														
时刻	8：00	9：00	10：00	11：00	12：00	13：00	14：00	15：00	16：00	17：00	18：00	19：00	20：00	平均
C_{LQ}	0.62	0.7	0.75	0.79	0.82	0.85	0.87	0.88	0.9	0.91	0.92	0.93	0.94	0.84
q_s	58	58	58	58	58	58	58	58	58	58	58	58	58	58
ϕ	0.89	0.89	0.89	0.89	0.89	0.89	0.89	0.89	0.89	0.89	0.89	0.89	0.93	0.89
q_l	123	123	123	123	123	123	123	123	123	123	123	123	123	123

冷负荷系数　　附表 A–2

学校（轻度活动）人体散热形成的冷负荷参数（室内温度为26℃）														
时刻	8：00	9：00	10：00	11：00	12：00	13：00	14：00	15：00	16：00	17：00	18：00	19：00	20：00	平均
C_{LQ}	0.62	0.7	0.75	0.79	0.82	0.85	0.87	0.88	0.9	0.91	0.92	0.93	0.94	0.84
q_s	58	58	58	58	58	58	58	58	58	58	58	58	58	58
ϕ	0.96	0.96	0.96	0.96	0.96	0.96	0.96	0.96	0.96	0.96	0.96	0.96	0.96	0.96
q_l	123	123	123	123	123	123	123	123	123	123	123	123	123	123

冷负荷系数　　附表 A–3

工业（中等活动）人体散热形成的冷负荷参数（室内温度为26℃）														
时刻	8：00	9：00	10：00	11：00	12：00	13：00	14：00	15：00	16：00	17：00	18：00	19：00	20：00	平均
C_{LQ}	0.62	0.7	0.75	0.79	0.82	0.85	0.87	0.88	0.9	0.91	0.92	0.93	0.94	0.84
q_s	74	74	74	74	74	74	74	74	74	74	74	74	74	74
ϕ	0.9	0.9	0.9	0.9	0.9	0.9	0.9	0.9	0.9	0.9	0.9	0.9	0.9	0.9
q_l	161	161	161	161	161	161	161	161	161	161	161	161	161	161

冷负荷系数　　附表 A–4

其他活动场地（中等活动）人体散热形成的冷负荷参数（室外温度为30℃）														
时刻	8：00	9：00	10：00	11：00	12：00	13：00	14：00	15：00	16：00	17：00	18：00	19：00	20：00	平均
C_{LQ}	0.62	0.7	0.75	0.79	0.82	0.85	0.87	0.88	0.9	0.91	0.92	0.93	0.94	0.84
q_s	45	45	45	45	45	45	45	45	45	45	45	45	45	45
ϕ	0.9	0.9	0.9	0.9	0.9	0.9	0.9	0.9	0.9	0.9	0.9	0.9	0.9	0.9
q_l	190	190	190	190	190	190	190	190	190	190	190	190	190	190

冷负荷系数 附表 A-5

医院（轻度活动）人体散热形成的冷负荷参数（室内温度为26℃）													
时刻	8：00	9：00	10：00	11：00	12：00	13：00	14：00	15：00	16：00	17：00	18：00	19：00	20：00	平均
C_{LQ}	0.62	0.7	0.75	0.79	0.82	0.85	0.87	0.88	0.9	0.91	0.92	0.93	0.94	0.84
q_s	61	61	61	61	61	61	61	61	61	61	61	61	61	61
ϕ	1	1	1	1	1	1	1	1	1	1	1	1	1	1
q_l	109	109	109	109	109	109	109	109	109	109	109	109	109	109

附录 B 各局地气候分区的昼夜平均湿度及干岛强度情况

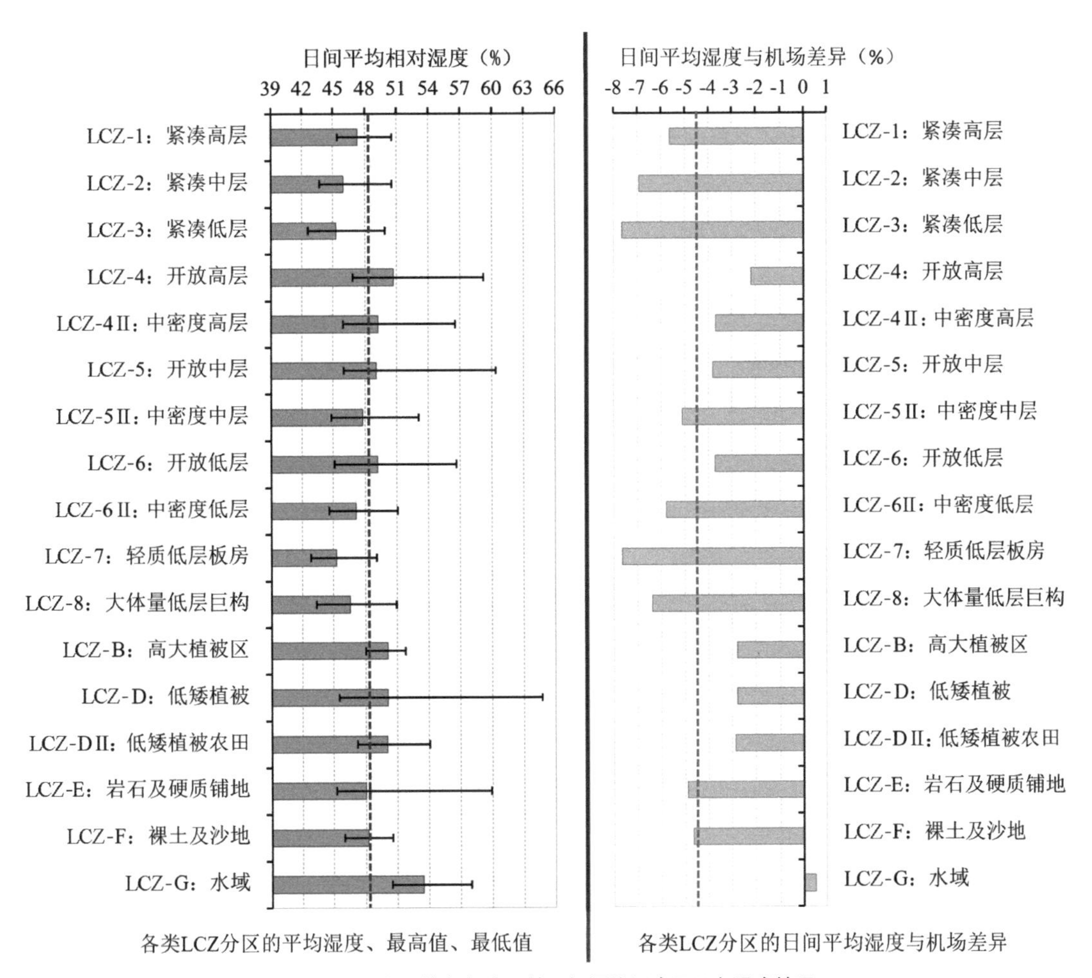

附录 B-1 各局地气候分区的日间平均湿度及干岛强度情况

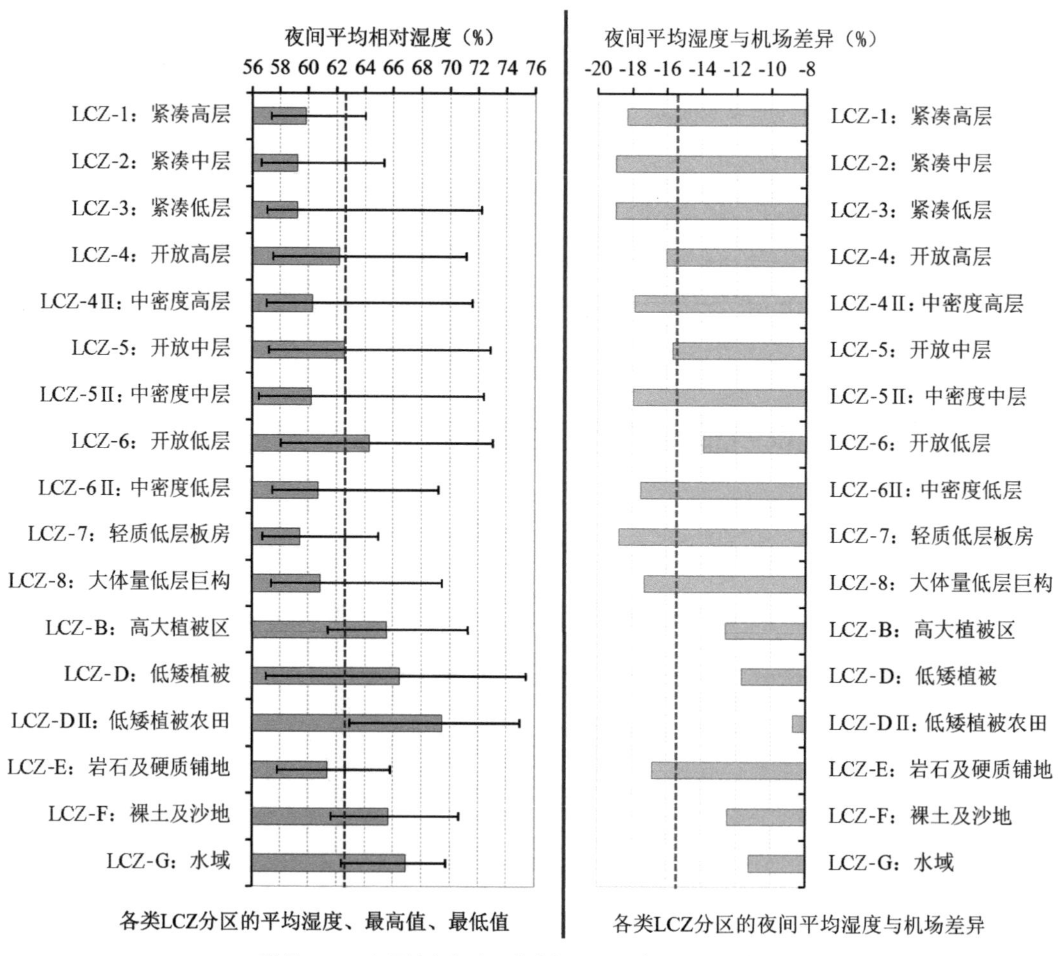

附录 B-2　各局地气候分区的夜间平均湿度及干岛强度情况

参考文献

[1] 安芬，李旭东，程东亚．贵州省乌江流域生态脆弱性评价及其空间变化特征 [J]. 水土保持通报，2019，39（4）：261–269.

[2] 陈方丽，黄媛．基于 WUDAPT 方法的成都市局地气候分区地图构建及其规划应用研究 [J]. 城市建筑，2018（20）：29–32.

[3] 陈松林，王天星，等．间距法和均值标准差法界定城市热岛的对比研究 [J]. 地球信息科学学报，2009，11（2）：145–150.

[4] 陈卫平，涂宏志，彭驰，等．环境模型中敏感性分析方法评述 [J]. 环境科学，2017，38（11）：4889–4896.

[5] 丁凤，徐涵秋．TM 热波段图像的地表温度反演算法与实验分析 [J]. 地球信息科学，2006（3），125–130，135.

[6] 丁沃沃，胡友培，窦平平．城市形态与城市微气候的关联性研究 [J]. 建筑学报，2012（7）：16–21.

[7] 杜国明，刘文琦，于佳兴，等．三江平原水旱田分布对遥感反演局地地表温度的影响 [J]. 农业工程学报，2019，35（5）：259–267，320.

[8] 冯焱，冯海霞．北京地区地表反照率 TM 数据反演与分析 [J]. 测绘科学，2012，37（5）：164–166.

[9] 高亚锋．适于城市住区规划的室外热环境实测与模拟研究 [D]. 重庆：重庆大学，2011.

[10] 葛生斌．基于 JavaScript 的西安市城市环境气候图 WebGIS 系统实现 [D]. 西安交通大学，2017.

[11] 苟睿坤，赵选，卜元坤，等．杭州市城区热岛效应与景观格局的动态研究 [J]. 水土保持研究，2019，26（1）：316–322，329.

[12] 顾朝林．气候变化与低碳城市规划 [M]. 南京：东南大学出版社，2013.

[13] 郭华贵，詹庆明，王炯．面向规划决策的武汉市局部气候分区指标体系 [C]// 新常态：传承与变革：2015 中国城市规划年会论文集（07 城市生态规划）. 北京：中国建筑工业出版社，2015：255–264.

[14] 郭琳琳，李保峰，陈宏．城市气候图研究及其在我国规划体系中的应用 [J]. 华中建筑，2018，36（10）：4–7.

[15] 何萍，李矜霄，刘光敏，等．云南高原临沧市城市相对湿度和干岛效应分析 [J]. 地球与环境，2014，42（3）：383–388.

[16] 何山．西安市城市局部气候分区及环境特征研究 [D]. 西安：西安交通大学，2018.

[17] 何晓群，刘文卿．应用回归分析 [M]. 第 4 版．北京：中国人民大学出版社，2015.

[18] 侯路瑶，姜允芳，石铁矛，等．基于气候变化的城市规划研究进展与展望 [J]. 城市规划，2019，43（3）：121–132.

[19] 黄建中，胡刚钰，许晔丹．基于人流活动特征的城市空间结构研究：以厦门市为例 [J]. 上海城市规划，2019（5）：62–67.

[20] 黄清明．西安中心城区城市风道体系总体规划策略研究 [D]. 西安：西安建筑科技大学，2017.

[21] 贾琦．城市绿色空间演化及其冷岛强度遥感分析 [D]. 天津：天津大学，2015.

[22] 李金洁，王爱慧．基于西南地区台站降雨资料空间插值方法的比较 [J]. 气候与环境研究，2019，24（1）：50–60.

[23] 李娟．中国地区气温和降水平均值与极值变化及其关系 [D]. 北京：中国科学院大学，2012.

[24] 李丽光，许申来，王宏博．基于气象资料的城市热环境研究 [M]. 北京：化学工业出版社，2013.

[25] 梁颢严．城市控制性详细规划热环境影响因子及评价模型研究 [D]. 广州：华南理工大学，2018.

[26] 刘丰榕．基于 GIS 的城市热环境图编制与分析：以西安市为例 [D]. 西安：西安交通大学，2015.

[27] 刘琳．城市局地尺度热环境时空特性分析及热舒适评价研究 [D]. 哈尔滨：哈尔滨工业大学，2018.

[28] 刘艳红，郭晋平．城市景观格局与热岛效应研究进展 [J]. 气象与环境学报，2007（6）：46–50.

[29] 刘焱序，彭建，王仰麟．城市热岛效应与景观格局的关联：从城市规模、景观组分到空间构型 [J]. 生态学报，2017，37（23）：7769–7780.

[30] 柳孝图，陈恩水，余德敏，等．城市热环境及其微热环境的改善 [J]. 环境科学，1997（1）：55–59，96.

[31] 娄晔．基于热湿要素的西安市城市气候图编制技术与方法研究 [D]. 西安：西安交通大学，2019.

[32] 卢军，王志浩．用流动观测数据计算城市热岛强度的数学模型 [J]. 中南大学学报：自然科学版，2012，43（1）：384–388.

[33] 卢有朋．城市街区空间形态对热岛效应的影响研究 [D]. 武汉：华中科技大学，2018.

[34] 陆小波，杨俊宴．中型平原水网城市空间形态特征研究 [J]. 城市规划，2018，42（12）：109–115.

[35] 陆耀庆．暖通空调设计指南 [M]. 北京：中国建筑工业出版社，1996.

[36] 罗慧，等．西安气象现代化建设和气象服务 [M]. 北京：气象出版社，2018.

[37] 马廷．夜光遥感大数据视角下的中国城市化时空特征 [J]. 地球信息科学学报，2019，21（1）：

59–67.

[38] 穆康．城市空间公共建筑空调系统大气排热时空规律研究 [D]. 哈尔滨：哈尔滨工业大学，2016.

[39] 宁海文，吴息．西安市区大气污染时空变化特征及其与气象条件关系 [J]. 陕西气象，2005（2）：17–20.

[40] 彭思岭．气象要素空间插值方法优化研究 [J]. 地理空间信息，2017，15（7）：86–89，11.

[41] 屈芳，肖子牛．气候变化对人体健康影响评估 [J]. 气象科技进展，2019，9（4）：34–47.

[42] 任超，吴恩融．城市环境气候图：可持续城市规划辅助信息系统工具 [M]. 北京：中国建筑工业出版社，2012.

[43] 任超，吴恩融，LUTZ K，等．城市环境气候图的发展及其应用现状 [J]. 应用气象学报，2012，23（5）：593–603.

[44] 邵晓梅，严昌荣，魏红兵．基于 Kriging 插值的黄河流域降水时空分布格局 [J]. 中国农业气象，2006，27（2）：65–69.

[45] 宋晓程，刘京，林姚宇，等．基于多用途建筑区域热气候预测模型的城市气候图研究初探 [J]. 建筑科学，2014，30（10）：84–90.

[46] 孙欣．城市中心区热环境与空间形态耦合研究 [D]. 南京：东南大学，2015.

[47] 田喆，朱能，刘俊杰．城市气温与其人为影响因素的关系 [J]. 天津大学学报，2005（9）：830–833.

[48] 佟华，刘辉志，桑建国，等．城市人为热对北京热环境的影响 [J]. 气候与环境研究，2004（3）：409–421.

[49] 王贺．我国严寒寒冷及夏热冬暖气候区夜间空调冷负荷及其变化规律的研究 [J]. 建筑技艺，2019（S1）：61–64.

[50] 王惊雷．2009 年以来西安城市土地开发及空间发展规律研究 [D]. 西安：长安大学，2015.

[51] 王珺．城市规划常用资料速查 [M]. 北京：化学工业出版社，2014.

[52] 王琳，祝亚鹏，卫宝立．城市热岛效应与景观格局相关性研究 [J]. 环境科学与管理，2017，42（11）：156–160.

[53] 王频，孟庆林．城市人为热及其影响城市热环境的研究综述 [J]. 建筑科学，2013，29（8）：99–106.

[54] 王学民．应用多元统计分析 [M]. 第 5 版．上海：上海财经大学出版社，2017.

[55] 王业宁，陈婷婷，孙然好．北京主城区人为热排放的时空特征研究 [J]. 中国环境科学，2016a，36（7）：2178–2185.

[56] 王业宁，孙然好，陈利顶．人为热计算方法的研究综述 [J]. 应用生态学报，2016b，27（6）：2024–2030.

[57] 王业宁，孙然好，陈利顶．北京市区车辆热排放及其对小气候的影响 [J]. 生态学报，2017，37（3）：953–959.

[58] 王迎春，郑大玮，李青春 . 城市气象灾害 [M]. 北京：气象出版社，2009.

[59] 王志浩 . 山地城镇热岛特征与测评方法研究 [D]. 重庆：重庆大学，2012.

[60] 邬建国 . 景观生态学：格局、过程、尺度与等级 [M]. 北京：高等教育出版社，2000.

[61] 伍立志，杨文，贾孝霞，等 . 线性模型中自变量相对重要性常见估计方法的模拟比较研究 [J]. 中国卫生统计，2015，32（5）：908–911.

[62] 邬伦，张瑜 . 地理信息系统：原理、方法与应用 [M]. 北京：科学出版社，2005.

[63] 吴志刚，江滔，樊艳磊，等 . 基于 Landsat 8 数据的地表温度反演及分析研究：以武汉市为例 [J]. 工程地球物理学报，2016，13（1）：135–142.

[64] 吴志强，叶锺楠 . 基于百度地图热力图的城市空间结构研究：以上海中心城区为例 [J]. 城市规划，2016，40（4）：33–40.

[65] 肖捷颖，张倩，王燕，等 . 基于能量平衡的城市热岛效应研究进展 [J]. 重庆师范大学学报（自然科学版），2013，30（4）：128–133.

[66] 谢远玉，王培娟，朱凌金，等 . 基于气象因子的赣南脐橙气候品质指标评价模型 [J]. 生态学杂志，2019，38（7）：2265–2274.

[67] 颜文涛，萧敬豪，胡海，等 . 城市空间结构的环境绩效：进展与思考 [J]. 城市规划学刊，2012（5）：50–59.

[68] 杨扬 . 城市粗糙度理论下南京居住小区风环境 CFD 模拟方法与肌理形态关系研究 [D]. 南京：南京大学，2012.

[69] 杨展，李希圣，黄伟雄 . 地理学大辞典 [M]. 合肥：安徽人民出版社，1992.

[70] 岳辉，刘英 . 基于 Landsat 8 TIRS 的地表温度反演算法对比分析 [J]. 科学技术与工程，2018，18（20）：200–205.

[71] 张恒喜，郭基联，朱家元，等 . 小样本多元数据分析方法及应用 [M]. 西安：西北工业大学出版社，2001.

[72] 张健，章新平，王晓云，等 . 北京地区气温多尺度分析和热岛效应 [J]. 干旱区地理，2010，33（1）：51–58.

[73] 张涛 . 城市中心区风环境与空间形态耦合研究 [D]. 南京：东南大学，2015.

[74] 张瑜 . 西安市城市热岛效应宏观动态监测和模拟预测模型研究 [D]. 西安：长安大学，2016.

[75] 中华人民共和国国家统计局 . 2017 中国统计年鉴 [M]. 北京：中国统计出版社，2017.

[76] 中华人民共和国国家统计局 . 2018 中国统计年鉴 [M]. 北京：中国统计出版社，2018.

[77] 周春山 . 城市空间结构与形态 [M]. 北京：科学出版社，2007.

[78] 周梦甜，李军，何君，等 . 起伏地形对气温时空分布的影响：以重庆市为例 [J]. 水土保持通报，2016，36（5）：346–351.

[79] 周淑贞 . 上海城市气候中的“五岛”效应 [J]. 中国科学（B 辑：化学 生物学，农学，医学，地学），1988（11）：1226–1234.

[80] 周雪帆，陈宏，吴昀霓，等 . 基于移动测量的城市空间形态对夏季午后城市热环境影响研究 [J]. 风景园林，2018，25（10）：21–26.

[81] 朱家其，汤绪，江灏 . 上海市城区气温变化及城市热岛 [J]. 高原气象，2006（6）：1154–1160.

[82] 朱涯，杨鹏武，段长春，等 . 普洱市宜居气候适宜性分析 [J]. 气象与环境科学，2018，41（2）：37–42.

[83] ALEXANDER P，MILLS G. Local climate classification and Dublin's urban heat island [J]. Atmosphere，2014，5（4）：755–774.

[84] BRING J. A geometric approach to compare variables in a regression model [J]. The American Statistician，1996，50（1）：57–62.

[85] BRITTER R，HANNA S. Flow and dispersion in urban areas [J]. Annual Review of Fluid Mechanics，2003，35：469–496.

[86] CAI M，REN C，XU Y，et al. Investigating the relationship between local climate zone and land surface temperature using an improved WUDAPT methodology：a case study of Yangtze River Delta，China [J]. Urban Climate，2018，24：485–502.

[87] CHUN B，GULDMANN J–M. Spatial statistical analysis and simulation of the urban heat island in high–density central cities [J]. Landscape and Urban Planning，2014，125：76–88.

[88] CONRAD O，BECHTEL B，BOCK M，et al. System for automated geoscientific analyses（SAGA）v.2.1.4 [J]. Geoscientific Model Development Discussions，2015，8（7）：1991–2007.

[89] COSEO P，LARSEN L. How factors of land use/land cover，building configuration，and adjacent heat sources and sinks explain Urban Heat Islands in Chicago [J]. Landscape and Urban Planning，2014，125：117–129.

[90] DAVENPORT A G，GRIMMOND C，OKE T，et al. Estimating the roughness of cities and sheltered country[C]// American Meteorological Society. 15th conference on probability and statistics in the atmospheric sciences/12th conference on applied climatology，Ashville，NC：2000，96–99.

[91] DUGORD P–A，LAUF S，SCHUSTER C，et al. Land use patterns，temperature distribution，and potential heat stress risk–The case study Berlin，Germany [J]. Computers，Environment and Urban Systems，2014，48：86–98.

[92] ELIASSON I. Urban nocturnal temperatures，street geometry and land use [J]. Atmospheric Environment，1996，30（3）：379–392.

[93] FAN H L，SAILOR D J. Modeling the impacts of anthropogenic heating on the urban climate of

Philadelphia：a comparison of implementations in two PBL schemes [J]. Atmospheric Environment，2005，39（1）：73–84.

[94] FENG L，ZHAO M M，ZHOU Y N，et al. The seasonal and annual impacts of landscape patterns on the urban thermal comfort using Landsat [J]. Ecological Indicators，2020，110.

[95] GRIMMOND C. The suburban energy balance：methodological considerations and results for a mid–latitude West Coast city under winter and spring conditions [J]. International Journal of Climatology，1992，12：481–497.

[96] HART M，SAILOR D J. Quantifying the influence of land–use and surface characteristics on spatial variability in the urban heat island [J]. Theoretical and Applied Climatology，2009，95：397–406.

[97] HE X D，SHEN S H，MIAO S G，et al. Quantitative detection of urban climate resources and the establishment of an urban climate map（UCMap）system in Beijing [J]. Building and Environment，2015，92：668–678.

[98] HOUET T，PIGEON G. Mapping urban climate zones and quantifying climate behaviors：an application on Toulouse urban area（France）[J]. Environmental Pollution，2011，159：2180–2192.

[99] KATO S，YAMAGUCHI Y. Analysis of urban heat–island effect using ASTER and ETM+ Data：separation of anthropogenic heat discharge and natural heat radiation from sensible heat flux [J]. Remote Sensing of Environment，2005，99：44–54.

[100] KERAMITSOGLOU I，KIRANOUDIS C T，CERIOLA G，et al. Identification and analysis of urban surface temperature patterns in Greater Athens，Greece，using MODIS imagery [J]. Remote Sensing of Environment，2011，115：3080–3090.

[101] KLOK L，ZWART S，VERHAGEN H，et al.The surface heat island of Rotterdam and its relationship with urban surface characteristics [J]. Resources，Conservation and Recycling，2012，64：23–29.

[102] KRÜGER E L，MINELLA F O，RASIA F. Impact of urban geometry on outdoor thermal comfort and air quality from field measurements in Curitiba，Brazil [J]. Building and Environment，2011，46：621–634.

[103] LECONTE F，BOUYER J，CLAVERIE R，et al. Using Local Climate Zone scheme for UHI assessment：evaluation of the method using mobile measurements [J]. Building and Environment，2015，83：39–49.

[104] LEE D W，OH K. Classifying urban climate zones（UCZs）based on statistical analyses [J]. Urban Climate，2018，24：503–516.

[105] LELOVICS E，JANOS U，GÁL T，et al. Design of an urban monitoring network based on Local Climate Zone mapping and temperature pattern modelling [J]. Climate Research，2014，60：51–62.

[106] LI G D，ZHANG X，MIRZAEI P A，et al. Urban heat island effect of a typical valley city in China：responds to the global warming and rapid urbanization [J]. Sustainable Cities and Society，2018，38：736–745.

[107] LI H D，ZHOU Y Y，WANG X，et al. Quantifying urban heat island intensity and its physical mechanism using WRF/UCM [J]. Science of The Total Environment，2019，650：3110–3119.

[108] LI J X，SONG C H，CAO L，et al. Impacts of landscape structure on surface urban heat islands：a case study of Shanghai，China [J]. Remote Sensing of Environment，2011，115：3249–3263.

[109] LIN P Y，LAU S S Y，QIN H，et al. Effects of urban planning indicators on urban heat island：a case study of pocket parks in high–rise high–density environment [J]. Landscape and Urban Planning，2017，168：48–60.

[110] LIU L，LIN Y Y，WANG D，et al. An improved temporal correction method for mobile measurement of outdoor thermal climates [J]. Theoretical and Applied Climatology，2017，129：201–212.

[111] LOWEN A C，MUBAREKA S，STEEL J，et al. Influenza virus transmission is dependent on relative humidity and temperature [J]. Plos Pathogens，2007，3：1470–1476.

[112] MA X，FUKUDA H，ZHOU D，et al. Study on outdoor thermal comfort of the commercial pedestrian block in hot–summer and cold–winter region of southern China–a case study of The Taizhou Old Block [J]. Tourism Management，2019，75：186–205.

[113] MIRZAEI P A，HAGHIGHAT F. Approaches to study urban heat island：abilities and limitations [J]. Building and Environment，2010，45：2192–2201.

[114] MORRIS C J G，SIMMONDS I，PLUMMER N. Quantification of the influences of wind and cloud on the nocturnal urban heat island of a large city [J]. Journal of Applied Meteorology，2001，40（2）：169–182.

[115] NG E，REN C. The urban climatic map：a methodology for sustainable urban planning[M]. London：Routledge，2015.

[116] NG E，YUAN C，CHEN L，et al. Improving the wind environment in high–density cities by understanding urban morphology and surface roughness：a study in Hong Kong [J]. Landscape and Urban Planning，2011，101（1）：59–74.

[117] OKE T. Canyon geometry and the nocturnal Urban heat island：comparison of scale model and field observations [J]. Journal of Climatology，1981，1：237–254.

[118] OKE T R. The energetic basis of urban heat island [J]. Quarterly Journal of the Royal Meteorological Society，1982，108（455）：1–24.

[119] OKE T R. The heat island of the urban boundary layer：characteristics，causes and effects [J]. NATO

ASI Series e Applied Sciences-Advanced Study Institute，1995，277：81-108.

[120] OKE T R. Initial guidance to obtain representative meteorological observations at urban sites：REPORT No. 81[R]. WORLD METEOROLOGICAL ORGANIZATION（WMO），2006.

[121] OKE T R. City size and the urban heat island [J]. Atmospheric Environment（1967），1973，7（8）：769-779.

[122] OKE T R. Street design and urban canopy layer climate [J]. Energy and Buildings，1988，11：103-113.

[123] OKE T R. Towards better scientific communication in urban climate [J]. Theoretical and Applied Climatology，2006，84（1-3）：179-190.

[124] OKE T R，MAXWELL G B. Urban heat island dynamics in Montreal and Vancouver [J]. Atmospheric Environment（1967），1975，9（2）：191-200.

[125] OLIVEIRA S，ANDRADE H，VAZ T. The cooling effect of green spaces as a contribution to the mitigation of urban heat：a case study in Lisbon [J]. Building and Environment，2011，46：2186-2194.

[126] OSWALD E M，ROOD R B，ZHANG K，et al. An investigation into the spatial variability of near-surface air temperatures in the Detroit，Michigan，metropolitan region [J]. Journal of Applied Meteorology and Climatology，2012，51：1290-1304.

[127] PENG J，XIE P，LIU Y X，et al. Urban thermal environment dynamics and associated landscape pattern factors：a case study in the Beijing metropolitan region [J]. Remote Sensing of Environment，2016，173：145-155.

[128] QUAH A K L，ROTH M. Diurnal and weekly variation of anthropogenic heat emissions in a tropical city，Singapore [J]. Atmospheric Environment，2012，46：92-103.

[129] REN C，NG E Y，KATZSCHNER L. Urban climatic map studies：a review [J]. International Journal of Climatology，2011，31：2213-2233.

[130] GILL S E，HANDLEY J E，ENNOS A R，et al. Adapting cities for climate change：the role of the green infrastructure [J]. Built Environment，2007，1：115-133.

[131] SAILOR D J，LU L. A top-down methodology for developing diurnal and seasonal anthropogenic heating profiles for urban areas [J]. Atmospheric Environment，2004，38：2737-2748.

[132] SCHWARZ N，SCHLINK U，FRANCK U，et al. Relationship of land surface and air temperatures and its implications for quantifying urban heat island indicators—An application for the city of Leipzig（Germany）[J]. Ecological Indicators，2012，18：693-704.

[133] STEENEVELD G-J，KOOPMANS S，HEUSINKVELD B，et al. Refreshing the role of open water surfaces on mitigating the maximum urban heat island effect [J]. Landscape and Urban Planning，2014，

121：92–96.

[134] STEWART I D，OKE T R. Local climate zones for urban temperature studies [J]. Bulletin of the American Meteorological Society，2012，93：1879–1900.

[135] THOM E C. The discomfort index [J]. Weatherwise，1959，12（2）：57–61.

[136] VAN HOVE L W A，JACOBS C M J，HEUSINKVELD B G，et al. Temporal and spatial variability of urban heat island and thermal comfort within the Rotterdam agglomeration [J]. Building and Environment，2015，83：91–103.

[137] WATSON I，JOHNSON G. Graphical estimation of sky view–factors in urban environments [J]. Journal of Climatology，1987，7：193–197.

[138] WONG N H，JUSUF S K，SYAFII N I，et al. Evaluation of the impact of the surrounding urban morphology on building energy consumption [J]. Solar Energy，2011，85：57–71.

[139] YADAV N，SHARMA C. Spatial variations of intra–city urban heat island in megacity Delhi [J]. Sustainable Cities and Society，2018，37：298–306.

[140] YAN H，FAN S X，GUO C X，et al. Assessing the effects of landscape design parameters on intra–urban air temperature variability：the case of Beijing，China [J]. Building and Environment，2014，76.

[141] YANG F，LAU S S Y，QIAN F. Summertime heat island intensities in three high–rise housing quarters in inner–city Shanghai China：building layout，density and greenery [J]. Building and Environment，2010，45：115–134.

[142] YANG X S，YAO L Y，JIN T，et al. Assessing the thermal behavior of different local climate zones in the Nanjing metropolis，China [J]. Building and Environment，2018，137：171–184.

[143] YIN C H，YUAN M，LU Y P，et al. Effects of urban form on the urban heat island effect based on spatial regression model [J]. Science of The Total Environment，2018，634：696–704.

[144] ZHAO C J，FU G B，LIU X M，et al. Urban planning indicators，morphology and climate indicators：a case study for a north–south transect of Beijing，China [J]. Building and Environment，2011，46：1174–1183.

[145] ZHENG Y S，REN C，XU Y，et al. GIS–based mapping of Local Climate Zone in the high–density city of Hong Kong [J]. Urban Climate，2018，24：419–448.

[146] ZHOU D C，ZHAO S Q，LIU S G，et al. Surface urban heat island in China's 32 major cities：Spatial patterns and drivers [J]. Remote Sensing of Environment，2014，152：51–61.

[147] ZHUANG Q W，WU S X，YAN Y，et al. Monitoring land surface thermal environments under the background of landscape patterns in arid regions：A case study in Aksu river basin [J]. Science of The Total Environment，2020，710.